普通高等学校少数民族预科教育系列教材

简明微积分

主　编　沈彩霞　黄永彪

副主编　杨社平　梁元星　农　正　刘巧玲

　　　　梁丽杰　罗　丹　吴文俊

U0234983

北京理工大学出版社
BEIJING INSTITUTE OF TECHNOLOGY PRESS

内 容 简 介

本教材根据普通高等学校少数民族预科数学教学大纲的要求编写而成.

教材共分八章，分别是：函数、函数极限、连续函数、导数与微分、中值定理与导数应用、不定积分、定积分及微积分与数学作文.

本教材是为普通高等院校少数民族预科生编写的，也可作为普通高等院校经济类、管理类等各专业以及高职高专类学生学习的教材或参考书，也可以供学生自学使用.

图书在版编目（CIP）数据

简明微积分／沈彩霞，黄永彪主编. — 北京：北京理工大学出版社，2020.9
ISBN 978 - 7 - 5682 - 9007 - 4

Ⅰ．①简…　Ⅱ．①沈…　②黄…　Ⅲ．①微积分－高等学校－教材　Ⅳ．①O172

中国版本图书馆 CIP 数据核字（2020）第 167637 号

出版发行／北京理工大学出版社有限责任公司

社　　　址／北京市海淀区中关村南大街 5 号

邮　　　编／100081

电　　　话／（010）68914775（总编室）
　　　　　　（010）82562903（教材售后服务热线）
　　　　　　（010）68948351（其他图书服务热线）

网　　　址／http：//www. bitpress. com. cn

经　　　销／全国各地新华书店

印　　　刷／三河市天利华印刷装订有限公司

开　　　本／787 毫米 ×1092 毫米　1/16

印　　　张／15.25　　　　　　　　　　　　　　责任编辑／孟祥雪

字　　　数／359 千字　　　　　　　　　　　　　文案编辑／孟祥雪

版　　　次／2020 年 9 月第 1 版　2020 年 9 月第 1 次印刷　　责任校对／周瑞红

定　　　价／40.00 元　　　　　　　　　　　　　责任印制／李志强

前　　言

随着网络发展的日新月异和智能手机的普及，学生获取知识的途径也在发生着巨大的变化，传统的单一课堂教学模式已不能很好地适应新形势的变化. 为适应这一变化，根据普通高等学校少数民族预科数学教学大纲的要求，我们编写了这本《简明微积分》教材.

考虑到民族预科教学的特殊要求，结合编者多年的预科教学经验和预科学生的特点，本教材编写的基本出发点是：帮助学生打好数学基础，加强运算训练，掌握数学基本思想和方法. 既要巩固和加深对初等数学知识的理解和掌握，又要学习高等数学中的一些相关内容，使学生初步了解和掌握高等数学的学习方法，以便学生能较好地从初等数学学习向高等数学学习自然过渡，实现"补"和"预"的目标，为学生直升本科学习专业知识和提高数学素养服务.

本教材力图在以下三个方面体现特色：

1. 对微积分若干重点和难点提供微课视频（或 PPT 注解）以及课外延伸阅读材料，学习者可通过扫描二维码观看或阅读. 其能更好地帮助学习者在课下进行课前预习、课后加深理解知识点，以及引发对微积分学习的好奇心和增加教材阅读的趣味. 多种形式的媒体资源极大地丰富了知识的呈现形式，在提升课程效果的同时，为学习者自主学习提供思维与探索空间.

2. 优化内容结构，降低理论深度. 针对数学基础较薄弱学生的思维特点，适当降低了部分内容的深度和广度的要求，特别是淡化了各种运算技巧及理论证明.

3. 内容编写由浅入深，过程详细，思路清晰. 尽可能采用通俗易懂的语言和形象直观的思维方式来表述，使基本概念和原理讲解通俗透彻，数学的基本技能和技巧叙述准确清晰，便于学生理解掌握.

本教材主要包括函数、函数极限、连续函数、导数与微分、中值定理与导数应用、不定积分、定积分及微积分与数学作文等内容. 本教材是为普通高等院校少数民族预科生编写的，也可作为普通高等院校经济类、管理类等各专业以及高职高专类学生学习的教材或参考书，也可以供学生自学使用.

本教材由广西民族大学和百色学院从事民族预科数学教学的教师共同编写，编写分工是：梁丽杰第 1 章，杨社平第 2、8 章，黄永彪第 3 章，刘巧玲第 4 章，梁元星第 5 章，沈彩霞第 6 章，农正第 7 章. 黄瑞政、罗丹、吴文俊参与了部分内容的编写和全书的校对工作. 全书由沈彩霞、黄永彪具体策划和组稿、审稿，最后由沈彩霞统稿和定稿.

限于编者水平，教材中难免有不足之处，殷切希望广大读者批评指正.

编　　者

目　　录

第1章

函　　数

　　函数是数学中最重要的基本概念之一，是现实世界中量与量之间的依存关系在数学中的反映．它不仅是高等数学研究的主要对象，也是数学解决问题的桥梁．在本章中，我们将在中学已学过的函数知识的基础上，进一步复习和加深有关函数的概念，介绍函数的几种特性及初等函数等内容．

§1.1　预备知识

一、常量和变量

　　在考察某种自然现象或某个运动过程中，常常会遇到各种不同的量，其中有的量在某个过程中，总是保持不变而取确定的值，这种量称为**常量**；还有一些量在某个过程中，总是不断地变化而取不同的值，这种量称为**变量**．

　　例如，在给一个密闭容器内的气体加热的过程中，气体的体积和气体的分子个数保持一定，它们都是常量；而气体的温度和压力在变化，它们则是变量．

　　应当注意，一个量是常量还是变量并不是绝对的，要根据所考察的具体过程或场合来具体分析，同一个量可能在某个过程或场合中是常量，而在另一过程或场合中却是变量．

　　例如，飞机在起飞和降落的过程中，飞行速度是不断变化的，因而它是变量；由于飞机在起飞到一定的高度（一般在 1 000 m 以上）时，即开始匀速飞行，直到开始降落为止，在这段匀速飞行的过程中速度保持不变，因而它是常量．

　　又如，严格地说，重力加速度 g 在离地心距离不同的地点所测得的值是不同的，因而在较小范围的地区内，g 可当作常量，而在较大范围的地区内，g 就应看作变量．

　　在数学中，通常用英文的前面几个字母，如 a、b、c、A、B、C 等表示常量，而后面的几个字母，如 x、y、z、X、Y、Z 等表示变量．

二、区间、绝对值和邻域

（一）区间

　　任何一个变量的取值都有一定的范围，这就是变量的变化范围．它通常是一个非空的实数集合. 如果变量是连续变化的, 那么它的变化范围常用区间来表示. 下面给出常用区间的分类、名称和记号.

1. 有限区间

(1) 设 a 和 b 都是实数, 且 $a < b$, 则称实数集合 $\{x \mid a \leqslant x \leqslant b\}$ 为**闭区间**, 记作 $[a, b]$. 即

$$[a, b] = \{x \mid a \leqslant x \leqslant b\}$$

(2) 称实数集合 $\{x \mid a < x < b\}$ 为**开区间**, 记作 (a, b). 即

$$(a, b) = \{x \mid a < x < b\}$$

(3) 称实数集合 $\{x \mid a \leqslant x < b\}$ 和 $\{x \mid a < x \leqslant b\}$ 为半开半闭区间, 分别记作 $[a, b)$ 和 $(a, b]$. 即 $[a, b) = \{x \mid a \leqslant x < b\}$ 和 $(a, b] = \{x \mid a < x \leqslant b\}$. 以上这些区间都称为有限区间, a 和 b 称为区间的端点, 数 $b - a$ 称为区间的长度, 从数轴上看, 有限区间都是长度有限的线段, 而线段可以不包括两个端点, 也可以包括一个或两个端点 (见图 1-1).

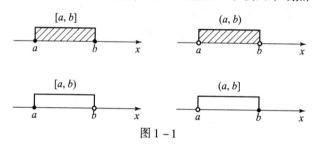

图 1-1

以图 1-1 中实心点 "·" 表示包括该端点, 空心点 "。" 表示不包括该端点.

2. 无限区间

实数集合 $\{x \mid a \leqslant x < +\infty\}$, $\{x \mid -\infty < x < b\}$, $\{x \mid -\infty < x < +\infty\}$ 等都是无限区间, 依次记作

$$[a, +\infty) = \{x \mid a \leqslant x < +\infty\}; \quad (-\infty, b) = \{x \mid -\infty < x < b\}$$
$$(-\infty, +\infty) = \{x \mid -\infty < x < +\infty\}$$

类似地, 可以定义无限区间 $(a, +\infty)$ 及 $(-\infty, b]$.

在不需要区分上述各种情况时, 我们就简单地称为 "区间", 常用 I 表示.

(二) 绝对值

1. 绝对值的概念

实数 a 的绝对值是一个非负实数, 记作 $|a|$, 即

$$|a| = \begin{cases} a, & a \geqslant 0 \\ -a, & a < 0 \end{cases}$$

在几何上, $|a|$ 表示数轴上的点 a 到原点 O 的距离.

根据算术根的定义, 显然有 $|a| = \sqrt{a^2}$.

2. 绝对值的性质

性质 1 对任何实数 a, 有

$$- |a| \leq a \leq |a|$$

性质2 设 $k > 0$，则

$$|a| \leq k \Leftrightarrow -k \leq a \leq k$$

$$|a| \geq k \Leftrightarrow a \geq k \text{ 或 } a \leq -k$$

性质3 $|a + b| \leq |a| + |b|$

证 由性质1，得

$$- |a| \leq a \leq |a|, \quad - |b| \leq b \leq |b|$$

两式相加，得

$$- (|a| + |b|) \leq a + b \leq |a| + |b|$$

由性质2，得

$$|a + b| \leq |a| + |b|$$

性质4 $|a - b| \geq ||a| - |b||$

证 由于 $\quad |a| = |(a - b) + b| \leq |a - b| + |b|$ （性质3）

因此 $\quad |a - b| \geq |a| - |b|$

又因为 $\quad |a - b| = |b - a| \geq |b| - |a| = -(|a| - |b|)$

即有 $\quad -|a - b| \leq |a| - |b| \leq |a - b|$

所以，由性质2，即得

$$||a| - |b|| \leq |a - b|$$

性质5 $|ab| = |a| \cdot |b|$，$\left| \dfrac{a}{b} \right| = \dfrac{|a|}{|b|}(b \neq 0)$.

（证明略）

（三）邻域

邻域是一个与区间有关的概念，在高等数学中经常用到它．设 a 和 δ 是两个实数，且 $\delta > 0$，则数轴上与点 a 距离小于 δ 的全体实数的集合，即 $(a - \delta, a + \delta)$ 称为点 a 的 δ 邻域，记作 $U(a, \delta)$，即

$$U(a, \delta) = (a - \delta, a + \delta) = \{x \mid |x - a| < \delta\}$$

其中点 a 称为邻域的中心；δ 称为邻域的半径，由此可知，邻域 $U(a, \delta)$ 就是以点 a 为中心，长度为 2δ 的开区间 $(a - \delta, a + \delta)$（见图 1-2（a））．

有时用到的邻域需要把邻域的中心去掉，点 a 的 δ 邻域去掉中心点 a 后，称为点 a 的去心 δ 邻域，记作

$$\mathring{U}(a, \delta) = \{x \mid 0 < |x - a| < \delta\}$$

这里 $0 < |x - a|$ 表示 $x \neq a$，$\mathring{U}(a, \delta)$ 是不包含中心点 a，而长度为 2δ 的开区间 $(a - \delta, a) \cup (a, a + \delta)$（见图 1-2（b））．

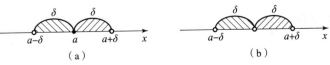

（a）　　　　　　　　　（b）

图 1-2

例 写出下列各邻域（用集合或区间记号表示），并在数轴上画出它们的几何表示.

（1）点 2 的 $\frac{3}{2}$ 邻域；（2）点 2 的去心 $\frac{3}{2}$ 邻域.

解 （1）$a=2$，$\delta=\frac{3}{2}$，"点 2 的 $\frac{3}{2}$ 邻域"即为

$$U\left(2,\frac{3}{2}\right) \doteq \left\{x \,\middle|\, |x-2| < \frac{3}{2}\right\} = \left\{x \,\middle|\, -\frac{3}{2} < x-2 < \frac{3}{2}\right\}$$

$$= \left\{x \,\middle|\, \frac{1}{2} < x < \frac{7}{2}\right\} = \left(\frac{1}{2},\frac{7}{2}\right)$$

它在数轴上的几何表示如图 1-3（a）所示.

（2）$\overset{\circ}{U}\left(2,\frac{3}{2}\right) = \left\{x \,\middle|\, 0 < |x-2| < \frac{3}{2}\right\} = \left\{x \,\middle|\, \frac{1}{2} < x < \frac{7}{2},\, x \neq 2\right\}$

$$= \left(\frac{1}{2},2\right) \cup \left(2,\frac{7}{2}\right)$$

它在数轴上的几何表示如图 1-3（b）所示.

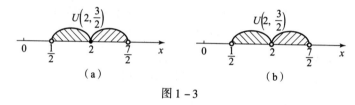

图 1-3

习题 1.1

1. 将下列不等式用区间表示：

（1）$-2 \leqslant x \leqslant 3$；

（2）$-2 \leqslant x < 3$；

（3）$-3 < x < 5$；

（4）$-3 < x < +\infty$；

（5）$x < 3$；

（6）$|x| > a\,(a > 0)$.

2. 用区间表示下列邻域，并在数轴上画出它们的几何表示：

（1）以 -3 为中心，$\frac{1}{2}$ 为半径的邻域；

（2）以 -3 为中心，$\frac{1}{2}$ 为半径的去心邻域.

§1.2 不等式

一、不等式的性质

1. 实数大小的性质

$$a - b > 0 \Leftrightarrow a > b$$

$$a - b = 0 \Leftrightarrow a = b$$
$$a - b < 0 \Leftrightarrow a < b$$

2. 不等式的基本性质

（1）$a > b$，$b > c \Rightarrow a > c$.

（2）$a > b \Leftrightarrow a + c > b + c$.

$a + b > c \Leftrightarrow a > c - b$.

$a > b$，且 $c > d \Rightarrow a + c > b + d$.

（3）$a > b$，且 $c > 0 \Rightarrow ac > bc$.

$a > b$，且 $c < 0 \Rightarrow ac < bc$.

$a > b > 0$，且 $c > d > 0 \Rightarrow ac > bd$.

$a > b > 0 \Rightarrow a^n > b^n$（$n \geqslant 2$，$n \in \mathbf{N}$）.

$a > b > 0 \Rightarrow \sqrt[n]{a} > \sqrt[n]{b}$（$n \geqslant 2$，$n \in \mathbf{N}$）.

3. 重要不等式

（1）对任意实数 a，b 都有 $a^2 + b^2 \geqslant 2ab$，并且当且仅当 $a = b$ 时等号成立.

（2）对任意正实数 a，b 都有 $\dfrac{a + b}{2} \geqslant \sqrt{ab}$，并且当且仅当 $a = b$ 时等号成立.

（3）对任意正实数 a，b，c 都有 $\dfrac{a + b + c}{3} \geqslant \sqrt[3]{abc}$，并且当且仅当 $a = b = c$ 时等号成立.

例 1 比较 $(x^2 + 1)^2$ 与 $x^4 + x^2 + 1$ 的大小.

解
$$(x^2 + 1)^2 - (x^4 + x^2 + 1)$$
$$= x^4 + 2x^2 + 1 - x^4 - x^2 - 1 = x^2$$

又因为对任意实数 x，都有 $x^2 \geqslant 0$，所以
$$(x^2 + 1)^2 \geqslant x^4 + x^2 + 1$$

上式当且仅当 $x = 0$ 时，等号成立.

例 2 已知：$a > 0$，$b > 0$，$c > 0$，求证
$$a + b + c > \sqrt{ab} + \sqrt{bc} + \sqrt{ca}$$

证 因为 $a > 0$，$b > 0$，$c > 0$
$$\frac{a + b}{2} \geqslant \sqrt{ab}, \quad \frac{b + c}{2} \geqslant \sqrt{bc}$$
$$\frac{c + a}{2} \geqslant \sqrt{ca}$$

所以 $2(a + b + c) \geqslant 2(\sqrt{ab} + \sqrt{bc} + \sqrt{ca})$.

即 $a + b + c \geqslant \sqrt{ab} + \sqrt{bc} + \sqrt{ca}$.

二、不等式的解法

在含有未知数的不等式中，能使不等式成立的未知数值的全体所构成的集合叫作**不等式的解集**，不等式的解集一般可用集合的性质描述法或区间表示.

（一）一元一次不等式的解法

例3 解不等式 $2(x+1)+\dfrac{x-2}{3}>\dfrac{7x}{2}-1$.

解 原不等式两边同乘以 6，得

$$12(x+1)+2(x-2)>21x-6$$
$$14x+8>21x-6$$

移项整理，得

$$-7x>-14$$

两边同除以 -7，得

$$x<2$$

所以原不等式的解集是 $\{x\mid x<2\}$.

从例 3 可以看到，解不等式实际上就是利用数与式的运算法则，以及不等式的性质，对所给的不等式进行变形，并要求变形后的不等式与变形前的不等式的解集相同，直到能表明未知数的取值范围为止，解集相同的不等式叫作**同解不等式**.

一个不等式变为它的同解不等式的过程，叫作不等式的同解变形.

我们知道，任何一个一元一次不等式，经过同解变形可化为

$$ax>b(a\neq0)$$

的形式.

如果 $a>0$，则它的解集是 $\left\{x\,\middle|\,x>\dfrac{b}{a}\right\}$.

如果 $a<0$，则它的解集是 $\left\{x\,\middle|\,x<\dfrac{b}{a}\right\}$.

例4 解不等式组 $\begin{cases}10+2x\leqslant11+3x & (1)\\7x+2x<6+3x & (2)\end{cases}$.

解 原不等组中不等式（1）和不等式（2）的解集分别为

$$\{x\mid x\geqslant-1\},\ \{x\mid x<1\}$$

所以原不等式组的解集是

$$\{x\mid x\geqslant-1\}\cap\{x\mid x<1\}=[-1,\ 1)$$

上述交集运算在数轴上表示，如图 1-4 所示.

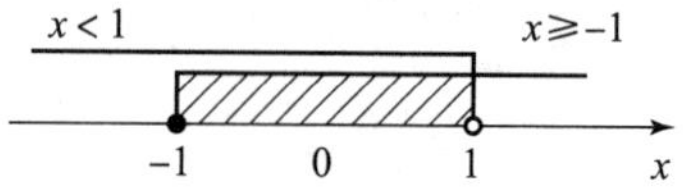

图 1-4

（二）一元二次不等式的解法

含有一个未知数并且未知数最高次数是二次的不等式叫作**一元二次不等式**. 它的一般形式是

$$ax^2+bx+c>0 \text{ 或 } ax^2+bx+c<0\ (a\neq0)$$

一元二次不等式与相应的二次函数及一元二次方程的关系如表 1-1 所示.

表 1 – 1

判别式 $\Delta = b^2 - 4ac$	$\Delta > 0$	$\Delta = 0$	$\Delta < 0$
一元二次方程 $ax^2 + bx + c = 0$ 的根	有两相异实根 x_1，x_2 $(x_1 < x_2)$	有两相等实根 $x_1 = x_2 = -\dfrac{b}{2a}$	没有实根
二次函数 $y = ax^2 + bx + c$ $(a > 0)$ 图像	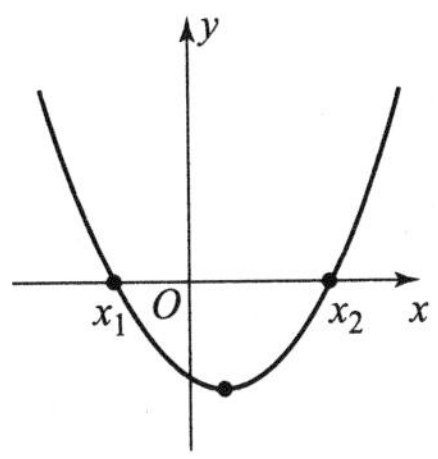	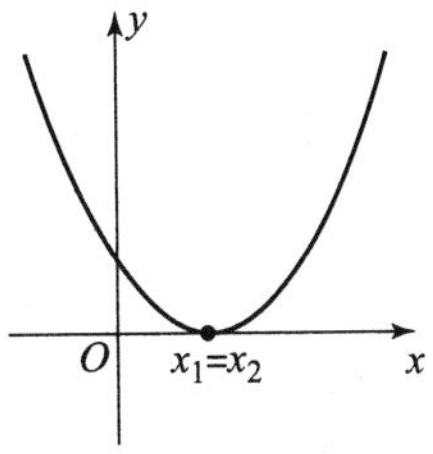	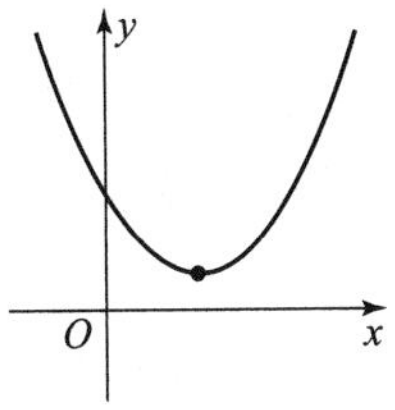
$ax^2 + bx + c > 0 \, (a > 0)$ 的解集	$\{x \mid x < x_1 \text{ 或 } x > x_2\}$	$\left\{ x \mid x \neq -\dfrac{b}{2a} \right\}$	**R**
$ax^2 + bx + c < 0 \, (a > 0)$ 的解集	$\{x \mid x_1 < x < x_2\}$	$\varnothing$	$\varnothing$

对于 $a < 0$ 函数的图像开口向下，根据图像的位置，仍可得到相应一元二次不等式的解集（略）.

例 5　解不等式 $2x^2 - 3x - 2 > 0$.

解　因为　　　　　$\Delta = b^2 - 4ac = (-3)^2 - 4 \times 2 \times (-2) = 25 > 0$

如图 1 – 5 所示，方程 $2x^2 - 3x - 2 = 0$ 的解是

$$x_1 = -\frac{1}{2}, \quad x_2 = 2$$

所以不等式的解集为 $\left\{ x \mid x < -\dfrac{1}{2} \text{ 或 } x > 2 \right\}$.

例 6　解不等式 $-x^2 + 4x - 3 \geqslant 0$.

解　将原不等式同解变形为

$$x^2 - 4x + 3 \leqslant 0$$

方程 $x^2 - 4x + 3 = 0$ 的解是

$$x_1 = 1, \quad x_2 = 3$$

使 $x^2 - 4x + 3 \leqslant 0$，如图 1 – 6 所示.

所以不等式的解集为 $\{x \mid 1 \leqslant x \leqslant 3\}$.

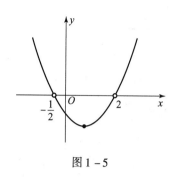

图 1 - 5 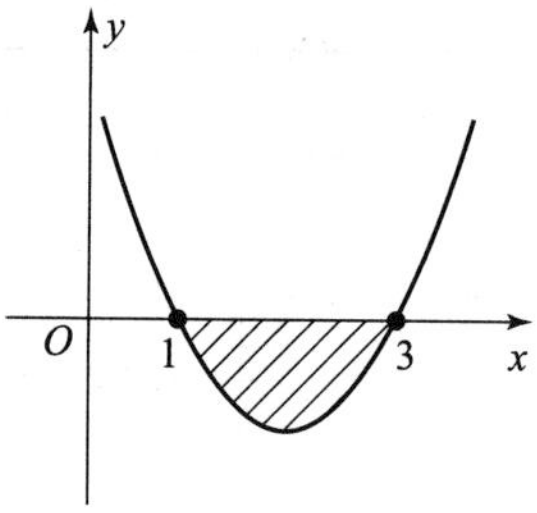   图 1 - 6

例 7 解不等式 $-x^2 + 4x - 5 \geqslant 0$.

解 将原不等式同解变形为

$$x^2 - 4x + 5 \leqslant 0$$

因为 $\Delta = 16 - 20 = -4 < 0$，所以方程 $x^2 - 4x - 5 = 0$ 无实根.

使 $x^2 - 4x + 5 \leqslant 0$，如图 1 - 7 所示.

故不等式的解集为 $\varnothing$.

（三）含有绝对值的不等式

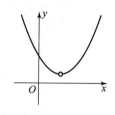

图 1 - 7

在实数中，对任意实数 a，

$$|a| = \begin{cases} a, & a > 0 \\ 0, & a = 0 \\ -a, & a < 0 \end{cases}$$

数 a 的绝对值 $|a|$ 在数轴上等于对应实数 a 的点到原点的距离.

由 $|a|$ 的这一几何意义可知：

不等式 $|x| \leqslant 3$ 的解集是

$$\{x \mid -3 \leqslant x \leqslant 3\} = [-3, 3]$$

不等式 $|x| > 3$ 的解集是

$$\{x \mid x < -3 \text{ 或 } x > 3\} = (-\infty, -3) \cup (3, +\infty)$$

一般地，如果 $a > 0$，则

$$|x| \leqslant a \Leftrightarrow -a \leqslant x \leqslant a$$

$$|x| > a \Leftrightarrow x < -a \text{ 或 } x > a$$

这个结果如图 1 - 8 所示.

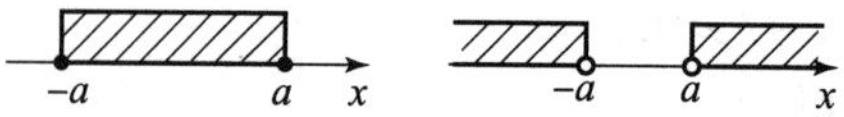

图 1 - 8

例 8 解不等式 $|2x - 3| < 5$.

解 这个不等式等价于

$$-5 < 2x - 3 < 5$$
$$-2 < 2x < 8$$
$$-1 < x < 4$$

所以原不等式的解集是（-1，4）.

例 9　解绝对值不等式：

（1）$1<|x-1|<2$；

（2）$|x+1|+|2x-1|>3$；

（3）$|3x+2|>|2x+3|$；

（4）$|x^2-x|<\dfrac{1}{2}x$.

解　（1）原不等式等价于

$$\begin{cases} |x-1|<2 \\ |x-1|>1 \end{cases}$$

等价于

$$\begin{cases} -2<x-1<2 \\ x-1>1 \text{ 或 } x-1<-1 \end{cases}$$

又等价于

$$\begin{cases} -1<x<3 \\ x>2 \text{ 或 } x<0 \end{cases}$$

所以原不等式的解集为：$(-1,0)\cup(2,3)$.

（2）①当 $x<-1$ 时，原不等式为

$$-x-1-2x+1>3$$

即 $x<-1$.

所以当 $x<-1$ 时，原不等式解为 $x<-1$.

②当 $-1\leqslant x<\dfrac{1}{2}$ 时，原不等式为

$$x+1-2x+1>3$$

即 $x<-1$.

所以当 $-1\leqslant x<\dfrac{1}{2}$ 时，原不等式无解.

③当 $x>\dfrac{1}{2}$ 时，原不等式为

$$x+1+2x-1>3$$

即 $x>1$.

所以当 $x>\dfrac{1}{2}$ 时，原不等式为 $x>1$.

故综合①②③原不等式的解集为 $(-\infty,-1)\cup(1,+\infty)$.

（3）将 $|3x+2|>|2x+3|$ 两边平方，得

$$9x^2+12x+4>4x^2+12x+9$$

即 $x^2>1$. 得

$$x>1 \text{ 或 } x<-1$$

所以原不等式的解集为 $(-\infty,-1)\cup(1,+\infty)$.

（4）因为 $|x^2-x|\geqslant 0$，

所以只有当 $x>0$ 时，原不等式才有解.

原不等式等价 $\begin{cases} x^2-x<\dfrac{1}{2}x \\[2mm] x^2-x>-\dfrac{1}{2}x \end{cases}$,

又因为 $x>0$，所以有 $\begin{cases} x-1<\dfrac{1}{2} \\[2mm] x-1>-\dfrac{1}{2} \end{cases}$.

即 $\begin{cases} x<\dfrac{3}{2} \\[2mm] x>\dfrac{1}{2} \end{cases}$

所以原不等式的解集为 $\left(\dfrac{1}{2}, \dfrac{3}{2}\right)$.

习题 1.2

1. 设 $a>0$，$b>0$，比较下列两式的大小：

（1）$\dfrac{b}{a}$，$\dfrac{b}{a+1}$；　　　　　　　　（2）$\dfrac{b}{a}$，$\dfrac{b+1}{a}$.

2. 用"＞""＜"或"＝"号填空：

（1）$a>b$，$c<d \Rightarrow a-c$ _____ $b-d$；

（2）$a>b>0$，$c<d<0 \Rightarrow ac$ _____ bd；

（3）当 c _____ 0 时，$a>b$，得 $ac>bc$；

（4）当 c _____ 0 时，$a>b$，得 $ac^2>bc^2$；

（5）当 c _____ 0 时，$a>b$，得 $ac<bc$；

（6）$a>0$，$b<0 \Rightarrow ab$ _____ 0.

3. 已知 $a>0$，$b>0$，$c>0$，求证：

（1）$(a+b)(b+c)(c+a)\geqslant 8abc$；

（2）$\dfrac{a}{b}+\dfrac{b}{c}+\dfrac{c}{a}\geqslant 3$.

4. 解下列不等式：

（1）$2x-3\leqslant x+1$；　　　　　　　　（2）$5x-3<0$；

（3）$15x-9x<10-4x$；　　　　　　　　（4）$3(x+5)-\dfrac{2}{3}\geqslant 2x-\dfrac{3}{2}$；

（5）$x^2+4x+5>0$；　　　　　　　　（6）$x^2-8x+16<0$；

（7）$-x^2+x+6\geqslant 0$；　　　　　　　　（8）$4x^2-4x+1>0$；

(9) $|x-2| \leqslant 5$;

(10) $|x^2 - 3x - 1| > 3$;

(11) $|2x-3| > |3x+1|$;

(12) $|x-2| > |x+1| - 3$.

§1.3 函数

一、函数概念

在一个自然现象或技术过程中，常常有几个量同时变化，它们的变化并非彼此无关，而是互相联系着，这是物质世界的一个普遍规律. 下面列举几个有两个变量互相联系着的例子：

例 1 球半径 r 与该球的体积 V 互相联系着，$\forall x \in [0, +\infty)$ 都对应一个球的体积 V. 已知 r 与 V 之间的对应关系是

$$V = \frac{4}{3}\pi r^3$$

其中，π 是圆周率，是常数.

例 2 某地某日时间 t 与气温 T 互相联系着（见图 1-9），13：00 到 23：00 内任意时间 t 都对应着一个气温 T. 已知 t 与 T 的对应关系用图 1-9 的气温曲线表示. 横坐标表示时间 t，纵坐标表示气温 T. 曲线上任意点 $p(t, T)$ 表示在时间 t 对应着的气温是 T.

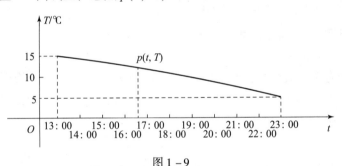

图 1-9

例 3 当气压为 101 325 Pa 时，温度 T 与水的体积 V 互相联系着，实测如表 1-2 所示.

表 1-2

$T/(^\circ\text{C})$	0	2	4	6	8	10	12	14
V/cm^3	100	99.990	99.987	99.990	99.998	100.012	100.032	100.057

对 $\{0, 2, 4, 6, 8, 10, 12, 14\}$ 中每一个温度 T 都对应一个体积 V，已知 T 与 V 的对应关系用上面表格表示.

上述 3 个例子中，分属于不同的学科，实际意义完全不同. 但是，从数学角度看，它们却有共同的特征：都有一个数集和一个对应关系，对于数集中任意数 x，按照对应关系都对应 $\mathbf{R}$ 中唯一的数. 于是有如下的函数概念：

定义 设 D 是非空实数集，若对 D 中任意数 x（$\forall x \in D$），按照对应关系 f，总有唯一的

$y \in \mathbf{R}$ 与之对应，则称 f 是定义在 D 上的一个一元实函数，简称**一元函数或函数**，记为 $f: D \rightarrow \mathbf{R}$.

数 x 对应的数 y 称为 x 的函数值，表为 $y = f(x)$，x 称为自变量，y 称为因变量. 数集 D 称为函数 f 的定义域，所有相应函数值 y 组成的集合 $f(D) = \{y \mid y = f(x), x \in D\}$ 称为这个函数的值域.

注：本书仅讨论一元微积分学的内容，同时由于实数是微积分的基础，微积分中所涉及的数都是实数，因此今后我们考虑的函数都是指一元实函数.

根据函数定义，不难看到，上述例子皆为函数实例.

关于函数概念的几点说明：

（1）用符号"$f: D \rightarrow \mathbf{R}$"表示 f 是定义在数集 D 上的函数，十分清楚、明确. 特别是在抽象的数学学科中使用这个函数符号更显得方便. 但是，在微积分中，一方面要讨论抽象的函数 f；另一方面又要讨论大量具体的函数. 在具体函数中需要将对应关系 f 具体化，使用这个函数符号就有些不便. 为此在本书中约定，将"f 是定义在数集 D 上的函数"用符号"$y = f(x), x \in D$"表示，当不需要指明函数 f 定义域时又可简写为"$y = f(x)$"，有时甚至笼统地说"$f(x)$ 是 x 的函数".

（2）在函数概念中，对应关系 f 是抽象的，只有在具体函数中，对应关系 f 才是具体的. 例如，在上述这几个例子中：

例 1 中的 f 是一组运算：r 的立方乘以常数 $\frac{4}{3}\pi$.

例 2 中的 f 是图 1–9 所示的曲线.

例 3 中的 f 是所列的表格.

为了对函数 f 有个直观形象的认识，可将它比喻为一部"数值变换器"，将任意 $x \in D$ 输入到数值变换器之中，通过 f 的"作用"，输出来的就是 y，不同的函数就是不同的数值变换器. 如图 1–10 所示.

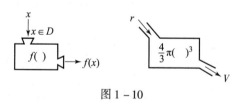

图 1–10

（3）根据函数定义，虽然函数都存在定义域，但常常并不明确指出函数 $y = f(x)$ 的定义域，这时认为函数的定义域是自明的. 在数学中，有时不考虑函数的实际意义，仅抽象地研究用数学式子表达的函数. 这时我们约定：定义域是使函数 $y = f(x)$ 有意义的实数 x 的集合，$D = \{x \mid x \in \mathbf{R}$ 且 $f(x) \in \mathbf{R}\}$. 例如，函数 $f(x) = \sqrt{1 - x^2}$ 没有指出它的定义域，那么它的定义域就是使函数 $f(x) = \sqrt{1 - x^2}$ 有意义的实数 x 的集合. 即 $[-1, 1] = \{x \mid x \in \mathbf{R}$ 且 $\sqrt{1 - x^2} \in \mathbf{R}\}$.

而具有实际意义的函数，它的定义域要受实际意义的约束. 例如，上述的例 1，半径为 r 的球的体积 $V = \frac{4}{3}\pi r^3$ 这个函数，从抽象的函数来说，r 可取任意实数，但从它的实际意义来说，半径 r 不能取负数. 因此，它的定义域是区间 $[0, +\infty)$.

（4）函数定义指出："$\forall x \in D$，按照对应关系 f，$y \in \mathbf{R}$ 总有唯一的数与之对应"，这样的对应就是所谓单值对应，反之，一个 $y \in f(D)$ 就不一定只有一个 $x \in D$ 使 $y = f(x)$．这是因为在函数定义中只是说一个 $x \in D$ 按照对应关系 f，只对应唯一 $y \in \mathbf{R}$，并没有说不同 x 对应不同的 y，即不同的 x 可能对应相同的 y．例如函数 $y = \sin x$，$\forall x \in \mathbf{R}$ 按照对应关系 $\sin$，有唯一 $y = \sin x \in \mathbf{R}$ 与之对应；反之，对 $y = 1$ 却有无限多个 $x = 2k\pi + \dfrac{\pi}{2} \in \mathbf{R}$，$k \in \mathbf{Z}$ 按照对应关系 $\sin$，都对应着 1，即 $\sin\left(2k\pi + \dfrac{\pi}{2}\right) = 1$，$k \in \mathbf{Z}$．

例 1　求函数 $y = \dfrac{1}{\sqrt{1 - x^2}}$ 的定义域．

解　要使函数 $y = \dfrac{1}{\sqrt{1 - x^2}}$ 有意义，则有 $1 - x^2 > 0$，即 $-1 < x < 1$．

故函数 $y = \dfrac{1}{\sqrt{1 - x^2}}$ 的定义域为（-1，1）．

例 2　求函数 $y = \sqrt{3 - 2x} + \dfrac{1}{x^2 - x}$ 的定义域．

解　要使函数 $y = \sqrt{3 - 2x} + \dfrac{1}{x^2 - x}$ 有意义，则有

$$\begin{cases} 3 - 2x \geqslant 0 \\ x^2 - x \neq 0 \end{cases}$$

解得

$$\begin{cases} x \leqslant \dfrac{3}{2} \\ x \neq 0 \text{ 且 } x \neq 1 \end{cases}$$

故所求函数的定义域为（$-\infty$，0）$\cup$（0，1）$\cup \left(1, \dfrac{3}{2}\right]$．

例 3　判断下列各组函数是否相同：

（1）$f(x) = x + \sqrt{1 + x^2}$ 与 $g(t) = t + \sqrt{t^2 + 1}$；

（2）$f(x) = x$ 与 $g(x) = \sqrt{x^2}$；

（3）$f(x) = 2\lg(1 - x)$ 与 $g(x) = \lg(1 - x)^2$．

解　（1）因为函数 $f(x)$ 与 $g(x)$ 的定义域都是（$-\infty$，$+\infty$），且对应关系相同，所以 $f(x)$ 与 $g(x)$ 是相同函数．

（2）因为函数 $f(x) = x$ 与 $g(x) = \sqrt{x^2}$ 的定义域都是（$-\infty$，$+\infty$），但是，当 $x < 0$ 时，$g(x) = -x$ 与 $f(x) = x$ 的对应关系是不相同的，所以它们是两个不相同的函数．

（3）因为 $f(x)$ 的定义域是（$-\infty$，1），而且 $g(x)$ 的定义域是 $\mathbf{R}$，所以它们是不相同的函数．

二、函数的表示法

由于在各种自然现象或生产过程中，变量之间的相互依赖关系是多种多样的，因此用来描述变量之间相互依赖关系的对应关系也是多种多样的．在函数的定义中，关于用什么方法

表示函数也并未加以限制，通常用以表达函数的方法有表格法、图示法和公式法（或解析法）三种.

1. 表格法

表格法就是把自变量 x 与因变量 y 的对应值用表格列出. 例如常用的平方表、对数表、三角函数表等都是用表格法表示的函数.

2. 图示法

把自变量 x 与因变量 y 分别当作直角坐标平面 xOy 内点的横坐标与纵坐标，x 与 y 之间的函数关系就可用该平面内的曲线来表示，这种表示函数的方法称为图示法. 例如，$y = f(x)$ 是定义在区间 $[a, b]$ 上的一个函数. 在平面上取定直角坐标系后，对于区间上的每一个 x，由 $y = f(x)$ 都可确定平面上一点 $M(x, y)$，当 x 取遍 $[a, b]$ 中所有值时，点 $M(x, y)$ 描出一条平面曲线，称为函数 $y = f(x)$ 的图像，如图 1 - 11 所示.

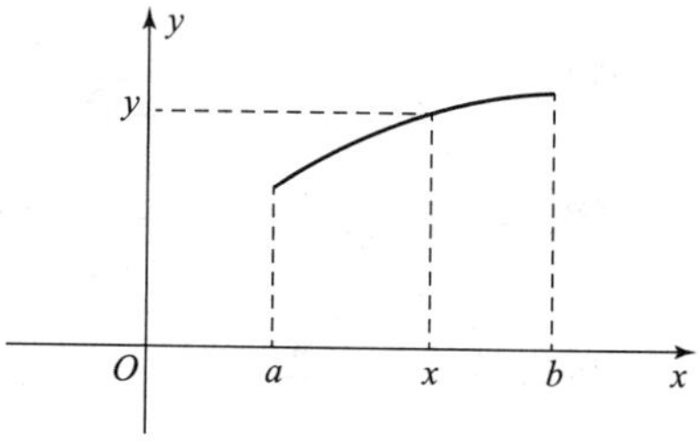

图示法表示函数的优点是直观性强，能借助曲线直观地观察因变量随自变量变化的特性，函数的变化一目了然，并且便于研究函数的几何性质，缺点是不宜运算，因而不便于作精细的理论分析.

图 1 - 11

3. 公式法（解析法）

把两个变量之间的函数关系直接用公式或数学式子表出，这种表示函数的方法称为公式法. 它是表示函数的基本方法. 前面举例中所出现的各种函数都是用公式法表示的，今后我们所讨论的函数大多数也是用公式法给出的.

用公式法表示函数的优点是能做具体运算，并便于对函数进行理论上的研究，简明准确. 缺点是不够直观，为了克服这个缺点，有时将函数同时用公式法与图示法表示，这样对函数既便于理论上研究，又具有直观性强、一目了然的优点.

然而不是所有的函数都能表示为解析式. 在实际应用中，为了把某种研究课题理论化，有时也采用一定的数学方法，把不能表示为解析式的函数近似地表示为解析式. 如在自然科学和社会科学中，常采用线性化的方法近似地描述某些变量的变化规律. 在应用中，有时混合使用公式法、图示法、表格法来表示函数.

三、分段函数

先看一个实例.

某市出租车收费标准：行程不超过 3 km 时，收费 7 元；行程超过 3 km，但不超过 10 km 时，在收费 7 元基础上，超过 3 km 的部分每公里收费 1 元，超过 10 km 时，超过部分除每公里收费 1 元外，每公里再加收 50% 的回程空驶费，则车费 y（元）与路程 x（公里）之间的函数关系为

$$y = \begin{cases} 7, & 0 < x \leqslant 3 \\ 4 + x, & 3 < x \leqslant 10 \\ 1.5x - 1, & x > 10 \end{cases}$$

在本例中, 自变量 x 在定义域 $(0, +\infty)$ 内, 分别用三个不同的分析式子表示函数. 像这样的函数就是分段函数.

一般地, 用公式法表示函数时, 有时自变量在不同的范围需要用不同的式子来表示一个函数, 这种函数称为**分段函数**.

应注意, 分段函数不能理解为几个不同的函数, 而只是用几个解析式合起来表示一个函数.

例 4 已知函数

$$y = \begin{cases} x^2 + 1, & x > 0 \\ 0, & x = 0 \\ x - 1, & x < 0 \end{cases}$$

求函数值 $f(-3)$, $f(0)$, $f(3)$, 并作函数的图像.

解 因为 $x = -3$ 在 $(-\infty, 0)$ 内,

所以 $f(-3) = (x - 1)|_{x=-3} = -3 - 1 = -4$.

因为 $x = 3$ 在 $(0, +\infty)$ 内,

所以 $f(3) = (x^2 + 1)|_{x=3} = 3^2 + 1 = 10$.

因为当 $x = 0$ 时, $f(x) = 0$,

所以 $f(0) = 0$.

函数的图像如图 1-12 所示.

下面介绍几个常见的分段函数.

1) 函数:

$$y = |x| = \begin{cases} x, & x \geqslant 0 \\ -x, & x < 0 \end{cases}$$

的定义域 $D = (-\infty, +\infty)$, 值域 $W = f(D) = [0, +\infty)$.

它的图像如图 1-13 所示, 这个函数称为**绝对值函数**.

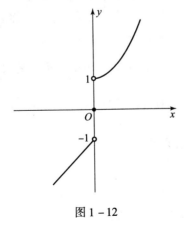

图 1-12

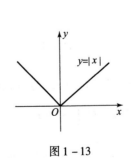

图 1-13

2) 函数:

$$y = f(x) = \begin{cases} 1, & x > 0 \\ 0, & x = 0 \\ -1, & x < 0 \end{cases}$$

的定义域 $D=(-\infty,+\infty)$，值域 $W=f(D)=\{1,0,-1\}$，这个函数称为**符号函数**，记为：
$$y=f(x)=\text{sgn}x.$$

它的图像如图 1 - 14 所示.

3）函数 $y=[x]$ 称为**取整函数**，其中 x 为任一实数，$[x]$ 表示不超过 x 的最大整数.

$$\left[\frac{5}{7}\right]=0,\ [\sqrt{2}]=1,\ [\pi]=3,\ [-1]=-1,\ [-3.5]=-4.$$

取整函数的定义域为 $(-\infty,+\infty)$，值域 $W=f(D)=Z$，它的图像如图 1 - 15 所示.

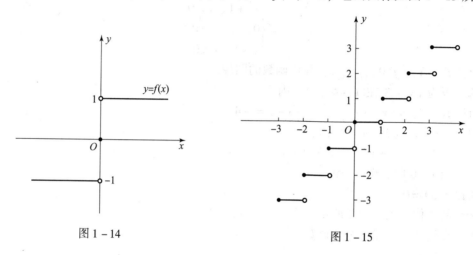

图 1 - 14   图 1 - 15

四、函数的特性

1. 函数的有界性

设函数 $f(x)$ 的定义域为 D，区间 $I\subset D$，如果存在数 P 或 Q，对于一切 $x\in I$，都有 $f(x)\le P$（或 $Q\le f(x)$）成立，则称 $f(x)$ 在区间 I 上有上界（有下界），并称 P 是函数 $f(x)$ 在区间 I 上的一个上界（或 Q 是函数 $f(x)$ 在区间 I 上的一个下界）.

例如，函数 $f(x)=\frac{1}{x}$ 在 $(0,+\infty)$ 内，恒有 $f(x)=\frac{1}{x}>0$，所以函数 $f(x)=\frac{1}{x}$ 在 $(0,+\infty)$ 内有下界，0 就是它的一个下界；而对一切 $x\in(-\infty,0)$，都有 $f(x)=\frac{1}{x}<0$，因此函数 $f(x)=\frac{1}{x}$ 在 $(-\infty,0)$ 内有上界，0 就是它的一个上界.

如果存在 M，对于一切 $x\in I$，都有
$$|f(x)|\le M$$
成立，则称函数 $f(x)$ 在区间 I 上有界. 否则函数 $f(x)$ 在区间 I 上无界.

例如，函数 $y=\sin x$ 在区间 $(-\infty,+\infty)$ 内是有界的. 这是因为对于一切 $x\in(-\infty,+\infty)$ 都有 $|\sin x|\le 1$，即存在 $M=1$，对于一切 $x\in(-\infty,+\infty)$，都有 $|\sin x|\le M$，而函数 $y=\frac{1}{x}$ 在 $(0,1)$ 内是无界的，因为不存在这样的正数 M，使对于 $(0,1)$ 内的一切 x 值，

都有 $\left|\dfrac{1}{x}\right| \leqslant M$ 成立，即对任意给定正数 M（设 $M > 1$），若取 $x_0 = \dfrac{1}{M} \in (0,1)$，则有 $\left|\dfrac{1}{x_0}\right| =$

$2M > M$. 但 $f(x) = \dfrac{1}{x}$ 在 $(1,2)$ 内是有界的，因为对于一切 $x \in (1,2)$，都有 $\left|\dfrac{1}{x}\right| \leqslant 1$.

因此，函数是否有界不仅与函数有关，而且与给定的区间有关.

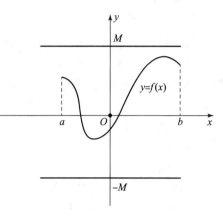

　　函数 $f(x)$ 在区间 $[a,b]$ 上有界的几何意义是函数 $f(x)$ 在区间 $[a,b]$ 上的图像位于以两直线 $y = M$ 与 $y = -M$ 为边界的带形区域之内（见图 $1-16$）.

　　容易证明，函数 $f(x)$ 在区间 I 上有界的充要条件是函数 $f(x)$ 在区间 I 上既有上界又有下界.

图 $1-16$

2. 函数的单调性

　　设函数 $f(x)$ 的定义域为 D，区间 $I \in D$，x_1，x_2 是 I 上的任意两点，且 $x_1 < x_2$，如果恒有

$$f(x_1) < f(x_2) \quad (\text{或} f(x_1) > f(x_2))$$

成立，则称函数 $f(x)$ 在区间 I 上是单调增加（或单调减少）的. 单调增加和单调减少的函数统称为单调函数.

　　单调增加函数的图像是沿横轴的正向上升（见图 $1-17$），单调减少函数的图像是沿横轴的正向下降（见图 $1-18$）.

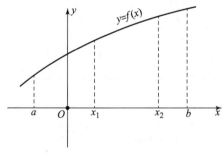

图 $1-17$

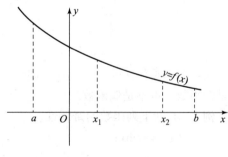

图 $1-18$

　　例如函数 $f(x) = x^2$ 在 $(-\infty, 0)$ 内是单调减少的，而在 $(0, +\infty)$ 内是单调增加的，在区间 $(-\infty, +\infty)$ 内，函数 $f(x) = x^2$ 不是单调的.

例 1　证明函数 $f(x) = \dfrac{1}{x^2}$ 在 $(0, +\infty)$ 内是单调减少的.

证　设 x_1，x_2 是 $(0, +\infty)$ 内的任意两点，且 $0 < x_1 < x_2$.

因为 $f(x_1) - f(x_2) = \dfrac{1}{x_1^2} - \dfrac{1}{x_2^2} = \dfrac{x_2^2 - x_1^2}{x_1^2 x_2^2}$

而 $0 < x_1 < x_2$，有 $x_1^2 < x_2^2$.

所以 $f(x_1)-f(x_2)=\dfrac{x_2^2-x_1^2}{x_1^2 x_2^2}>0$，即 $f(x_1)>f(x_2)$.

故函数 $f(x)=\dfrac{1}{x^2}$ 在 $(0,+\infty)$ 内是单调减少的.

3. 函数的奇偶性

设函数 $f(x)$ 的定义域 D 关于原点对称，如果对于任意 $x\in D$，都有 $f(-x)=f(x)$，则称函数 $f(x)$ 为偶函数；如果对任意 $x\in D$，都有 $f(-x)=-f(x)$，则称函数 $f(x)$ 为奇函数.

例如，$f(x)=x^2$ 是偶函数，因为 $f(-x)=(-x)^2=x^2=f(x)$；而 $f(x)=x^3$ 是奇函数，因为 $f(-x)=(-x)^3=-x^3=-f(x)$.

偶函数的图像关于 y 轴对称，这是因为，若 $f(x)$ 是偶函数，则 $f(-x)=f(x)$，即如果点 $A(x,f(x))$ 在图像上，则点 A 关于 y 轴对称的点 $A'(-x,f(x))$ 也在图像上（见图 1-19）.

奇函数的图像关于原点对称，这是因为，若 $f(x)$ 是奇函数，则 $f(-x)=-f(x)$，即如果点 $A(x,f(x))$ 在图像上，则点 A 关于原点对称的点 $A'(-x,-f(x))$ 也在图像上（见图 1-20）.

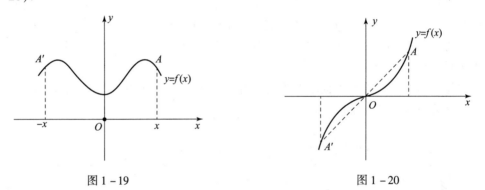

图 1-19　　　　　　　　　　　　图 1-20

注：并不是任何函数都具有奇偶性，例如 $f(x)=(x+1)^2$，$y=\sin x+x^2$，$y=\mathrm{e}^x$ 等，既不是奇函数，也不是偶函数.

例 2　判断下列函数的奇偶性：

（1）$f(x)=x\sin x$；　　　　　　　　　（2）$f(x)=\sin x-\cos x$；

（3）$f(x)=\ln(x+\sqrt{x^2+1})$.

解　（1）因为 $f(x)$ 的定义域为 $(-\infty,+\infty)$，且
$$f(-x)=(-x)\sin(-x)=x\sin x=f(x)$$
所以 $f(x)$ 是偶函数.

（2）因为 $f(-x)=\sin(-x)-\cos(-x)=-\sin x-\cos x$，

所以 $f(x)$ 既不是奇函数也不是偶函数.

（3）因为 $f(x)$ 的定义域为 $(-\infty,+\infty)$，且
$$f(-x)=\ln(-x+\sqrt{(-x)^2+1})$$
$$=\ln\frac{(\sqrt{x^2+1}-x)(\sqrt{x^2+1}+x)}{\sqrt{x^2+1}+x}$$

$$= \ln \frac{1}{\sqrt{x^2 + 1} + x}$$

$$= \ln \left(\sqrt{x^2 + 1} + x \right)^{-1}$$

$$= - \ln \left(\sqrt{x^2 + 1} + x \right) = -f(x)$$

所以 $f(x) = \ln(x + \sqrt{x^2 + 1})$ 是奇函数.

习题 1.3

1. 求下列函数的定义域：

(1) $y = \dfrac{2x}{x^2 - 3x + 2}$；

(2) $y = -\dfrac{5}{x^2 + 4}$；

(3) $y = \sqrt{4 - x^2} + \dfrac{1}{\sqrt{x^2 - 1}}$；

(4) $y = \dfrac{1}{|x| - x}$；

(5) $y = \dfrac{\sqrt{-x}}{2x^2 - 3x - 2}$；

(6) $y = \dfrac{\sqrt{4 - x^2}}{\sqrt[3]{x + 1}}$.

2. 下列各题中，函数 $f(x)$ 和 $g(x)$ 是否相同？为什么？

(1) $f(x) = \sqrt{1 - \cos^2 x}$，$g(x) = \sin x$；

(2) $f(x) = \dfrac{x^2 - 1}{x + 1}$，$g(x) = x - 1$；

(3) $f(x) = x$，$g(x) = e^{\ln x}$；

(4) $f(x) = \sin^2 x + \cos^2 x$，$g(x) = 1$；

(5) $f(x) = \sqrt[3]{x}$，$g(x) = \sqrt[6]{x^2}$；

3. 确定函数 $f(x) = \begin{cases} \sqrt{1 - x^2}, & |x| \leq 1 \\ x^2 - 1, & 1 < x < 2 \end{cases}$ 的定义域，并作出函数的图像.

4. 设有分段函数 $f(x) = \begin{cases} -x - 1, & x \leq -1 \\ \sqrt{1 - x^2}, & -1 < x < 1. \\ x - 1, & x \geq 1 \end{cases}$ 求函数值 $f(-2)$，$f\left(\dfrac{1}{2}\right)$，$f(3)$，并作出函数的图像.

5. 把函数 $f(x) = 2|x + 1| - |3 - x|$ 表示成分段函数.

6. 已知 $f(x) = \dfrac{1 - x}{1 + x}$，求 $f(-x)$，$f(x + 1)$，$f\left(\dfrac{1}{x}\right)$.

7. 已知 $f(x + 1) = x^2 + 3x + 5$，求 $f(x)$，$f(x - 1)$.

8. 判断下列函数在指定区间内的单调性：

(1) $y = \lg x$，$x \in (0, +\infty)$；

(2) $y = \dfrac{1}{x}$，$x \in (1, +\infty)$；

（3）$y = \sin x,\ x \in \left[-\dfrac{\pi}{2},\ \dfrac{\pi}{2} \right]$；

（4）$y = x + \ln x,\ x \in (0,\ +\infty)$.

9. 判断下列函数在定义区间内是否有界，为什么？

（1）$f(x) = \dfrac{x^2}{2 + x^2}$；

（2）$f(x) = \dfrac{1}{x}$；

（3）$f(x) = \sqrt{1 - x^2}$；

（4）$f(x) = 3\cos x$.

10. 判断下列函数中哪些是奇函数，哪些是偶函数，哪些既不是奇函数也不是偶函数.

（1）$f(x) = x^4 - 2x^2$；

（2）$f(x) = x - x^2$；

（3）$f(x) = x\cos x$；

（4）$f(x) = |x| - 2$；

（5）$f(x) = \dfrac{a^x + 1}{a^x - 1}$；

（6）$f(x) = \ln \dfrac{1 + x}{1 - x}$；

（7）$f(x) = \dfrac{\mathrm{e}^x + \mathrm{e}^{-x}}{2}$；

（8）$f(x) = \ln(x - \sqrt{1 + x^2})$.

§1.4 反函数

当两变量之间有着一个确定的函数关系时，究竟哪个变量是自变量，哪一个是因变量，有时并不是固定的.

例如，在两种温度度量制摄氏度（℃）和华氏度（℉）相互转化时会发现，有时两人选用相同的数据，如表 1 – 3 所示，但所建立的函数关系和作出的图像（见图 1 – 21）不同，为什么？

表 1 – 3

℃	0	20	35	100	115
℉	32	68	95	212	239

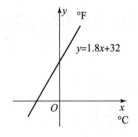 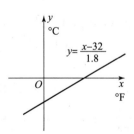

图 1 – 21

原来这两个函数它们所选用的自变量和因变量恰好相反. 看似完全不同的两个函数关系式和图像，都正确反映了两种温度度量制间的转换关系，前者将℃转化℉，后者恰好相反.

从函数式来看，在函数表达式 $y = 1.8x + 32$ 中，x 是自变量，y 是 x 的函数，从函数 $y =$

$1.8x + 32$ 中解出 x, 就可以得到式子 $x = \dfrac{y - 32}{1.8}$, 这样对于 y 的任何一个值, 通过式子 $x = \dfrac{y - 32}{1.8}$, x 都有唯一的值和它对应. 也就是说, 可以把 y 作为自变量, x 作为 y 的函数, 这时我们就说 $x = \dfrac{y - 32}{1.8}$ 是函数 $y = 1.8x + 32$ 的反函数.

习惯上, 函数的自变量用 x 表示, 因变量用 y 表示, 故 $y = 1.8x + 32$ 的反函数通常写成 $y = \dfrac{x - 32}{1.8}$ (见图 1 - 21).

定义 对于函数 $y = f(x)$, 设它的定义域为 D, 值域为 A, 如果对 A 中任意一个值 y, 在 D 中总有唯一确定的 x 值与它对应, 且满足 $y = f(x)$, 这样得到的 x 关于 y 的函数叫作 $y = f(x)$ 的反函数, 记作 $x = f^{-1}(y)$. 习惯上, 自变量常用 x 表示, 而函数用 y 表示, 所以把它改写为

$$y = f^{-1}(x), \quad (x \in A)$$

例如, 函数 $y = 2x$ 的反函数为 $y = \dfrac{x}{2}$, 函数 $y = 3x + 1$ 的反函数为 $y = \dfrac{x - 1}{3}$.

从反函数的概念可知: 如果函数 $y = f(x)$ 有反函数 $y = f^{-1}(x)$, 那么函数 $y = f^{-1}(x)$ 的反函数就是 $y = f(x)$, 这就是说, 函数 $y = f(x)$ 与函数 $y = f^{-1}(x)$ 互为反函数.

函数 $y = f(x)$ 的定义域是它的反函数 $y = f^{-1}(x)$ 的值域; 函数 $y = f(x)$ 的值域是它的反函数 $y = f^{-1}(x)$ 的定义域.

例 1 求下列函数的反函数:

(1) $y = 4x + 2$;

(2) $y = x^3 + 1$;

(3) $y = x^2 + 1 \ (x \geqslant 0)$;

(4) $y = \dfrac{3x + 1}{4x + 2} \left(x \in \mathbf{R} \text{ 且 } x \neq \dfrac{1}{2} \right)$.

解 (1) 由 $y = 4x + 2$, 得 $x = \dfrac{y - 2}{4}$.

将 x 与 y 互换, 得 $y = \dfrac{x - 2}{4}$.

所以函数 $y = 4x + 2$ 的反函数是 $y = \dfrac{x - 2}{4}$.

(2) 由 $y = x^3 + 1$, 得 $x = \sqrt[3]{y - 1}$.

将 x 与 y 互换, 得 $y = \sqrt[3]{x - 1}$.

所以函数 $y = x^3 + 1$ 的反函数是 $y = \sqrt[3]{x - 1}$.

(3) 由 $y = x^2 + 1$, 得 $x^2 = y - 1$.

因为 $x \geqslant 0$, 所以 $x = \sqrt{y - 1}$.

将 x 与 y 互换, 得 $y = \sqrt{x - 1}$.

所以函数 $y = x^2 + 1 (x \geqslant 0)$ 的反函数是 $y = \sqrt{x - 1} (x \geqslant 1)$.

(4) 由 $y = \dfrac{3x + 1}{4x + 2}$, 得 $4xy + 2y = 3x + 1$.

即 $\qquad x(4y-3)=1-2y$

当 $y\neq\dfrac{3}{4}$ 时，$x=\dfrac{1-2y}{4y-3}$.

将 x 与 y 互换，得 $y=\dfrac{1-2x}{4x-3}\left(x\in\mathbf{R}\text{ 且 }x\neq\dfrac{3}{4}\right)$.

所以函数 $y=\dfrac{3x+1}{4x+2}$ 的反函数是 $y=\dfrac{1-2x}{4x-3}\left(x\in\mathbf{R}\text{ 且 }x\neq\dfrac{3}{4}\right)$.

如果函数 $y=f(x)(x\in D)$ 的反函数是 $y=f^{-1}(x)$，那么在同一平面直角坐标系中，它们的图像有什么关系呢？

我们将图 1-21 中的两条直线作在同一坐标系中（见图 1-22），观察表中的数据及图 1-22，不难发现这两条直线关于直线 $y=x$ 对称

例2 求函数 $y=x^3$ 的反函数，并在同一坐标系中作出原来函数和它的反函数的图像.

解 由 $y=x^3$，得 $x=\sqrt[3]{y}$.

所以函数 $y=x^3$ 的反函数是 $y=\sqrt[3]{x}$.

函数 $y=x^3$ 与它的反函数的图像如图 1-23 所示.

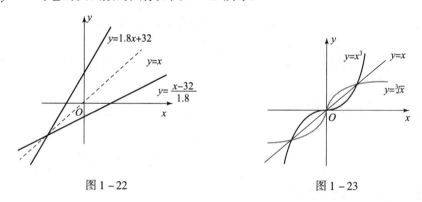

图 1-22　　　　图 1-23

一般地，函数 $y=f(x)$ 的图像和它的反函数 $y=f^{-1}(x)$ 的图像关于直线 $y=x$ 对称.

习题 1.4

1. 下列各图中，能成为某个具有反函数的函数 $y=f(x)$ 的图像是（　　）.

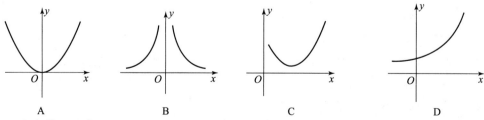

A　　　　　B　　　　　C　　　　　D

2. 求函数 $y=x^2+2x\ (x>0)$ 的反函数及其定义域.

3. 求下列函数的反函数：

(1) $y = 3x + 2$；　　　　　　　　　　(2) $y = -\dfrac{3}{x}$；

(3) $y = x^2$ $(x \leqslant 0)$；　　　　　　　(4) $y = \sqrt{x} + 1$ $(x \geqslant 0)$.

4. 已知 $y = \dfrac{3x - 1}{x + 2}$，求 $y = f^{-1}(x)$ 的解析式.

5. 已知 $f(x) = \begin{cases} x, & x \in (-\infty, 1) \\ x^2, & x \in [1, 4] \\ 2^x, & x \in (4, +\infty) \end{cases}$，求 $f^{-1}(x)$.

§1.5　基本初等函数

　　常数函数、幂函数、指数函数、对数函数、三角函数和反三角函数这六类函数统称为**基本初等函数**. 它是今后研究各种函数的基础，这些函数在中学阶段已经学过. 为了便于今后熟练地应用，作为复习，现将这六类函数的定义、定义域、主要性质及图像概括如下：

一、常数函数 $y = C$（C 为常数）

　　常数函数是定义域为 $(-\infty, +\infty)$，值域为 $\{C\}$，图像为过点 $(0, C)$，且垂直于 y 轴的直线.

二、幂函数 $y = x^{\alpha}$（α 为实数）

　　由幂 x^{α} 所确定的函数 $y = x^{\alpha}$（α 为实数）称为**幂函数**，其中 x 称为幂的底数，常数 α 称为幂的指数. 它的定义域与 α 值有关，但不论 α 取什么值，幂函数 $y = x^{\alpha}$ 在 $(0, +\infty)$ 内总是有定义的. 例如，当 $\alpha = 3$ 时，$y = x^3$ 的定义域是 $(-\infty, +\infty)$；当 $\alpha = \dfrac{1}{2}$ 时，$y = x^{\frac{1}{2}} = \sqrt{x}$ 的定义域是 $[0, +\infty)$；当 $\alpha = -1$ 时，$y = \dfrac{1}{x}$ 的定义域 $(-\infty, 0) \cup (0, +\infty)$；当 $\alpha = -\dfrac{1}{2}$ 时，$y = \dfrac{1}{\sqrt{x}}$ 的定义域是 $(0, +\infty)$.

　　$y = x^{\alpha}$ 图像过点 $(1, 1)$，$\alpha = 1, 2, 3, \dfrac{1}{2}, -1$ 是最常见的幂函数，它们的图像如图 1-24 所示.

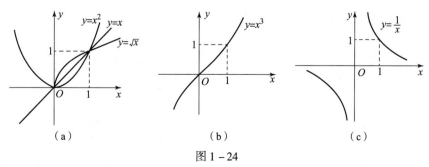

(a)　　　　　　　(b)　　　　　　　(c)

图 1-24

三、指数函数

由指数式 a^x 所确定的函数 $y = a^x$（a 是常数，且 $a > 0$，$a \neq 1$）称为以 a 为底的指数函数. 它的定义域是 $(-\infty, +\infty)$，值域是 $(0, +\infty)$，它的图像过点 $(0, 1)$，且在 x 轴的上方.

当底数 $a > 1$ 时，$y = a^x$ 单调增加；当 $0 < a < 1$ 时，$y = a^x$ 单调减少，$y = a^x$ 以 x 轴为渐近线.

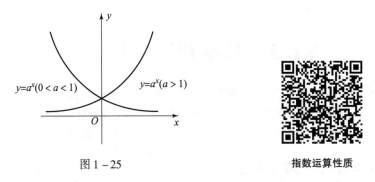

图 1 - 25

指数运算性质

工程中常用以无理数 $e = 2.718\ 281\ 8 \cdots$ 为底的指数函数，记作 $y = e^x$.

四、对数函数

函数 $y = \log_a x$（a 是常数，且 $a > 0$，$a \neq 1$）称为以 a 为底的对数函数，它的定义域是 $(0, +\infty)$（见图 1 - 26），对数函数 $y = \log_a x$ 与指数函数 $y = a^x$ 互为反函数，它们的图形在同一直角坐标系内关于直线 $y = x$ 对称.

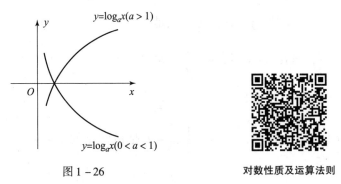

图 1 - 26

对数性质及运算法则

对数函数的图像与性质如表 1 - 4 所示.

表 1 - 4

定义域	$(0, +\infty)$
值域	$(-\infty, +\infty)$
单调性	$a > 1$ 时单调增加，$0 < a < 1$ 时单调减少
其他性质	图像都过点 $(1, 0)$

图像	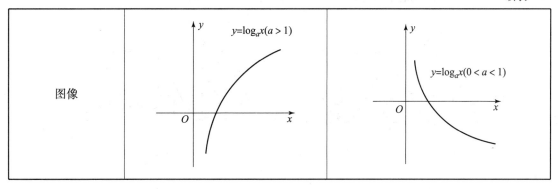

例 1 求函数 $y = \lg(x^2 - 5x + 6)$ 的定义域.

解 要使函数 $y = \lg(x^2 - 5x + 6)$ 有意义，则有

$$x^2 - 5x + 6 > 0$$

解得 $x < 2$ 或 $x > 3$.

所以函数 $y = \lg(x^2 - 5x + 6)$ 的定义域为 $(-\infty, 2) \cup (3, +\infty)$.

例 2 设 $\lg(x^2 + 1) + \lg(y^2 + 4) = \lg 8 + \lg x + \lg y$，求 x，y 的值.

解 由对数运算法则，得

$$\lg\left[(x^2 + 1)(y^2 + 4)\right] = \lg(8xy)$$

即

$$(x^2 + 1)(y^2 + 4) = 8xy$$

$$x^2 y^2 + 4x^2 + y^2 + 4 = 8xy$$

$$(x^2 y^2 - 4xy + 4) + (4x^2 - 4xy + y^2) = 0$$

$$(xy - 2)^2 + (2x - y)^2 = 0$$

所以

$$\begin{cases} xy - 2 = 0 \\ 2x - y = 0 \end{cases}$$

解此方程组，得

$$\begin{cases} x = 1 \\ y = 2 \end{cases}, \quad \begin{cases} x = -1 \\ y = -2 \end{cases} （不合题意）$$

故所求的值为 $x = 1$，$y = 2$.

五、三角函数

三角函数有以下六个：

1. **正弦函数** $y = \sin x$

它的定义域是 $(-\infty, +\infty)$，值域是 $[-1, 1]$.

2. **余弦函数** $y = \cos x$

它的定义域是 $(-\infty, +\infty)$，值域是 $[-1, 1]$.

因为 $|\sin x| \le 1$，$|\cos x| \le 1$，所以正弦函数和余弦函数都是有界函数，它们又都是以 2π 为周期的周期函数；正弦函数为奇函数，余弦函数为偶

三角函数概念
及公式

函数，它们的图形分别如图 1 – 27 （a） 和图 1 – 27 （b） 所示.

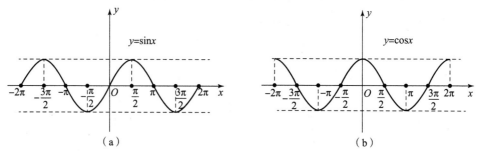

图 1 – 27

3. **正切函数** $y = \tan x$

它的定义域是 $\left\{ x \mid x \neq k\pi \pm \dfrac{\pi}{2}, \ k = 0, \ \pm 1, \ \pm 2, \ \cdots \right\}$，值域是 $(-\infty, \ +\infty)$.

4. **余切函数** $y = \cot x$

它的定义域是 $\{ x \mid x \neq k\pi, \ k = 0, \ \pm 1, \ \pm 2, \ \cdots \}$，值域是 $(-\infty, \ +\infty)$.

正切函数和余切函数都是以 π 为周期的周期函数；它们都是奇函数；正切函数在定义区间 $\left(k\pi - \dfrac{\pi}{2}, \ k\pi + \dfrac{\pi}{2} \right)$ $(k = 0, \ \pm 1, \ \pm 2, \ \cdots)$ 内是单调增加的；余切函数在定义区间 $(k\pi, \ k\pi + \pi)$ $(k = 0, \ \pm 1, \ \pm 2, \ \cdots)$ 内是单调减少的.

正切函数和余切函数的图形分别如图 1 – 28 （a） 和图 1 – 28 （b） 所示.

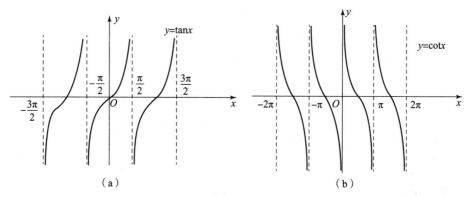

图 1 – 28

5. **正割函数** $y = \dfrac{1}{\cos x} = \sec x$

它的定义域是 $\left\{ x \mid x \neq k\pi + \dfrac{\pi}{2}, \ k = 0, \ \pm 1, \ \pm 2, \ \cdots \right\}$，值域是 $(-\infty, \ -1) \cup (1, \ +\infty)$.

6. **余割函数** $y = \dfrac{1}{\sin x} = \csc x$

它的定义域是 $\{ x \mid x \neq k\pi, \ k = 0, \ \pm 1, \ \pm 2, \ \cdots \}$，值域是 $(-\infty, \ -1) \cup (1, \ +\infty)$.

正割函数和余割函数都是以 π 为周期的周期函数；它们的图形分别如图 1 – 29 （a） 和

图 1 - 29（b）所示.

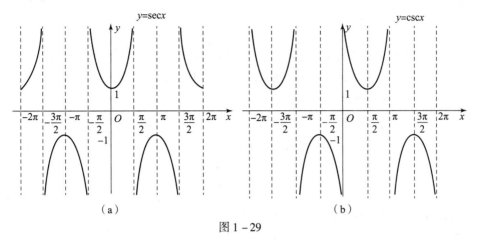

（a）

（b）

图 1 - 29

六、反三角函数

1. 反正弦函数

从正弦函数 $y = \sin x$ 的图像（见图 1 - 30）上可以看出，对于 x 在定义域 $(-\infty, +\infty)$ 内的每一个值，y 都在 $[-1, 1]$ 上都有唯一确定的值和它对应，例如，对 $x = \dfrac{\pi}{6}$，有 $y = \sin \dfrac{\pi}{6} = \dfrac{1}{2}$ 和它对应；反过来，对于 y 在 $[-1, 1]$ 上的每一个值，x 有无穷多个值和它对应，例如，对于 $y = \dfrac{1}{2}$，x 有 $\dfrac{\pi}{6}$，$\dfrac{5\pi}{6}$，…无穷多个值和它对应. 由此可见，对于 y 在 $[-1, 1]$ 上的每一个值，没有唯一确定的 x 值和它对应，因此 $y = \sin x$ 在区间 $(-\infty, +\infty)$ 内没有反函数. 但由图 1 - 31 可以看到，正弦函数 $y = \sin x$ 在单调区间 $\left[-\dfrac{\pi}{2}, \dfrac{\pi}{2}\right]$ 上，对于 x 的每个值，$y = \sin x$ 在 $[-1, 1]$ 上都有唯一的值和 x 对应；反过来，对于 y 在 $[-1, 1]$ 上的每一个值，x 在 $\left[-\dfrac{\pi}{2}, \dfrac{\pi}{2}\right]$ 上也有唯一的值和 y 对应，所以函数 $y = \sin x$ 在区间 $\left[-\dfrac{\pi}{2}, \dfrac{\pi}{2}\right]$ 上有反函数.

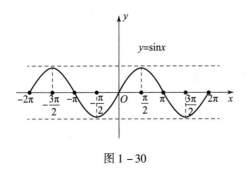

图 1 - 30

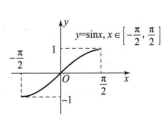

图 1 - 31

定义 1 函数 $y = \sin x$，$x \in \left[-\dfrac{\pi}{2}, \dfrac{\pi}{2} \right]$ 的反函数叫作**反正弦函数**.

记作 $x = \arcsin y$

习惯上用字母 x 表示自变量，用 y 表示因变量，所以反正弦函数可以写成

$$y = \arcsin x, \quad x \in [-1, 1]$$

它的值域是 $\left[-\dfrac{\pi}{2}, \dfrac{\pi}{2} \right]$.

例如，当 $x = \dfrac{1}{2}$ 时，$y = \arcsin \dfrac{1}{2} = \dfrac{\pi}{6}$. 即

$$\sin \left(\arcsin \dfrac{1}{2} \right) = \sin \dfrac{\pi}{6} = \dfrac{1}{2}$$

一般地，根据反正弦函数的定义，可以得到

$$\sin(\arcsin x) = x$$

其中 $x \in [-1, 1]$，$\arcsin x \in \left[-\dfrac{\pi}{2}, \dfrac{\pi}{2} \right]$.

下面我们来研究反正弦函数的图像和性质.

根据互为反函数的图像和性质，容易知道，反正弦函数 $y = \arcsin x$ 的图像与正弦函数 $y = \sin x$ 在区间 $\left[-\dfrac{\pi}{2}, \dfrac{\pi}{2} \right]$ 上的图像关于直线 $y = x$ 对称，如图 1-32 所示.

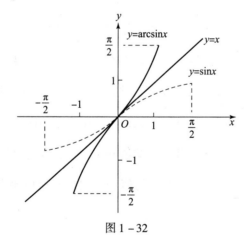

图 1-32

从图像上可以看出反正弦函数 $y = \arcsin x$，$x \in [-1, 1]$.

还有如下性质：

（1）它在区间 $[-1, 1]$ 上是增函数；

（2）它是奇函数，它的图像关于原点成中心对称. 即

$$\arcsin(-x) = -\arcsin x, \quad x \in [-1, 1]$$

例 1 求下列各反正弦函数的值：

（1）$\arcsin \dfrac{\sqrt{2}}{2}$；　　　　　　　　　　（2）$\arcsin \left(-\dfrac{\sqrt{3}}{2} \right)$；

(3) $\arcsin(-1)$；

(4) $\arcsin\left(-\dfrac{1}{2}\right)$.

解 （1） 因为在 $\left[-\dfrac{\pi}{2},\dfrac{\pi}{2}\right]$ 上，$\sin\dfrac{\pi}{4}=\dfrac{\sqrt{2}}{2}$，

所以 $\arcsin\dfrac{\sqrt{2}}{2}=\dfrac{\pi}{4}$.

（2） 因为在 $\left[-\dfrac{\pi}{2},\dfrac{\pi}{2}\right]$ 上，$\sin\left(-\dfrac{\pi}{3}\right)=-\dfrac{\sqrt{3}}{2}$，

所以 $\arcsin\left(-\dfrac{\sqrt{3}}{2}\right)=-\dfrac{\pi}{3}$.

（3） 因为在 $\left[-\dfrac{\pi}{2},\dfrac{\pi}{2}\right]$ 上，$\sin\left(-\dfrac{\pi}{2}\right)=-1$，

所以 $\arcsin(-1)=-\dfrac{\pi}{2}$.

（4） 因为在 $\left[-\dfrac{\pi}{2},\dfrac{\pi}{2}\right]$ 上，$\sin\left(-\dfrac{\pi}{6}\right)=-\dfrac{1}{2}$，

所以 $\arcsin\left(-\dfrac{1}{2}\right)=-\dfrac{\pi}{6}$.

例2 求下列各式的值：

（1） $\sin\left(\arcsin\dfrac{2}{3}\right)$；

（2） $\sin\left[\arcsin\left(-\dfrac{1}{2}\right)\right]$.

解 （1） 因为 $\dfrac{2}{3}\in[-1,1]$，所以 $\sin\left(\arcsin\dfrac{2}{3}\right)=\dfrac{2}{3}$.

（2） 因为 $-\dfrac{1}{2}\in[-1,1]$，所以 $\sin\left[\arcsin\left(-\dfrac{1}{2}\right)\right]=-\dfrac{1}{2}$.

2. 反余弦函数

从余弦函数的图像（见图 1-33）同样可以看到：

余弦函数 $y=\cos x$ 在区间 $(-\infty,+\infty)$ 内不存在反函数，但在单调区间 $[0,\pi]$ 上，对于 x 的每一个值，$y=\cos x$ 在 $[-1,1]$ 上有唯一的值和 x 对应；反过来，对于 y 在 $[-1,1]$ 上的每一个值，在 $[0,\pi]$ 上也有唯一的 x 值和 y 对应，所以函数 $y=\cos x$ 在区间 $x\in[0,\pi]$ 上有反函数.

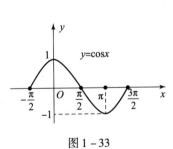

图 1-33

定义2 余弦函数 $y=\cos x$，$x\in[0,\pi]$ 的反函数叫作**反余弦函数**.

记作 $y=\arccos x$，$x\in[-1,1]$.

它的值域是 $[0,\pi]$.

我们知道 $x=\dfrac{1}{2}$，$y=\arccos\dfrac{1}{2}=\dfrac{\pi}{3}$.

所以 $\cos\left(\arccos\dfrac{1}{2}\right) = \cos\dfrac{\pi}{3} = \dfrac{1}{2}$. 即

$$\cos\left(\arccos\dfrac{1}{2}\right) = \dfrac{1}{2}$$

一般地，根据反余弦函数的定义，可以得到

$$\cos(\arccos x) = x$$

其中 $x \in [-1, 1]$，$\arccos x \in [0, \pi]$.

根据互为反函数的图像和性质，反余弦函数 $y =$ $\arccos x$ 的图像（见图 1-34）与余弦函数 $y = \cos x$ 在区间 $[0, \pi]$ 上的图像关于直线 $y = x$ 对称.

从图像上可以看出反余弦函数 $y = \arccos x$, $x \in$ $[-1, 1]$ 还有如下性质：

（1）它在区间 $[-1, 1]$ 上是减函数；

（2）它既不是奇函数，也不是偶函数.

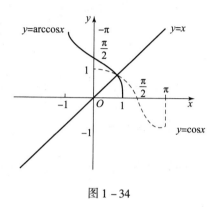

图 1-34

3. 反正切函数

定义 3　正切函数 $y = \tan x$, $x \in \left(-\dfrac{\pi}{2}, \dfrac{\pi}{2}\right)$ 的反函数叫作**反正切函数**.

记作 $y = \arctan x$.

它的定义域是 $(-\infty, +\infty)$，它的值域是 $\left(-\dfrac{\pi}{2}, \dfrac{\pi}{2}\right)$.

它的图像如图 1-35 所示.

反正切函数 $y = \arctan x$ 还有如下性质：

（1）它在区间 $(-\infty, +\infty)$ 内是增函数；它的值域是 $\left(-\dfrac{\pi}{2}, \dfrac{\pi}{2}\right)$；

（2）它是奇函数.

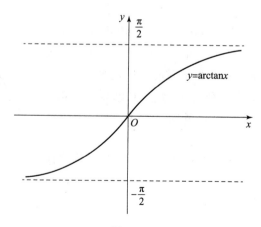

图 1-35

4. 反余切函数

定义 4　余切函数 $y = \cot x$，$x \in (0，\pi)$ 的反函数叫作**反余切函数**.

记作 $y = \text{arccot}x$.

它的定义域是 $(-\infty，+\infty)$，它的值域是 $(0，\pi)$.

它的图像如图 1 - 36 所示.

反余切函数 $y = \text{arccot}x$ 还有如下性质：

（1）它在区间 $(-\infty，+\infty)$ 内是减函数；它的值域是 $(0，\pi)$.

（2）它既不是奇函数，也不是偶函数.

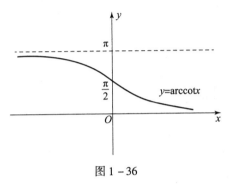

图 1 - 36

反正弦函数 $y = \arcsin x$，反余弦函数 $y = \arccos x$，反正切函数 $y = \arctan x$，反余切函数 $y = \text{arccot}x$ 统称为**反三角函数**.

它们的性质概括如表 1 - 5 所示.

表 1 - 5

函数	$y = \arcsin x$	$y = \arccos x$	$y = \arctan x$	$y = \text{arccot}x$
定义域	$x \in [0，1]$	$x \in [0，1]$	一切实数	一切实数
值域	$y \in \left[-\dfrac{\pi}{2}，\dfrac{\pi}{2}\right]$	$y \in [0，\pi]$	$y \in \left(-\dfrac{\pi}{2}，\dfrac{\pi}{2}\right)$	$y \in (0，\pi)$
性质	（1）增函数 （2）$\sin(\arcsin x) = x$ （3）$\arcsin(\sin y) = y$ （4）$\arcsin(-x) = -\arcsin x\left(-1 \leqslant x \leqslant 1，-\dfrac{\pi}{2} \leqslant y \leqslant \dfrac{\pi}{2}\right)$	（1）减函数 （2）$\cos(\arccos x) = x$ （3）$\arccos(\cos y) = y$ （4）$\arccos(-x) = \pi - \arccos x$（$-1 \leqslant x \leqslant 1，0 \leqslant y \leqslant \pi$）	（1）增函数 （2）$\tan(\arctan x) = x$ （3）$\arctan(\tan y) = y$ （4）$\arctan(-x) = -\arctan x\left(-\dfrac{\pi}{2} < y < \dfrac{\pi}{2}\right)$	（1）减函数 （2）$\cot(\text{arccot}x) = x$ （3）$\text{arccot}(\cot y) = y$ （4）$\text{arccot}(-x) = \pi - \text{arccot}x$（$0 < y < \pi$）

例 3　求下列各值：

（1）$\arccos\left(-\dfrac{\sqrt{2}}{2}\right)$；

（2）$\arctan(-\sqrt{3})$；

（3）$\cos\left[\arccos\left(-\dfrac{\sqrt{2}}{3}\right)\right]$；　　　　　　　　　（4）$\sin\left[\arccos\left(-\dfrac{1}{2}\right)\right]$.

解　（1）因为在 $[0，\pi]$ 上，$\cos\dfrac{3\pi}{4}=-\dfrac{\sqrt{2}}{2}$，

所以 $\arccos\left(-\dfrac{\sqrt{2}}{2}\right)=\dfrac{3\pi}{4}$.

（2）因为在 $\left[-\dfrac{\pi}{2}，\dfrac{\pi}{2}\right]$ 上，$\tan\left(-\dfrac{\pi}{6}\right)=-\sqrt{3}$，

所以 $\arctan(-\sqrt{3})=-\dfrac{\pi}{6}$.

（3）因为 $-\dfrac{\sqrt{2}}{3}\in[-1，1]$，

所以 $\cos\left[\arccos\left(-\dfrac{\sqrt{2}}{3}\right)\right]=-\dfrac{\sqrt{2}}{3}$.

（4）$\sin\left[\arccos\left(-\dfrac{1}{2}\right)\right]=\sin\dfrac{2\pi}{3}=\dfrac{\sqrt{3}}{2}$.

例 4　求函数 $y=\arcsin\dfrac{1+x^2}{5}$ 的定义域.

解　要使函数 $y=\arcsin\dfrac{1+x^2}{5}$ 有意义，则有

$$-1\leqslant\dfrac{1+x^2}{5}\leqslant1$$

即

$$-5\leqslant1+x^2\leqslant5$$

$$-2\leqslant x\leqslant2$$

所以函数 $y=\arcsin\dfrac{1+x^2}{5}$ 的定义域为 $[-2，2]$.

习题 1.5

1. 求下列函数的定义域：

（1）$y=2^{\frac{1}{x-4}}$；　　　　　　　　　（2）$y=\sqrt{\lg(2-x)}$；

（3）$y=\ln(\ln x)$；　　　　　　　　　　（4）$y=\dfrac{\sqrt{x-4}}{\lg x-1}$；

（5）$y=2\arccos(2-3x)$；　　　　　（6）$y=\arctan(1-x)$.

2. 计算下列各式的值：

（1）$\sqrt[3]{(-4)^3}-\left(\dfrac{1}{2}\right)^0+0.25^{\frac{1}{2}}\times\left(\dfrac{-1}{\sqrt{2}}\right)^{-4}+2^{\log_2 3}$；

（2）$0.027^{-\frac{1}{3}}-\left(-\dfrac{1}{7}\right)^{-2}+16^{\frac{3}{2}}-3^{-1}+2\times(\sqrt{3}-1)^0$；

（3）$\lg \sqrt{2} + \lg \sqrt{5}$；

（4）$4\lg 2 + 3\lg 5 - \lg \dfrac{1}{5}$；

（5）$(\log_4 3 + \log_8 3)(\log_3 2 + \log_9 2) - \log_2 \sqrt[4]{32}$；

（6）$\sin \dfrac{25\pi}{6} + \cos \dfrac{25\pi}{3} + \tan\left(-\dfrac{25\pi}{4}\right)$；

（7）$\arcsin \dfrac{\sqrt{3}}{2} + \arccos\left(-\dfrac{\sqrt{2}}{2}\right)$；

（8）$\arccos 0 + \arctan 1$.

3. 已知函数

$$f(x) = \lg \frac{1+x}{1-x}$$

（1）判断并证明 $f(x)$ 的奇偶性；

（2）求证：$f(a) + f(b) = f\left(\dfrac{a+b}{1+ab}\right)$.

4. 已知函数 $f(x) = \lg(x^2 - 2ax + a)$，若 $f(x)$ 的定义域为 $\mathbf{R}$，求实数 a 的取值范围.

5. 求下列反三角函数值：

（1）$\arccos \dfrac{\sqrt{3}}{2}$；

（2）$\arcsin \dfrac{\sqrt{2}}{2}$；

（3）$\arcsin 0 + \operatorname{arccot} 1$；

（4）$\arccos\left(-\dfrac{\sqrt{3}}{2}\right)$；

（5）$\arcsin\left(-\dfrac{1}{2}\right) + \arccos\left(-\dfrac{1}{2}\right)$.

6. 求函数 $y = 2\arcsin(5 - 2x)$ 的定义域和值域.

§1.6 复合函数与初等函数

一、复合函数

在实际问题中，经常遇到这样一种函数，两个变量之间的函数关系不是直接而是通过另外其他一些变量的复合关系联系起来的. 例如，

设某企业经营者每年收入 S 与该年利润 L 有关，其函数关系为

$$S = f(L) = 0.05L \quad ①$$

而利润 L 则与该企业产品的产量 Q 有关，其函数关系为

$$L = \varphi(Q) = Q^{0.3} \quad ②$$

将式②代入到式①中去，可得到经营者每年收入 S 与产品产量 Q 的函数关系：

$$S = f(L) = f[\varphi(Q)] = 0.05Q^{0.3}$$

在数学上，像这种由函数套函数而得到的函数称为**复合函数**.

定义 1 若函数 $u = \varphi(x)$ 定义在 D_x，其值域为 W_φ，又函数 $y = f(u)$ 定义在 D_u 上，且

$D_x \cap W_\varphi \neq \varnothing$，则 y 可通过变量 u 而定义在 D_x 上关于 x 的函数，这样的函数叫作 $u = \varphi(x)$ 与 $y = f(u)$ 的复合函数，记为 $y = f[\varphi(x)]$，x 是自变量，u 称为中间变量，$u = \varphi(x)$ 称为内层函数，$y = f(u)$ 称为外层函数.

例如，函数 $y = \cos^2 x$ 是由 $y = u^2$，$u = \cos x$ 复合而成的复合函数，这个复合函数的定义域为 $(-\infty, +\infty)$，它也是 $u = \cos x$ 的定义域，又例如，函数 $y = \sqrt{1-x^2}$ 是由 $y = \sqrt{u}$，$u = 1 - x^2$ 复合而成的，这个复合函数的定义域为 $[-1, 1]$，它只是 $u = 1 - x^2$ 的定义域的一部分. 函数 $y = \sqrt{u}$ 的定义域是 $[0, +\infty)$，这应是函数 $u = 1 - x^2$ 的值域，即应满足 $1 - x^2 \geq 0$，由此得 $-1 \leq x \leq 1$，显然对一切 $x \in [-1, 1]$，函数 $u = 1 - x^2$ 的值域即为函数 $y = \sqrt{u}$ 的定义域. 但一般来说，内层函数的值域不必等于外层函数的定义域，只要交集是非空即可.

必须注意，并不是任何两个函数都可以复合成一个复合函数. 例如，$y = \sqrt{u}$ 与 $u = -x^2 - 1$ 就不能复合成一个复合函数. 因为对于 $u = -x^2 - 1$ 的定义域 $(-\infty, +\infty)$ 内任何 x 值所对应的 u 值都在函数 $y = \sqrt{u}$ 的定义域之外，不能使 $y = \sqrt{u}$ 有意义.

另外，复合函数的中间变量，可以不止一个，有的复合函数是由两个或多个中间变量复合而成的.

例如，若函数 $y = \sqrt{u}$，$u = \cos v$，$v = \dfrac{x}{2}$，则可得复合函数

$$y = \sqrt{\cos \frac{x}{2}}$$

复合函数与
初等函数

这里有 u 和 v 两个中间变量.

例 1 下列各题所给函数能否构成复合函数？如能构成，求出复合函数及定义域.

(1) $y = \sin u$，$u = \sqrt{x}$； (2) $y = \sqrt{u}$，$u = \arcsin x$；

(3) $y = \log_a u$，$u = -\sqrt{x^2+1}$； (4) $y = u^2$，$u = \cos v$，$v = x + 1$.

解 (1) 因为 $u = \sqrt{x}$ 的值域 $[0, +\infty)$ 全部包含在 $y = \sin u$ 的定义域 $(-\infty, +\infty)$ 内，

所以 $y = \sin u$，$u = \sqrt{x}$ 能构成复合函数 $y = \sin \sqrt{x}$ 且它的定义是 $[0, +\infty)$.

(2) 因为 $u = \arcsin x$ 的值域 $\left[-\dfrac{\pi}{2}, \dfrac{\pi}{2}\right]$ 有部分包含在 $y = \sqrt{u}$ 的定义域 $[0, +\infty)$ 内，

所以 $y = \sqrt{u}$，$u = \arcsin x$ 能构成复合函数 $y = \sqrt{\arcsin x}$ 且它的定义域是 $[0, 1]$.

(3) 因为 $u = -\sqrt{x^2+1}$ 的值域 $(-\infty, -1]$，它全部不包含在 $y = \log_a u$ 的定义域 $(0, +\infty)$ 内，

所以 $y = \log_a u$，$u = -\sqrt{x^2+1}$ 不能构成复合函数.

(4) 因为 $v = x + 1$ 的值域 $(-\infty, +\infty)$ 全部包含在 $u = \cos v$ 的定义域 $(-\infty, +\infty)$ 内，又 $u = \cos v$ 的值域 $[-1, 1]$ 也全部包含在 $y = u^2$ 的定义域 $(-\infty, +\infty)$ 内，

所以 $y = u^2$，$u = \cos v$，$v = x + 1$ 能构成复合函数 $y = \cos^2(x+1)$ 且它的定义域是 $(-\infty, +\infty)$.

例 2 设 $f(x) = x^2 + 2$，$g(x) = 2x - 3$，求 $f[g(x)]$，$g[f(x)]$.

解 $f[g(x)] = f(2x-3) = (2x-3)^2 + 2 = 4x^2 - 12x + 11$.

$g[f(x)] = g(x^2 + 2) = 2(x^2 + 2) - 3 = 2x^2 + 1$.

例3 已知 $f(x) = x + 1$，求 $f\{f[f(x)]\}$.

解 $f\{f[f(x)]\} = f[f(x+1)] = f[(x+1) + 1]$

$$= f(x+2) = (x+2) + 1 = x + 3.$$

例4 设函数 $f(x)$ 的定义域为 $(0, 1)$，求函数 $f(\lg x)$ 的定义域.

解 因为 $f(x)$ 的定义域为 $(0, 1)$，

所以 $0 < \lg x < 1$，解得 $1 < x < 10$.

故函数 $f(\lg x)$ 的定义域为 $(1, 10)$.

例5 已知函数 $f(3-2x)$ 的定义域为 $[-1, 2]$，求函数 $f(x)$ 的定义域.

解 因为 $f(3-2x)$ 的定义域为 $[-1, 2]$，

所以 $-1 \leqslant x \leqslant 2$，由此得 $-1 \leqslant 3 - 2x \leqslant 5$.

故函数 $f(x)$ 的定义域为 $[-1, 5]$.

从上面的讨论可以看到，在一定条件下，由几个简单的函数可以复合成复合函数. 反过来，一个比较复杂的函数也可以通过适当地引进中间变量，分解为几个简单函数，把它看作是由这些简单函数复合而成的. 这里所讲的"简单函数"，一般是指基本初等函数或由不同基本初等函数经四则运算而得到的函数.

把一个复合函数分成不同层次的简单函数，叫作**复合函数的分解**. 合理分解复合函数，在微积分中有着十分重要的意义. 分解的步骤是从外向内，评判分解合理与否的准则是，观察各层函数是否为简单函数.

例如 函数 $y = \sin^2 x$ 可由 $y = u^2$，$u = \sin x$ 复合而成，函数 $y = a^{3x^2}$ 可由 $y = a^u$，$u = 3x^2$ 复合而成.

把复合函数分解成几个简单函数的复合，有利于今后学习复合函数的求导.

例6 分析下列函数由哪些简单函数复合而成：

(1) $y = \sqrt{\lg x}$；

(2) $y = e^{\cos(2x-1)}$；

(3) $y = \arcsin(2x-1)$；

(4) $y = \ln[\sin(-x)]$.

解 (1) 函数 $y = \sqrt{\lg x}$ 由 $y = \sqrt{u}$，$u = \lg x$ 复合而成；

(2) 函数 $y = e^{\cos(2x-1)}$ 由 $y = e^u$，$u = \cos v$，$v = 2x - 1$ 复合而成；

(3) 函数 $y = \arcsin(2x-1)$ 由 $y = \arcsin u$，$u = 2x - 1$ 复合而成；

(4) 函数 $y = \ln[\sin(-x)]$ 由 $y = \ln u$，$u = \sin v$，$v = -x$ 复合而成.

二、初等函数

由基本初等函数经过有限次的四则运算或有限次的复合运算而得到，且用一个解析式表示的函数，称为**初等函数**.

例如 $y = 3x^2 - 1$，$y = \sin \dfrac{1}{x}$ 都是**初等函数**.

如果一个函数必须用几个式子表示（如分段函数），例如

$$y = \begin{cases} x^2 + 1, & -1 < x \leqslant 2 \\ x^2 - 3, & 2 < x \leqslant 4 \end{cases}$$

就不是初等函数，即为非初等函数，一般来说，分段函数是非初等函数.

函数概念的发展历史

习题 1.6

1. 下列各题中，求由所给函数复合而成的复合函数：

（1）$y = u^2$，$u = \sin x$；

（2）$y = \sqrt{u}$，$u = 1 + x^2$；

（3）$y = e^u$，$u = x^2 + 1$；

（4）$y = u^2$，$u = e^v$，$v = \sin x$.

2. 下列函数可以看作由哪些简单函数复合而成：

（1）$y = \cos(2x + 1)$；

（2）$y = e^{-x^2}$；

（3）$y = e^{\sin^3 x}$；

（4）$y = (1 + \ln x)^5$.

（5）$y = \sqrt{\ln \sqrt{x}}$；

（6）$y = \arcsin[\lg(2x + 1)]$.

3. 已知 $f(x) = \begin{cases} x + 1, & x > 0 \\ \pi, & x = 0, \\ 0, & x < 0 \end{cases}$ 求 $f\{f[f(-1)]\}$.

4. 已知 $f(x) = x^3 - x$，$\varphi(x) = \sin 2x$，求 $f[\varphi(x)]$，$\varphi[f(x)]$.

5. 已知 $f(x + 1) = x^2 - 3x + 2$，求 $f(x)$.

6. 已知 $f\left(x + \dfrac{1}{x}\right) = x^2 + \dfrac{1}{x^2}$，求 $f(x)$.

7. 已知函数 $f(x)$ 的定义域为 $[0, 1]$，求函数 $f(x^2)$ 的定义域.

8. 已知函数 $f(3 - 2x)$ 的定义域为 $[-3, 3]$，求函数 $f(x)$ 的定义域.

9. 讨论函数 $y = \log_2(x^2 - 2x - 3)$ 的单调性.

10. 下列函数中哪些是初等函数？哪些是非初等函数？

（1）$y = e - x^2 + \sin 2x$；

（2）$y = \sqrt{x} + \ln(3 - 10x)$；

（3）$y = \begin{cases} 1, & x \geqslant 0 \\ 3, & x < 0 \end{cases}$；

（4）$y = \begin{cases} x + 1, & -1 \leqslant x \leqslant 0 \\ -2x + 1, & 0 < x < 1 \end{cases}$；

（5）$y = a_0 + a_1 x + a_2 x^2 + \cdots + a_n x^n + \cdots$.

综合练习1

一、选择题

1. 如果 $|-a|=a$，则 a 的取值范围是（　　）.

A. $a>0$ 　　　B. $a\geqslant0$ 　　　C. $a\leqslant0$ 　　　D. $a<0$

2. 不等式 $x^2-3x-10>0$ 的解集是（　　）.

A. $(-\infty,+\infty)$ 　　　　　B. $\varnothing$

C. $(-\infty,-2)\cup(5,+\infty)$ 　　　D. $[-2,5]$

3. 不等式 $|x-4|<7$ 的解集是（　　）.

A. $(11,+\infty)$ 　　　　　B. $(-\infty,-3)$

C. $(-3,11)$ 　　　　　　D. $(-\infty,-3)\cup(11,+\infty)$

4. 下列函数是基本初等函数的是（　　）.

A. $y=\sqrt{\sin x+1}$ 　　　　B. $y=x+1$

C. $y=|x|$ 　　　　　　　D. $y=\log_{\sqrt{3}}x$

5. 函数 $f(x)=\begin{cases}x+1, & -1\leqslant x\leqslant0\\ e^x-1, & 0<x\leqslant3\end{cases}$ 的定义域是（　　）.

A. $[-1,0]$ 　　B. $(0,3]$ 　　C. $[-1,3]$ 　　D. $(-1,3)$

6. 函数 $y=2+\cos x$ 是（　　）.

A. 有界函数 　　　　　　B. 无界函数

C. 单调减少函数 　　　　　D. 单调增加函数

7. 函数 $y=\sqrt{-x}(x\leqslant0)$ 的反函数是（　　）.

A. $y=x^2(x\geqslant0)$ 　　　　B. $y=x^2(x\leqslant0)$

C. $y=-x^2(x\geqslant0)$ 　　　　D. $y=-x^2(x\leqslant0)$

8. 下列函数中既是奇函数又是增函数的是（　　）.

A. $y=x^3+x$ 　　　　　B. $y=\log_3 x$

C. $y=2^x$ 　　　　　　D. $y=\dfrac{1}{x}$

9. 函数 $y=x+\dfrac{1}{x}(x>0)$ 的值域是（　　）.

A. $(2,+\infty)$ 　　B. $(0,+\infty)$ 　　C. $[2,+\infty)$ 　　D. $(-\infty,2]$

10. 函数 $y=\arcsin 2x$ 的定义域是（　　）.

A. $(-\infty,+\infty)$ 　　B. $[-1,1]$ 　　C. $(-1,1)$ 　　D. $\left[-\dfrac{1}{2},\dfrac{1}{2}\right]$

二、填空题

1. 设 $f(x)=\ln x$，则 $f[f(e)]=$ _____.

2. 函数 $y=\dfrac{1}{\sqrt{16-x^2}}$ 的定义域是 _____.

3. $2\arccos\dfrac{1}{2} = $ _____.

4. 函数 $y = \ln(\arcsin x)$ 的定义域是 _____.

5. 设 $f(x+3) = x^2$，则 $f(x) = $ _____.

6. 函数 $y = 3^{\cos^2(-x)}$ 由简单函数 _____ 复合而成.

7. 函数 $y = 3^{x+1}$ 的反函数是 _____.

8. 设 $f(x) = \begin{cases} e^x, & x \leqslant 1 \\ \ln x, & x > 1 \end{cases}$，则 $f[f(2)] = $ _____.

9. 函数 $f(x) = \dfrac{e^x + e^{-x}}{2}$ 的图像关于 _____ 对称.

10. 已知 $f(x) = x^3$，$g(x) = 3^x$，则 $f[g(x)] = $ _____.

三、解答题

1. 求函数 $f(x) = \lg\dfrac{1+x}{1-x}$ 的定义域.

2. 求函数 $y = \ln x + 1 (x > 0)$ 的反函数.

3. 已知函数 $f(x+2)$ 的定义域为 $[-2, 4]$，求 $f(2x-4)$ 的定义域.

4. 已知 $\tan\theta + \dfrac{1}{\tan\theta} = 2$，求 $\sin\theta + \cos\theta$ 的值.

5. 已知 $f(x) = \dfrac{x}{x-1}$，求 $f\{f[f(x)]\}$.

6. 已知函数 $f\left(x - \dfrac{1}{x}\right) = x^2 + \dfrac{1}{x^2}$，求 $f(x)$.

7. 判断函数 $f(x) = \dfrac{1}{2} + \dfrac{1}{2^x - 1}$ 的奇偶性.

第 2 章

函数极限

极限的概念贯穿整个微积分学，它是微积分学最重要的基础，也是刻画客观世界真谛最有效的工具．微积分学中函数的连续、导数、积分等概念都是用极限来定义的．极限作为一种重要的数学思想，在数学的其他领域也起着重要作用．因此，学好本章内容是掌握微积分基本计算方法的关键．本章将介绍预备知识，数列与函数的极限概念、性质，极限的运算法则，两个重要极限，无穷小量的比较．

§2.1 预备知识

本节将简单地介绍学习本章内容需要掌握的中学数学中的一些基本运算，例如恒等变形、分式的基本性质、有理化因式、数列等内容．

一、恒等变形

对两个代数式而言，如果不论代数式中的字母取什么数值，这两个代数式的值总是相等的，我们就说这两个代数式是恒等的，表示它们恒等的式子叫作恒等式．

通过运算，将一个代数式换成另一个与它恒等的代数式叫作恒等变形（或恒等变换）．

分式的基本性质、有理化因式、指数恒等式都是恒等变形．这些恒等变形在本章 2.3、2.4、2.5、2.6 节常用到，所以作为预备知识加以学习．

二、分式的基本性质

分式的分子与分母都乘以（或除以）同一个不等于零的整式，分式的值不变：

$$\frac{f(x)}{g(x)} = \frac{f(x) \cdot h(x)}{g(x) \cdot h(x)} = \frac{f(x)/h(x)}{g(x)/h(x)} (h(x) \neq 0)$$

利用分式的基本性质，约去分子和分母的公因式，但不改变分式的值，这样的分式变形叫作分式的约分．利用分式的基本性质，使分子和分母同乘适当的整式，不改变分式的值，把几个分式变成分母相同的分式叫作通分．为了通分，要先确定各分式的公分母，一般取各分母的所有因式的最高次幂的积作公分母，它叫作最简公分母．

三、有理化因式

在简化计算数列、函数的极限时，时常需要将分子或分母有理化.

（一）有理化因式

两个含有根式的代数式相乘，如果它们的积不含有根式，那么这两个代数式相互叫作有理化因式. 因此，互为有理化因式的乘积是有理式.

如 $\sqrt{a}$ 与 $\sqrt{a}$、$\sqrt{x}+\sqrt{y}$ 与 $\sqrt{x}-\sqrt{y}$ 就是互为有理化因式，因为它们的乘积 $\sqrt{a}\cdot\sqrt{a}=a$、$(\sqrt{x}+\sqrt{y})\cdot(\sqrt{x}-\sqrt{y})=x-y$ 是有理式.

有理化因式的方法有两种情形：一种是单项二次根式，直接相乘即可有理化，如 $\sqrt{a+b}$ 与 $\sqrt{a+b}$；另一种是两项二次根式，利用平方差公式来确定.

例 1 将含有根式的代数式 $x+\sqrt{y}$ 有理化.

解 $x+\sqrt{y}$ 与 $x-\sqrt{y}$ 互为有理化因式，利用平方差公式得

$$(x+\sqrt{y})(x-\sqrt{y})=x^2-(\sqrt{y})^2=x^2-y$$

例 2 将含有根式的代数式 $\sqrt{n+1}+\sqrt{n-1}$ 有理化.

解 $\sqrt{n+1}+\sqrt{n-1}$ 的有理化因式是 $\sqrt{n+1}-\sqrt{n-1}$，利用平方差公式得

$$(\sqrt{n+1}+\sqrt{n-1})(\sqrt{n+1}-\sqrt{n-1})=(\sqrt{n+1})^2-(\sqrt{n-1})^2$$
$$=(n+1)-(n-1)$$
$$=2$$

（二）有理化分母或分子

在分式化简中，经常要乘以分母（或者分子）的有理化因式使分母（分子）化为有理式.

（1）把分母（或分子）中的根号化去，叫作分母（或分子）有理化.

（2）分母（或分子）有理化的方法与步骤：

①先将分子、分母化成最简二次根式；

②将分子、分母都乘以分母（或分子）的有理化因式，使分母（或分子）中不含根式；

③最后结果化成最简二次根式或有理式.

四、数列基本知识

（一）数列

定义 1 按照一定顺序排列的一列数 a_1，a_2，$\cdots$，a_n，$\cdots$ 叫作**数列**，记作 $\{a_n\}$，其中的每一个数叫作**数列的项**，a_1 称为数列的第一项；a_n 称为数列的第 n 项，也叫作数列的通项. 如果一个数列的第 n 项 a_n 和 n 之间的函数关系可以用一个公式来表示，则把这个数学式子叫作数列的通项公式，由数列通项公式的定义可知，数列的通项是以正整数集的子集为其定义域的函数，因此，通项可记作 $a_n=f(n)$，$(n\in\mathbf{N})$.

数列有有穷数列和无穷数列之分，本节研究的是无穷数列，以后提到"数列"都是指

无穷数列.

（二）等差数列及其求和公式

定义 2　一般地，如果一个数列从第二项起，每一项与它的前一项的差都等于同一个常数，那么这个数列叫作**等差数列**，这个常数叫作等差数列的公差，公差通常用字母 d 表示.

如果已知第一项和公差，则等差数列 $\{a_n\}$ 的通项公式可表示为

$$a_n = a_1 + (n-1)d$$

等差数列的前 n 项和公式为

$$S_n = a_1 + a_2 + a_3 + \cdots + a_n = \frac{n(a_1 + a_n)}{2} = na_1 + \frac{n(n-1)}{2}d$$

（三）等比数列及其求和

定义 3　一般地，如果一个数列从第二项起，每一项与它前一项的比都等于同一个常数，那么这个数列叫作**等比数列**，这个常数叫作等比数列的公比，公比通常用字母 q 表示.

等比数列 $\{a_n\}$ 的通项公式是

$$a_n = a_1 q^{n-1}$$

当 $q \neq 1$ 时，等比数列 $\{a_n\}$ 的前 n 项和

$$S_n = a_1 + a_1 q + a_1 q^2 + \cdots + a_1 q^{n-1}$$

公式为

$$S_n = \frac{a_1(1-q^n)}{1-q} = \frac{a_1 - a_n q}{1-q}$$

习题 2.1

1. 观察下面数列的特点，用适当的数填空，并对每一个数列各写出一个通项公式.

（1）2，4，（　　），8，10，（　　），14；

（2）（　　），4，9，16，25，（　　），49.

2. 已知等比数列 $\{a_n\}$ 的 $a_1 = 8$，$q = \dfrac{1}{2}$，求 S_n.

3. 求下面数列的前 n 项和：

（1）$a-1$，a^2-2，a^3-3，$\cdots$，a^n-n，$\cdots$；

（2）$\dfrac{1}{1 \times 3}$，$\dfrac{1}{3 \times 5}$，$\cdots$，$\dfrac{1}{(2n-1)(2n+1)}$，$\cdots$.

§2.2　极限的概念

一、数列极限的概念

在实践探索或理论研究中，常常需要判断数列 $\{a_n\}$ 当项数 n 无限增大时，a_n 的变化趋势，这就是数列极限所要研究的问题.

在几何上，数列 $\{a_n\}$ 可以看作数轴上的一个动点，它依次在数轴上取点 a_1，a_2，a_3，$\cdots$，a_n，$\cdots$，当项数 n 无限增大时，考查以下几个数列 $\{a_n\}$ 的变化趋势：

(1) $\dfrac{1}{2}$，$\dfrac{2}{3}$，$\dfrac{3}{4}$，$\cdots$，$\dfrac{n}{n+1}$，$\cdots$；

(2) -1，$\dfrac{1}{2}$，$-\dfrac{1}{3}$，$\dfrac{1}{4}$，$\cdots$，$\dfrac{(-1)^n}{n}$，$\cdots$；

(3) 0.9，0.99，0.999，$0.999\,9$，$\cdots$，$0.99\cdots9$，$\cdots$；

(4) 1，0，-1，0，1，0，-1，0，1，$\cdots$；

(5) 2，4，8，$\cdots$，2^n，$\cdots$.

观察以上数列在图中的变化趋势，可见：

数列（1）随着项数 n 的无限增大（用 $n\to\infty$ 表示），a_n 无限趋近于一个确定的常数 1（用符号 $a_n\to1$ 表示）；

数列（2）随着项数 n 的无限增大（用 $n\to\infty$ 表示），a_n 无限趋近于一个确定的常数 0（用符号 $a_n\to0$ 表示）；

数列（3）随着项数 n 的无限增大（用 $n\to\infty$ 表示），a_n 无限趋近于一个确定的常数 1（用符号 $a_n\to1$ 表示）；

数列（4）随着项数 n 的无限增大（用 $n\to\infty$ 表示），a_n 在 1，0，-1 之间摆动，即变化趋势不定；

数列（5）随着项数 n 的无限增大（用 $n\to\infty$ 表示），a_n 的值无限增大，而不是一个确定的数.

数列（1）（2）（3）具有的共性是随着项数 n 的无限增大（用 $n\to\infty$ 表示），a_n 无限趋近于一个确定的常数（用符号 $a_n\to A$ 表示）；而数列（4）（5）具有的共性是随着项数 n 的无限增大，a_n 不能趋近于一个确定的常数. 如数列（1）（2）（3）那样，我们可得数列极限的描述性定义.

（一）数列极限的描述性定义

定义 1 如果对于数列 $\{a_n\}$，A 是一个常数，当项数 n 无限增大时，它的项 a_n 无限趋近于一个确定的常数 A，则称 A 为当 $n\to\infty$ 时数列 $\{a_n\}$ 的极限，或称数列 $\{a_n\}$ 收敛于 A，记为

$$\lim_{n\to\infty}a_n=A \quad 或 \quad a_n\to A \ (n\to\infty) \qquad (2-1)$$

数列 $\{a_n\}$ 称为**收敛数列**，如果 $n\to\infty$ 时，数列 $\{a_n\}$ 不以任何固定常数为极限，则称数列 $\{a_n\}$ 发散. 这时，数列 $\{a_n\}$ 称为**发散数列**.

数列（1）（2）（3）是收敛的，可分别记作

$$\lim_{n\to\infty}\frac{n}{n+1}=1$$

或记作

$$\frac{n}{n+1}\to1 \ (n\to\infty)$$

$$\lim_{n\to\infty}\frac{(-1)^n}{n}=0$$

或记作

$$\frac{(-1)^n}{n}\to0\ \ (n\to\infty)$$

$$\lim_{n\to\infty}0.\dot9=1$$

或记作

$$0.\dot9\to1\ \ (n\to\infty)$$

而数列（4）（5），则是发散数列.

数列的收敛或发散的性质统称为数列的敛散性.

（二）解决实际问题中的数列极限

极限是社会实践的产物，产生于解决实际问题的探索之中. 下面举几个利用极限概念解决实际问题的事例.

极限概念的萌芽可追溯至公元前 300 年，当时我国著名哲学家庄子的著作中便有"一尺之棰，日取其半，万世不竭"（庄子《天下篇》）的论述. 一尺之长的木棍，每天取下它的一半，每天取下的长度为

$$\frac{1}{2},\ \frac{1}{4},\ \frac{1}{8},\ \cdots,\ \frac{1}{2^n},\ \cdots$$

这是一个无穷等比数列，当天数无限增加时，长度 $\frac{1}{2^n}$ 无限趋近于 0，但永远不等于 0，即"万世不竭". 据定义 1 得当 $n\to\infty$ 时，$\frac{1}{2^n}\to0$，记为 $\lim\limits_{n\to\infty}\dfrac{1}{2^n}=0$.

数列 $\{a_n\}$ 是某一个所求量的一串近似值，A 是这个量的精确值. 在南北朝时期，祖冲之（见图 2 - 1）基于直观基础上的原始的极限思想，利用圆内接多边形的面积逼近圆的面积（见图 2 - 2），即所谓"割圆术"——"割之弥细，所失弥少，割之又割，以至于不可割，则与圆周合体而无所失矣"，该方法被写入他与儿子祖恒合著的《缀术》中.

图 2 - 1

设正六边形的面积为 A_1，

正十二边形的面积为 A_2，

正二十四边形的面积为 A_3，

……

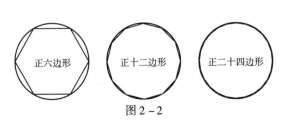

图 2 - 2

正 $6 \times 2^{n-1}$ 边形的面积为 A_n，

则当 n 无限增大时，对应的项 A_1，A_2，A_3，$\cdots$，A_n，$\cdots$ 无限趋近于圆的面积 S．记为

$$\lim_{n \to \infty} A_n = S$$

同理，圆周长的计算也是一个数列极限问题，利用圆内接正多边形的周长逐次逼近圆周长.

后续的函数极限、连续、导数、定积分等内容都与极限有密切的联系. 极限揭示了变量与常量、无限与有限的对立统一关系，是唯物辩证法的对立统一规律在数学领域中的体现. 借助极限，人们可以从有限认识无限，从"不变"认识"变"，由已知探知未知，由近似探知精确.

例1 计算下列数列的极限：

(1) 1，$\dfrac{1}{2}$，$\dfrac{1}{3}$，$\dfrac{1}{4}$，$\cdots$，$\dfrac{1}{n}$，$\cdots$；

(2) $\lim\limits_{n \to \infty}\left(1 - \dfrac{1}{2^n}\right)$．

解 (1) 观察该数列的变化趋势可知，随着 n 的无限增大，数列中的项 $a_n = \dfrac{1}{n}$ 无限趋近于 0，所以

$$\lim_{n \to \infty} \frac{1}{n} = 0$$

(2) 观察该数列的变化趋势可知，当 $n \to \infty$ 时，$\dfrac{1}{2^n} \to 0$，则 $1 - \dfrac{1}{2^n} \to 1$，所以

$$\lim_{n \to \infty}\left(1 - \frac{1}{2^n}\right) = 1$$

例2 判断下列数列的敛散性：

(1) $\left\{1 + \dfrac{1}{2^{n-1}}\right\}$；　　(2) $\{2n + 1\}$；　　(3) $\left\{\dfrac{n-1}{n}\right\}$；　　(4) $\{3^n\}$．

解 (1) 当 $n \to \infty$ 时，$\dfrac{1}{2^{n-1}} \to 0$，则 $1 + \dfrac{1}{2^n} \to 1$，所以，数列 $\left\{1 + \dfrac{1}{2^{n-1}}\right\}$ 收敛.

(2) 当 $n \to \infty$ 时，$2n + 1 \to \infty$，所以，数列 $\{2n + 1\}$ 发散.

(3) 当 $n \to \infty$ 时，$\dfrac{n-1}{n} = 1 - \dfrac{1}{n} \to 1$，所以，数列 $\left\{\dfrac{n-1}{n}\right\}$ 收敛.

(4) 当 $n \to \infty$ 时，$3^n \to \infty$，所以，数列 $\{3^n\}$ 发散.

注：以下是计算数列极限时常用到的一些结论：

$$\lim_{n \to \infty} C = C \text{（}C \text{ 为常数）}$$

$$\lim_{n \to \infty} q^n = 0 \text{（}|q| < 1\text{）}$$

$$\lim_{n \to \infty} \frac{1}{n^a} = 0 \text{（}a > 0\text{）}$$

$$\lim_{n \to \infty} \sqrt[n]{a} = 1 \text{（}a > 0\text{）}$$

二、函数极限的概念

数列 $\{a_n\}$ 是一种特殊类型的函数，即自变量 n 是取自然数的函数：

$$a_n = f(n), \quad n = 1, 2, 3, \cdots$$

因此，数列极限讨论的是自变量 n 只取自然数值且无限增大时，对应的函数值 $f(n)$ 的变化趋势，即数列极限 $\lim\limits_{n \to \infty} a_n = \lim\limits_{n \to \infty} f(n) = A$ 可以看成函数 $f(x)$ 当自变量 x 取自然数 n，且无限增大时，相应的函数值 $f(n)$ 趋于常数 A，故数列极限是一类特殊的函数极限.

本节将研究自变量在某个实数集上连续取值的函数 $y = f(x)$ 的变化趋势，由于函数自变量的变化过程不同，函数的极限就表现为不同的形式. 主要有两种类型：一类是自变量无限增大时函数的变化趋势；另一类是自变量无限趋近于有限值时函数的变化趋势.

(一) 当自变量 $x \to \infty$ 时函数 $f(x)$ 的极限

当 x 无限增大时，指的是 x 的绝对值 $|x|$ 无限增大（x 可正可负），记作 $x \to \infty$；

当 x 取正值并无限增大时，记为 $x \to +\infty$；

当 x 取负值且其绝对值无限增大时（即 x 无限减小），记为 $x \to -\infty$.

考虑反比例函数 $y = \dfrac{1}{x}$，当 x 无限增大时函数值的变化趋势. 由图 2-3 可以看出：当 $x \to +\infty$，y 的值无限趋近于零；当 $x \to -\infty$，y 的值也是无限趋近于零，从而当 $x \to \infty$ 时，y 的值无限趋近于零.

一般地，我们可以给出如下定义：

定义 2　当自变量 x 的绝对值无限增大时，如果函数 $f(x)$ 无限趋近于一个确定的常数 A，则 A 称为函数 $f(x)$ 当 $x \to \infty$ 时的极限，记作

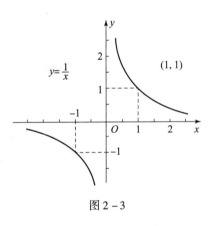

图 2-3

$$\lim_{x \to \infty} f(x) = A \quad \text{或} \quad f(x) \to A (x \to \infty) \tag{2-2}$$

由定义 2，有 $\lim\limits_{x \to \infty} \dfrac{1}{x} = 0$.

类似的有如下定义：

定义 3　设函数 $f(x)$ 在 $[a, +\infty)$ 内有定义，若当 x 无限增大时，函数 $f(x)$ 无限趋近于一个确定的常数 A，则称函数 $f(x)$ 当 x 趋近于正无穷大时以 A 为极限. 记作

$$\lim_{x \to +\infty} f(x) = A \quad \text{或} \quad f(x) \to A (x \to +\infty) \tag{2-3}$$

定义 4　设函数 $f(x)$ 在 $(-\infty, b]$ 上有定义，若当 x 无限减小时，函数 $f(x)$ 无限趋近于一个确定的常数 A，则称函数 $f(x)$ 当 x 趋近于负无穷大时以 A 为极限. 记作

$$\lim_{x \to -\infty} f(x) = A \quad \text{或} \quad f(x) \to A (x \to -\infty) \tag{2-4}$$

例如 $\lim\limits_{x \to +\infty} \dfrac{1}{x} = 0$，$\lim\limits_{x \to -\infty} \dfrac{1}{x} = 0$.

一般地，也可以从图形观察函数的变化趋势. 如图 2-4 所示，当自变化量 $x \to +\infty$ 时，

图中函数的图形无限趋近于直线 $y = L$，即函数无限趋近于常数 L.

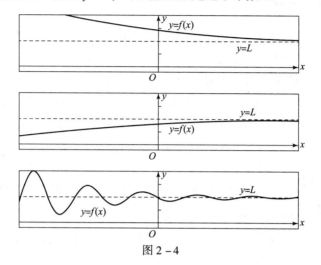

图 2 - 4

观察图 2 - 5，当自变化量 $x \to -\infty$ 时，函数 $f(x)$ 无限趋近于常数 L.

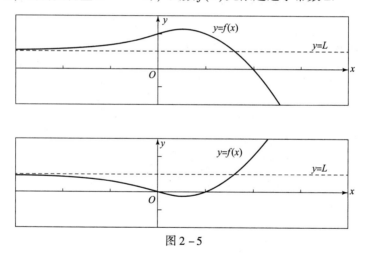

图 2 - 5

例 3 已知函数 $y = f(x) = \dfrac{x^2 - 1}{x^2 + 1}$，考查当自变化量 x 的绝对值无限增大时（或正或负），函数 y 的变化趋势.

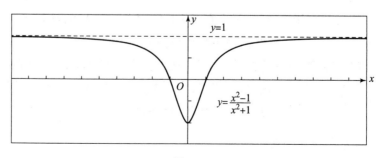

图 2 - 6

解　直线 $y = 1$ 是函数 $y = \dfrac{x^2 - 1}{x^2 + 1}$ 的水平渐近线，观察图

2-6 可知，当自变量 $x \to -\infty$ 时，函数 $y = \dfrac{x^2 - 1}{x^2 + 1}$ 的图形无限趋

近于直线 $y = 1$；当自变量 $x \to +\infty$ 时，函数 $y = \dfrac{x^2 - 1}{x^2 + 1}$ 的图形也

无限趋近于直线 $y = 1$.

x	$f(x)$
0	-1
± 1	0
± 2	0.600 000
± 3	0.800 000
± 4	0.882 353
± 5	0.923 077
± 10	0.980 198
± 50	0.999 200
± 100	0.999 800
$\pm 1\,000$	0.999 998

另外，观察表格中的数据变化，也可以得到相同的结果：随着表中第一列自变量 x 的绝对值越来越大，表中第二列函数值 $f(x)$ 越来越接近于一个常数 1. 所以，当自变量 x 无限增大时，有

$$\lim_{x \to \infty} \frac{x^2 - 1}{x^2 + 1} = 1, \text{ 且 } \lim_{x \to -\infty} \frac{x^2 - 1}{x^2 + 1} = 1, \quad \lim_{x \to +\infty} \frac{x^2 - 1}{x^2 + 1} = 1$$

关于 $\lim\limits_{x \to \infty} f(x) = A$ 与 $\lim\limits_{x \to +\infty} f(x) = A$、$\lim\limits_{x \to -\infty} f(x) = A$ 之间的关系，我们有如下定理：

定理 1　$\lim\limits_{x \to \infty} f(x) = A$ 的充分必要条件是

$$\lim_{x \to +\infty} f(x) = \lim_{x \to -\infty} f(x) = A \text{（证明略）}$$

例 4　判断下列函数的极限是否存在：

(1) 当 $x \to -\infty$ 时，$f(x) = e^x$ 的极限；

(2) 当 $x \to +\infty$ 时，$f(x) = e^{-x}$ 的极限；

(3) 当 $x \to \infty$ 时，$f(x) = e^{\frac{1}{x}}$ 的极限；

(4) 当 $x \to -\infty$ 时，$f(x) = \arctan x$ 的极限；

(5) 当 $x \to +\infty$ 时，$f(x) = \arctan x$ 的极限；

(6) 当 $x \to \infty$ 时，$f(x) = \sin x$ 的极限.

解　(1) 根据指数函数 $f(x) = e^x$ 的图像（见图 2-7）可知，当 $x \to -\infty$ 时，$f(x) = e^x$ 的变化趋势是无限趋近于 0，所以，$\lim\limits_{x \to -\infty} e^x = 0$.

(2) 根据指数函数 $f(x) = e^{-x} = \left(\dfrac{1}{e}\right)^x$ 的图像（见图 2-7）可知，当 $x \to +\infty$ 时，$f(x) = e^{-x}$ 的变化趋势是无限趋近于 0，所以，$\lim\limits_{x \to +\infty} e^{-x} = 0$.

(3) 根据反比例函数 $f(x) = \dfrac{1}{x}$ 的图像可知，当 $x \to \infty$ 时，$\dfrac{1}{x} \to 0$，再根据指数函数的图像得知 $e^{\frac{1}{x}} \to 1$，所以，$\lim\limits_{x \to \infty} e^{\frac{1}{x}} = 1$.

(4) 根据反正切函数 $f(x) = \arctan x$ 的图像（见图 2-8）可知，当 $x \to -\infty$ 时，$f(x) = \arctan x$ 的变化趋势是无限趋近于常数 $-\dfrac{\pi}{2}$，所以，$\lim\limits_{x \to -\infty} \arctan x = -\dfrac{\pi}{2}$.

(5) 根据反正切函数 $f(x) = \arctan x$ 的图像（见图 2-8）可知，当 $x \to +\infty$ 时，$f(x) = \arctan x$ 的变化趋势是无限趋近于常数 $\dfrac{\pi}{2}$，所以，$\lim\limits_{x \to +\infty} \arctan x = \dfrac{\pi}{2}$.

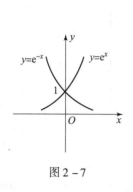

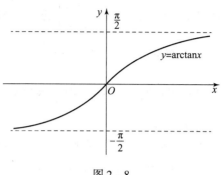

图 2 - 7   图 2 - 8

根据例（4）（5）和定理 2.1 可知，$\lim\limits_{x\to\infty}\arctan x$ 不存在极限.

（6）根据正弦函数 $f(x)=\sin x$ 的周期性可知，当 $x\to\infty$ 时，$\sin x$ 的变化趋势是在直线 $y=1$ 和 $y=-1$ 之间呈周期性变化，不能趋近于一个确定的常数，所以，$\lim\limits_{x\to\infty}\sin x$ 不存在.

（二）当自变量 $x\to a$ 时函数 $f(x)$ 的极限

考查当 x 无限趋近于 2 时，函数 $y=x^2$ 的变化趋势. 列出表并画出函数的图像.

x	1.5	1.9	1.99	1.999	1.999 9	1.999 99	…
$y=x^2$	2.25	3.61	3.96	3.996	3.999 6	3.999 96	…
$\lvert y-4\rvert$	1.75	0.39	0.04	0.004	0.000 4	0.000 04	…

观察表格中的数据变化，当自变量 x 由 1.5 增加到 1.999 99 时，函数值 y 由 2.25 增加到 3.999 96，而 $\lvert y-4\rvert$ 由 1.75 减少到 0.000 04，则当 $x<2$ 且无限趋近于点 2 时，y 与常数 4 的距离无限趋近于零，可见函数值 y 的变化趋势是无限趋近于常数 4.

x	2.5	2.1	2.01	2.001	2.000 1	2.000 01	…
$y=x^2$	6.25	4.41	4.04	4.004	4.000 4	4.000 04	…
$\lvert y-4\rvert$	2.25	0.41	0.04	0.004	0.000 4	0.000 04	…

当自变量 x 由 2.5 减少到 2.000 01 时，函数值由 6.25 减少到 4.000 04，而 $\lvert y-4\rvert$ 由 2.25 减少到 0.000 04，则当 $x>2$ 且无限趋近于点 2 时，y 与常数 4 的距离无限趋近于零，函数值 y 的变化趋势也是无限趋近于常数 4.

再观察图 2-9，当自变量从 x 轴上点 2 的左侧或者从点 2 的右侧无限趋近于 2 时，函数 $y=x^2$ 的值都无限趋近于常数 4，我们就说当自变量 x 无限趋近于 2 时，函数 $y=x^2$ 的极限是 4.

一般地，我们给出如下定义：

定义 5 设函数 $y=f(x)$ 在点 a 的某个去心邻域内有定义，如果在 $x\to a$ 的过程中，对应的 $f(x)$ 无限趋近于一个确定的常

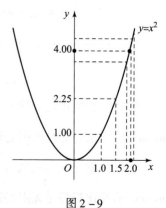

图 2 - 9

数 A，则称 A 为函数 $f(x)$ 当 $x \to a$ 时的极限．记为 $\lim\limits_{x \to a} f(x) = A$ 或当 $x \to a$ 时，$f(x) \to A$．

$$(2-5)$$

注：由于 x 属于点 a 的某个去心邻域，因而当 $x \to a$ 时，$x \neq a$．

例5　判断下列函数的极限是否存在：

（1）当 $x \to 0$ 时，$f(x) = \dfrac{1}{x}$ 的极限；

（2）当 $x \to a$ 时，$f(x) = x$ 的极限；

（3）当 $x \to 0$ 时，$f(x) = 2^x$ 的极限；

（4）当 $x \to a$ 时，$f(x) = C$（C 为任意常数）的极限．

解　（1）根据幂函数 $f(x) = \dfrac{1}{x} = x^{-1}$ 的图像可知，当 $x \to 0$ 时，$f(x) = \dfrac{1}{x}$ 趋近于无穷大，

所以，$\lim\limits_{x \to 0} \dfrac{1}{x}$ 不存在．

（2）$x \to a$ 时，$f(x) = x$ 无限趋近于 a，所以，$\lim\limits_{x \to a} x = a$．

（3）根据底数大于1的指数函数 $f(x) = 2^x$ 的图像可知，当 $x \to 0$ 时，2^x 无限趋近于常数

1，所以，$\lim\limits_{x \to 0} 2^x = 1$．

（4）因为 $f(x) = C$ 是常量函数，当 $x \to a$ 时 $f(x)$ 总取常数 C，所以，$\lim\limits_{x \to a} C = C$．

例6　通过图像观察函数 $f(x) = \dfrac{x^2 - 1}{x - 1}(x \neq 1)$ 在点 $x = 1$ 处的极限．

解　如图 2-10 所示，随着自变量 x 无限趋近常数 1 时（$x = 1$ 不在定义域内），函数值

$f(x) = \dfrac{x^2 - 1}{x - 1}$ 沿着直线无限趋近于常数 2，则

$$\lim\limits_{x \to 1} \dfrac{x^2 - 1}{x - 1} = 2$$

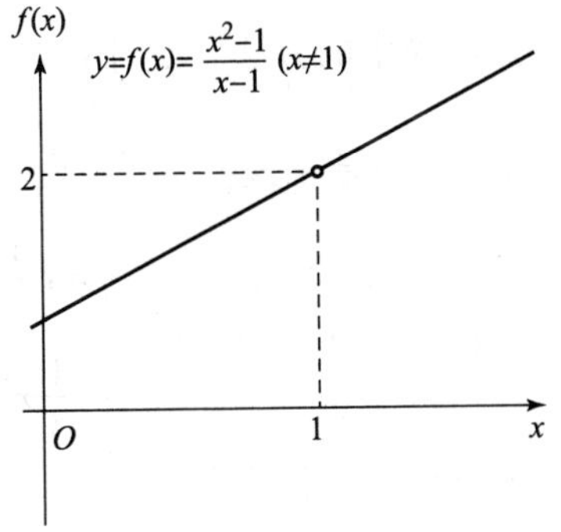

图 2-10

三、单侧极限

上述定义 5 中，当 $x \to a$ 时函数的极限存在，自变量 x 是从点 a 的左、右两侧同时无限趋近于点 a 的，但有时只能或只需要考虑自变量 x 仅从点 a 单侧趋近于点 a，即 x 小于 a 且

趋近于 a，或者 x 大于 a 且趋近于 a，分别记为 $x \to a^-$，$x \to a^+$.

定义 6 设函数在点 a 的左（右）邻域内有定义，当函数 $f(x)$ 的自变量 x 从点 a 的左（右）侧无限趋近于点 a 时，如果 $f(x)$ 的值无限趋近于一个确定的常数 A，则称 A 为 $x \to a^-$（$x \to a^+$）时，函数 $f(x)$ 的左（右）极限，记为

$$\lim_{x \to a^-} f(x) = A \left(\lim_{x \to a^+} f(x) = A \right) \tag{2-6}$$

函数的左极限和右极限通称为函数的单侧极限.

根据定义 5、定义 6 可以证明如下定理：

定理 2 函数 $f(x)$ 在点 a 有极限并等于 A 的充要条件是函数 $f(x)$ 在点 a 左、右极限都存在并且等于 A，即

$$\lim_{x \to a} f(x) = A \Leftrightarrow \lim_{x \to a^-} f(x) = \lim_{x \to a^+} f(x) = A \tag{2-7}$$

例 7 讨论函数 $f(x) = \begin{cases} x, & x > 1 \\ \dfrac{1}{2}, & x = 1 \\ 1, & x < 1 \end{cases}$ 在 $x = 1$ 处的极限.

解 因为右极限 $\lim_{x \to 1^+} f(x) = \lim_{x \to 1^+} x = 1$，左极限 $\lim_{x \to 1^-} f(x) = \lim_{x \to 1^-} 1 = 1$，即左极限和右极限存在且相等：$\lim_{x \to 1^+} f(x) = \lim_{x \to 1^-} f(x) = 1$，所以 $\lim_{x \to 1} f(x) = 1$.

例 8 讨论函数 $f(x) = \begin{cases} x - 1, & x < 0 \\ 0, & x = 0 \\ x + 1, & x > 0 \end{cases}$ 在 $x = 0$ 处的极限.

解 右极限为
$$\lim_{x \to 0^+} f(x) = \lim_{x \to 0^+} (x + 1) = 1$$
左极限为
$$\lim_{x \to 0^-} f(x) = \lim_{x \to 0^-} (x - 1) = -1$$
因为
$$\lim_{x \to 1^+} f(x) \neq \lim_{x \to 1^-} f(x)$$
所以 $\lim_{x \to 0} f(x)$ 不存在.

一般地，求分段函数在某一点的极限的方法就是计算它在指定点的左极限和右极限是否存在并且是否相等.

例 9 判断下列函数在指定点的极限是否存在：

(1) $f(x) = \begin{cases} x^2, & x > 2 \\ x, & x < 2 \end{cases}$, $x = 2$;　　　(2) $f(x) = \begin{cases} \sin \dfrac{1}{x}, & x > 0 \\ \dfrac{1}{3}x, & x < 0 \end{cases}$, $x = 0$.

解 (1) $f(x)$ 在点 $x = 2$ 的左极限、右极限分别为
$$\lim_{x \to 2^-} f(x) = \lim_{x \to 2^-} x = 2, \qquad \lim_{x \to 2^+} f(x) = \lim_{x \to 2^+} x^2 = 4$$
因为 $f(x)$ 在点 $x = 2$ 的左极限不等于右极限，所以 $f(x)$ 在点 $x = 2$ 的极限不存在.

(2) $f(x)$ 在点 $x = 0$ 的左极限、右极限分别为
$$\lim_{x \to 0^-} \frac{1}{3}x = 0, \qquad \lim_{x \to 0^+} \left(\sin \frac{1}{x} \right) 不存在$$
所以 $f(x)$ 在点 $x = 0$ 的极限不存在.

例 10 　求函数 $f(x) = \dfrac{x}{x}$，$g(x) = \dfrac{|x|}{x}$，当 $x \to 0$ 时的左、右极限，并说明它们当 $x \to 0$ 时的极限是否存在.

解 　因为

$$\lim_{x \to 0} \frac{x}{x} = \lim_{x \to 0} 1 = 1$$

$$\lim_{x \to 0^-} \frac{x}{x} = \lim_{x \to 0^+} \frac{x}{x} = 1$$

所以 $\lim\limits_{x \to 0} f(x)$ 存在.

而

$$\lim_{x \to 0^-} \frac{|x|}{x} = \lim_{x \to 0^-} \frac{-x}{x} = -1$$

$$\lim_{x \to 0^+} \frac{|x|}{x} = \lim_{x \to 0^+} \frac{x}{x} = 1$$

左、右极限存在但不相等，因此 $\lim\limits_{x \to 0} g(x)$ 不存在.

四、无穷小量与无穷大量

在某个极限过程中，以零为极限的变量具有特别重要的意义，在后续内容中将会多次用到，故而这里专门进行讨论.

（一）无穷小量

定义 7 　如果函数 $f(x)$ 当 $x \to a$ 时的极限为零，那么函数 $f(x)$ 称为 $x \to a$ 时的无穷小量，简称**无穷小**. 记为

$$\lim_{x \to a} f(x) = 0 \tag{2-8}$$

在定义 7 中，对于 $x \to a^+$、$x \to a^-$、$x \to \infty$、$x \to +\infty$、$x \to -\infty$、$n \to \infty$ 中的任一种情形，可定义不同变化过程中的无穷小.

例 11 　判断 $f(x) = x - 1$ 在 $x \to 1$ 时是否为无穷小.

解 　观察函数 $f(x) = x - 1$ 的图形可知，$\lim\limits_{x \to 1}(x - 1) = 0$，所以函数 $x - 1$ 是 $x \to 1$ 时的无穷小.

例 12 　分别判断 $f(x) = \dfrac{1}{x - 1}$ 在 $x \to \infty$、$x \to 1$ 时是否为无穷小.

解 　观察函数 $f(x) = \dfrac{1}{x - 1}$ 的图形可知，$\lim\limits_{x \to \infty} \dfrac{1}{x - 1} = 0$，所以函数 $\dfrac{1}{x - 1}$ 是 $x \to \infty$ 时的无穷小. 而极限 $\lim\limits_{x \to 1} \dfrac{1}{x - 1}$ 不存在，所以，函数 $\dfrac{1}{x - 1}$ 不是 $x \to 1$ 时的无穷小.

注：（1）无穷小不是绝对值很小的数，而是一个变量，以零为极限；

（2）无穷小必须指明其极限过程；

（3）零是特殊的无穷小量.

与无穷小量对立并有密切联系的另一个概念是无穷大量.

（二）无穷大量

考查数列 $\{2n + 1\}$ 和 $\{(-1)^n\}$ 随着项数 $n \to \infty$，数列都没有极限，但它们的变化趋

势是不同的. 前者的绝对值无限增大, 而后者的值是在 1 和 -1 之间反复摆动, 则称前者数列为无穷大量, 后者数列为摆动数列. 一般地, 我们定义如下:

定义 8 如果函数 $f(x)$ 当 $x \to a$ 时, $f(x)$ 的绝对值无限增大, 则称当 $x \to a$ 时函数 $f(x)$ 是无穷大量, 简称无穷大. 记为

$$\lim_{x \to a} f(x) = \infty \tag{2-9}$$

在定义 8 中, 对于 $x \to a^+$、$x \to a^-$、$x \to \infty$、$x \to +\infty$、$x \to -\infty$、$n \to \infty$ 中的任一种情形, 可定义不同变化过程中的无穷大.

根据定义 8, $\dfrac{1}{x}(x \to 0)$、$\ln x (x \to 0^+)$、$3^x (x \to +\infty)$ 都是无穷大量. 分别记为 $\lim\limits_{x \to 0} \dfrac{1}{x} = \infty$, $\lim\limits_{x \to 0^+} \ln x = -\infty$, $\lim\limits_{x \to +\infty} 3^x = +\infty$.

(三) 无穷大与无穷小的关系

定理 3 在自变量的同一变化过程中, 若 $f(x)$ 为无穷大, 则 $\dfrac{1}{f(x)}$ 为无穷小; 若 $f(x)$ 为无穷小 $(f(x) \neq 0)$, 则 $\dfrac{1}{f(x)}$ 为无穷大.

例如, 当 $x \to 2$ 时, $\dfrac{1}{x-2}$ 为无穷大, 则 $x-2$ 为无穷小; 当 $x \to +\infty$ 时, $\dfrac{1}{3^x}$ 为无穷小, 则 3^x 为无穷大.

例 13 求极限 $\lim\limits_{x \to 1} \dfrac{1}{x^2 - 1}$.

解 当 $x \to 1$ 时, 分母的极限为零, $\lim\limits_{x \to 1} (x^2 - 1) = 0$, 即分母为无穷小, 根据定理 3 知 $\lim\limits_{x \to 1} \dfrac{1}{x^2 - 1} = \infty$.

(四) 无穷小量与函数极限的关系

无穷小量是极限为零的函数, 它与极限值不为零的函数有着密切的关系. 下面的定理就阐述了这个关系.

定理 4 在自变量的某个变化过程中, 函数有极限的充分必要条件是函数可表示为常数与无穷小量之和, 即

$$\lim_{x \to \alpha} f(x) = A \Leftrightarrow f(x) = A + \alpha(x), \text{ 其中 } \lim_{x \to \alpha} \alpha(x) = 0 \ (\alpha \text{ 可以是有限数, 也可以是} \infty)$$

习题 2.2

1. 用观察法判断下列数列的敛散性, 如果收敛, 求出数列的极限, 并用极限符号表示.

(1) $1, -4, 9, -16, 25, -36, \cdots$;

(2) $\dfrac{1}{4}, \dfrac{1}{5}, \dfrac{1}{6}, \cdots, \dfrac{1}{n+3}, \cdots$;

(3) $1, -\dfrac{1}{3}, \dfrac{1}{9}, -\dfrac{1}{27}, \dfrac{1}{81}, \cdots, (-1)^{n+1} \left(\dfrac{1}{3}\right)^{n-1}, \cdots$;

（4） $a_1 = 3.1$， $a_2 = 3.14$， $a_3 = 3.141$， $a_4 = 3.1415$， $a_5 = 3.14159$， $a_6 = 3.141592$， $a_7 = 3.1415926$，…；

（5） 数列 $\left\{ \dfrac{1}{2n+1} \right\}$；

（6） 数列 $\left\{ \dfrac{3n}{n+2} \right\}$.

2. 判断图 2-11 中函数的极限是否存在，如果存在，求出它们的极限，并用极限符号表示.

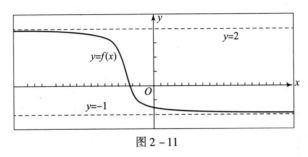

图 2-11

（1） 当 $x \to -\infty$ 时， $y = f(x)$ 的极限；

（2） 当 $x \to +\infty$ 时， $y = f(x)$ 的极限；

（3） 当 $x \to \infty$ 时， $y = f(x)$ 的极限.

3. 通过列举函数值或观察函数图形，研究下列函数当 $x \to +\infty$ 时的变化趋势，如果存在极限，说出极限的值，并用符号表示.

（1） $y = -\dfrac{x+1}{x}$； （2） $y = \dfrac{x}{x+1}$ （$x > -1$）； （3） $y = \cos x$； （4） $y = -x^2 + 1$.

4. 研究下列函数当 $x \to -\infty$ 时的变化趋势，如果存在极限，说出极限的值并用符号表示.

（1） $y = -\dfrac{x+1}{x}$； （2） $y = \dfrac{x}{x+1}$ （$x < -1$）； （3） $y = \sin x$； （4） $y = x^2 + 1$.

5. 对于已知函数 $g(x)$ 的图像，请说明在指定点的极限值（如果它存在的话）（见图 2-12）：

$\lim\limits_{x \to 1} g(x)$； $\lim\limits_{x \to 0} g(x)$； $\lim\limits_{x \to 2} g(x)$； $\lim\limits_{x \to -2} g(x)$； $\lim\limits_{x \to -1^-} g(x)$； $\lim\limits_{x \to 1^+} g(x)$.

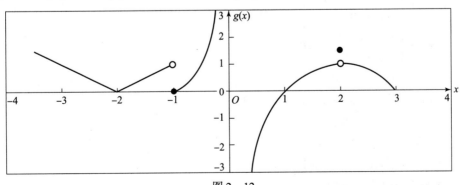

图 2-12

6. 对于已知函数 $f(x)$ 的图形，请说明在指定点的值（如果它存在的话）（见图 2-13）：

$f(3)$；$\lim\limits_{x\to 3^-} f(x)$；$\lim\limits_{x\to 3^+} f(x)$；$\lim\limits_{x\to 3} f(x)$；$f(-2)$；$\lim\limits_{x\to -2^+} f(x)$；$\lim\limits_{x\to -2^-} f(x)$；$\lim\limits_{x\to -2} f(x)$.

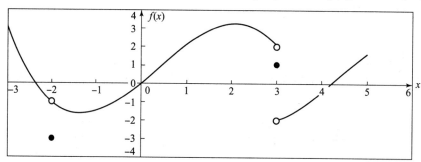

图 2-13

7. 对于已知函数 $y=f(x)$ 的图形，请说明在指定点的极限值（见图 2-14）：

$\lim\limits_{x\to 3} f(x)$；$\lim\limits_{x\to 9} f(x)$；$\lim\limits_{x\to -3} f(x)$；$\lim\limits_{x\to -9^-} f(x)$；$\lim\limits_{x\to -9^+} f(x)$.

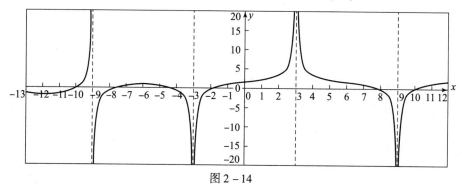

图 2-14

8. 求下列极限：

（1）$\lim\limits_{x\to\infty} \dfrac{1}{x\sqrt{x}}$；

（2）$\lim\limits_{x\to -\infty} \sqrt[3]{x}$；

（3）$\lim\limits_{x\to 2} x^2$；

（4）$\lim\limits_{x\to 0^-} \sqrt{-x}$.

9. 求下列分段函数在指定点的极限：

（1）$f(x) = \begin{cases} -x, & x<0 \\ x, & x\geqslant 0 \end{cases}$，$x=0$；

（2）$f(x) = \begin{cases} -x, & x<0 \\ 4, & x\geqslant 0 \end{cases}$，$x=0$；

（3）$f(x) = \begin{cases} x, & x<0 \\ x^2, & 0\leqslant x\leqslant 1 \\ x^3, & x>1 \end{cases}$，$x=0$，$x=1$.

10. 下列各种说法是否正确：

（1）无穷小量是比任何数都小的数； （ ）

（2）无穷大量是很大的数； （ ）

（3）零是无穷小量.   （　　）

11. 判断下列各变量在给定的变化过程中哪些是无穷小量，哪些是无穷大量：

（1）$x^2 + 0.1x$，$x \to 0$；

（2）$\dfrac{1 + 3x}{x^2}$，$x \to 0$；

（3）$2^{-x} - 1$，$x \to 0$；

（4）$\dfrac{x + 4}{x^2 - 1}$，$x \to 1$；

（5）$\lg x$，$x \to +\infty$；

（6）$\dfrac{1 + (-1)^n}{n}$，$n \to \infty$.

12. 函数 $y = \dfrac{\sin x}{(x - 1)^2}$ 在怎样的变化过程中是无穷大量？在怎样的变化过程中是无穷小量？

13. 利用无穷小量与无穷大量的关系证明下列变量是无穷大量.

（1）$f(x) = \dfrac{x^2}{(x - 1)(x^2 + 1)}$，$x \to 1$ 时；

（2）$f(x) = \dfrac{x^2}{x^3 + 1}$，$x \to -1$ 时.

§2.3　极限的性质

收敛的数列、函数都具有相应的一些性质，下面介绍几个常用的极限性质，定理证明省略.

一、数列极限的有关定理

定理 1　（极限唯一性）如果数列 $\{a_n\}$ 收敛，则它的极限是唯一的.

下面先介绍数列的有界性和单调性，再给出收敛数列的有界性和极限存在定理.

对于数列 $\{a_n\}$，如果存在正数 M，使得对于一切 a_n 都满足不等式

$$|a_n| \leq M$$

则称数列 $\{a_n\}$ 是有界的；如果这样的正数不存在，就说数列 $\{a_n\}$ 是无界的.

在数列 $\{a_n\}$ 中，如果对于一切 n 都有 $a_{n+1} \geq a_n$，则称数列 $\{a_n\}$ 为单调递增数列. 如果对于一切 n 都有 $a_{n+1} \leq a_n$，则称数列 $\{a_n\}$ 为单调递减数列. 二者统称为单调数列.

定理 2　（收敛数列的有界性）如果数列 $\{a_n\}$ 收敛，则数列 $\{a_n\}$ 一定有界.

定理 3　（极限存在定理）单调有界的数列必定有极限.

定理 4　（夹逼定理）若 $\lim\limits_{n \to \infty} a_n = \lim\limits_{n \to \infty} b_n = A$，并且从某一个自然数 N_0 起，有关系式

$$a_n \leq c_n \leq b_n$$

则

$$\lim_{n \to \infty} c_n = A \qquad\qquad (2-10)$$

注：定理 3、定理 4 是极限存在的两个准则，可用于两个重要极限的证明，并可推广到函数的情形.

例 1　求 $\lim\limits_{n \to \infty} (\sqrt{n + 1} - \sqrt{n})$ 的值.

解 因为 $0 < \sqrt{n+1} - \sqrt{n} = \dfrac{1}{\sqrt{n+1}+\sqrt{n}} < \dfrac{1}{\sqrt{n}}$,

而 $\lim\limits_{n\to\infty} 0 = 0$，$\lim\limits_{n\to\infty} \dfrac{1}{\sqrt{n}} = 0$，由定理 4 知

$$\lim_{n\to\infty} (\sqrt{n+1} - \sqrt{n}) = 0$$

注：该题还有其他解法，见极限运算法则.

二、函数极限的有关定理

与收敛数列的定理相比较，可得函数极限的一些相应的定理，它们都可以根据函数极限的定义加以证明，在这里证明省略. 函数极限的定义按自变量的变化过程不同有各种形式，下面仅以 "$\lim\limits_{x\to a} f(x)$" 这种形式为代表给出关于函数极限的一些定理.

定理 5 （函数极限的唯一性）如果 $\lim\limits_{x\to a} f(x) = A$，那么这个极限是唯一的.

定理 6 （函数极限的局部有界性）如果 $\lim\limits_{x\to a} f(x) = A$，那么存在常数 $M > 0$ 和 $\delta > 0$，使得当 $0 < |x - x_0| < \delta$ 时，有 $|f(x)| \leq M$.

定理 7 （函数极限的局部保号性）如果 $\lim\limits_{x\to a} f(x) = A$，而且 $A > 0$（或 $A < 0$），那么存在常数 $\delta > 0$，使得当 $0 < |x - x_0| < \delta$ 时，有 $f(x) > 0$（或 $f(x) < 0$）.

定理 8 若 $\lim\limits_{x\to a} f(x) = A$，且在点 a 的某去心邻域内 $f(x) \geq 0$（或 $f(x) \leq 0$），则 $A \geq 0$（或 $A \leq 0$）.

定理 9 （函数极限的局部保序性）如果 $\lim\limits_{x\to a} f(x) = A$，$\lim\limits_{x\to a} g(x) = B$，且 $A > B$（或 $A < B$），则存在常数 $\delta > 0$，当 $0 < |x - x_0| < \delta$ 时，恒有 $f(x) > g(x)$（或 $f(x) < g(x)$）.

定理 10 （夹逼定理）如果函数 $f(x)$，$g(x)$，$h(x)$ 在点 a 的某个去心邻域内有定义且满足：

（1）$g(x) \leq f(x) \leq h(x)$;

（2）$\lim\limits_{x\to a} g(x) = A$，$\lim\limits_{x\to a} h(x) = A$（A 是常数），则

$$\lim_{x\to a} f(x) = A \tag{2-11}$$

习题 2.3

1. 若数列 $\{a_n\}$ 收敛，则它必定有界，反之成立吗？

2. 若 $\lim\limits_{x\to a} f(x) = A$，则 $f(x)$ 必有界是否正确？

3. 用夹逼定理计算下列极限：

（1）$\lim\limits_{n\to\infty} \sqrt{1 + \dfrac{1}{n^\beta}}\,(\beta > 0)$;

（2）$\lim\limits_{n\to\infty} \left[\dfrac{1}{n^2} + \dfrac{1}{(n+1)^2} + \cdots + \dfrac{1}{(2n)^2} \right]$.

§2.4 极限的运算法则

一、极限的四则运算法则

为了求出比较复杂的函数极限，需要用到极限的运算法则，本节主要是建立极限的运算法则，并利用这些法则求某些函数的极限．以后我们还将介绍求极限的其他方法．

以下定理对于数列 $f(n)$、$g(n)$ 在 $n \to \infty$ 时，或者函数 $f(x)$、$g(x)$ 在 $x \to -\infty$、$x \to +\infty$、$x \to \infty$、$x \to a^+$、$x \to a^-$ 时的极限都是成立的，并可推广至有限个数列或函数的情形．（证明省略）

定理 1　如果 $\lim\limits_{x \to a} f(x) = A$，$\lim\limits_{x \to a} g(x) = B$，那么

(1)　$\lim\limits_{x \to a}[f(x) \pm g(x)] = \lim\limits_{x \to a} f(x) \pm \lim\limits_{x \to a} g(x) = A \pm B$；　　　　　　　　(2 – 12)

(2)　$\lim\limits_{x \to a}[f(x) \cdot g(x)] = \lim\limits_{x \to a} f(x) \cdot \lim\limits_{x \to a} g(x) = A \cdot B$；　　　　　　　　(2 – 13)

　　　$\lim\limits_{x \to a}[c \cdot f(x)] = c \cdot \lim\limits_{x \to a} f(x) = c \cdot A\,(c\ \text{是常数})$；　　　　　　(2 – 14)

(3)　若又有 $B \neq 0$，则

$$\lim_{x \to a} \frac{f(x)}{g(x)} = \frac{\lim\limits_{x \to a} f(x)}{\lim\limits_{x \to a} g(x)} = \frac{A}{B} \qquad\qquad (2 – 15)$$

定理中的 (1)(2) 可推广到有限个函数的情形，值得注意的是以上运算法则成立的前提是 $\lim\limits_{x \to a} f(x)$ 和 $\lim\limits_{x \to a} g(x)$ 存在．

关于定理 1 中的 (2)，有如下推论：

推论 1　如果 $\lim\limits_{x \to a} f(x)$ 存在，而 n 是正整数，则 $\lim\limits_{x \to a}[f(x)]^n = [\lim\limits_{x \to a} f(x)]^n$．

推论 2　$\lim\limits_{x \to a} \sqrt[n]{f(x)} = \sqrt[n]{\lim\limits_{x \to a} f(x)} = \sqrt[n]{A}$（$n$ 为正整数，当 n 为偶数时，要假设 $A \geq 0$）．

二、无穷小量的性质

性质 1　无穷小与有界变量之积仍为无穷小．

性质 2　有限多个无穷小之积仍为无穷小．

性质 3　有限多个无穷小的代数和仍为无穷小．（证明省略）

例 1　求极限 $\lim\limits_{x \to 0} x \sin\dfrac{1}{x}$．

解　因为 $\left| \sin\dfrac{1}{x} \right| \leq 1$，即变量 $\sin\dfrac{1}{x}$ 有界，又 $\lim\limits_{x \to 0} x = 0$，所以根据无穷小的性质 1，可知 $\lim\limits_{x \to 0} x \sin\dfrac{1}{x} = 0$．

例 2　$\lim\limits_{x \to \infty} \dfrac{\sin x}{x}$．

解　当 $x \to \infty$ 时，分子及分母的极限都不存在，故关于商的极限的运算法则不能应用．但是 $\lim\limits_{x \to \infty} \dfrac{1}{x} = 0$，$|\sin x| \leq 1$．

这是无穷小与有界函数的乘积，根据性质 1 知 $\lim\limits_{x\to\infty}\dfrac{\sin x}{x}=0$.

利用定理 1 和一些已知的数列或函数的极限，可以简化计算一些复杂数列极限或函数极限的问题.

如果函数（或数列）满足极限运算法则的条件，则可以直接利用四则运算法则求极限.

例 3 计算极限 $\lim\limits_{n\to\infty}\left[1-\left(\dfrac{1}{3}\right)^n\right]\cdot\dfrac{2}{n}$.

解 已知 $\lim\limits_{n\to\infty}q^n=0(|q|<1)$，$\lim\limits_{n\to\infty}\dfrac{1}{n}=0$，

故根据极限四则运算法则得

$$\lim_{n\to\infty}\left[1-\left(\dfrac{1}{3}\right)^n\right]\cdot\dfrac{2}{n}=\lim_{n\to\infty}\left[1-\left(\dfrac{1}{3}\right)^n\right]\cdot\lim_{n\to\infty}\dfrac{2}{n}$$
$$=\left[1-\lim_{n\to\infty}\left(\dfrac{1}{3}\right)^n\right]\cdot 2\lim_{n\to\infty}\dfrac{1}{n}$$
$$=(1-0)\cdot 2\cdot 0=0$$

例 4 计算极限 $\lim\limits_{x\to 2}\dfrac{x^3-1}{x^2-5x+3}$.

解 因为分子、分母都存在极限，且分母极限不为 0，根据极限四则运算法则得

$$\lim_{x\to 2}\dfrac{x^3-1}{x^2-5x+3}=\dfrac{\lim\limits_{x\to 2}(x^3-1)}{\lim\limits_{x\to 2}(x^2-5x+3)}=\dfrac{\lim\limits_{x\to 2}x^3-\lim\limits_{x\to 2}1}{\lim\limits_{x\to 2}x^2-5\lim\limits_{x\to 2}x+\lim\limits_{x\to 2}3}$$
$$=\dfrac{\left(\lim\limits_{x\to 2}x\right)^3-1}{\left(\lim\limits_{x\to 2}x\right)^2-5\times 2+3}=\dfrac{2^3-1}{2^2-10+3}=-\dfrac{7}{3}$$

例 5 $\lim\limits_{x\to 1}\dfrac{(x^2-4)(x+3)}{x+1}$.

解 分子、分母都存在极限，且分母极限不为 0，根据极限四则运算法则得

$$\lim_{x\to 1}\dfrac{(x^2-4)(x+3)}{x+1}=\dfrac{\lim\limits_{x\to 1}\left[(x^2-4)(x+3)\right]}{\lim\limits_{x\to 1}(x+1)}$$
$$=\dfrac{\lim\limits_{x\to 1}(x^2-4)\cdot\lim\limits_{x\to 1}(x+3)}{\lim\limits_{x\to 1}(x+1)}$$
$$=\dfrac{\left(\lim\limits_{x\to 1}x^2-4\right)\left(\lim\limits_{x\to 1}x+3\right)}{\lim\limits_{x\to 1}x+1}$$
$$=\dfrac{(1-4)(1+3)}{1+1}=-6$$

一般地，若多项式 $P(x)=c_0+c_1x+c_2x^2+\cdots+c_nx^n$，则对于任意实数 a，有

$$\lim_{x\to a}p(x)=p(a)$$

若 $P(x)$，$Q(x)$ 表示多项式函数，且 $Q(a)\neq 0$，则有

$$\lim_{x\to a}\dfrac{P(x)}{Q(x)}=\dfrac{P(a)}{Q(a)}$$

有一些数列或函数的极限需要恒等变形后，才能利用极限的运算法则求极限，下面举例说明.

例 6 计算极限 $\lim\limits_{n\to\infty}\dfrac{1+2+3+\cdots+n}{3n^2}$.

解 等差数列 $1+2+3+\cdots+n=\dfrac{n(n+1)}{2}$，根据极限运算法则得

$$原式=\lim\limits_{n\to\infty}\dfrac{n(n+1)}{2\cdot 3n^2}=\dfrac{1}{6}\lim\limits_{n\to\infty}\dfrac{n(n+1)}{n^2}=\dfrac{1}{6}\lim\limits_{n\to\infty}\dfrac{n+1}{n}$$

$$=\dfrac{1}{6}\lim\limits_{n\to\infty}\left(1+\dfrac{1}{n}\right)=\dfrac{1}{6}\left(1+\lim\limits_{n\to\infty}\dfrac{1}{n}\right)=\dfrac{1}{6}$$

例 7 计算极限 $\lim\limits_{n\to\infty}\left(1-\dfrac{1}{2}\right)\left(1-\dfrac{1}{3}\right)\left(1-\dfrac{1}{4}\right)\cdots\left(1-\dfrac{1}{n}\right)$.

解 先求前 n 项之积：

$$\left(1-\dfrac{1}{2}\right)\left(1-\dfrac{1}{3}\right)\left(1-\dfrac{1}{4}\right)\cdots\left(1-\dfrac{1}{n}\right)=\dfrac{1}{2}\times\dfrac{2}{3}\times\dfrac{3}{4}\times\cdots\times\dfrac{n-1}{n}=\dfrac{1}{n}$$

后取极限

$$\lim\limits_{n\to\infty}\left(1-\dfrac{1}{2}\right)\left(1-\dfrac{1}{3}\right)\left(1-\dfrac{1}{4}\right)\cdots\left(1-\dfrac{1}{n}\right)=\lim\limits_{n\to\infty}\dfrac{1}{n}=0$$

例 8 计算极限 $\lim\limits_{n\to\infty}\left(\dfrac{1}{1\times 2}+\dfrac{1}{2\times 3}+\dfrac{1}{3\times 4}+\cdots+\dfrac{1}{n(n+1)}\right)$.

解 极限前 n 项之和既不能用等差数列也不能用等比数列求和，但可以利用拆项法求和.

拆项 $\dfrac{1}{n(n+1)}=\dfrac{1}{n}-\dfrac{1}{n+1}$，则

$$\dfrac{1}{1\times 2}+\dfrac{1}{2\times 3}+\dfrac{1}{3\times 4}+\cdots+\dfrac{1}{n(n+1)}$$

$$=\left(\dfrac{1}{1}-\dfrac{1}{2}\right)+\left(\dfrac{1}{2}-\dfrac{1}{3}\right)+\left(\dfrac{1}{3}-\dfrac{1}{4}\right)+\cdots+\left(\dfrac{1}{n}-\dfrac{1}{n+1}\right)$$

$$=1-\dfrac{1}{n+1}=\dfrac{n}{n+1}$$

所以，$\lim\limits_{n\to\infty}\left(\dfrac{1}{1\times 2}+\dfrac{1}{2\times 3}+\dfrac{1}{3\times 4}+\cdots+\dfrac{1}{n(n+1)}\right)=\lim\limits_{n\to\infty}\dfrac{n}{n+1}=\lim\limits_{n\to\infty}\dfrac{(n+1)-1}{n+1}=\lim\limits_{n\to\infty}\left(1-\dfrac{1}{n+1}\right)=$

$1-\lim\limits_{n\to\infty}\dfrac{1}{n+1}=1-0=1$.

一般地，数列先求和(或积)再求极限.

例 9 计算极限 $\lim\limits_{n\to\infty}\dfrac{1+3n}{2n^2+1}$.

解 由分式的基本性质，数列的分子、分母同时除以 n^2，再根据极限运算法则得

$$原式=\lim\limits_{n\to\infty}\dfrac{(1+3n)/n^2}{(2n^2+1)/n^2}=\lim\limits_{n\to\infty}\dfrac{\dfrac{1}{n^2}+\dfrac{3n}{n^2}}{2+\dfrac{1}{n^2}}$$

$$= \frac{\lim\limits_{n\to\infty}\dfrac{1}{n^2} + 3\lim\limits_{n\to\infty}\dfrac{1}{n}}{\lim\limits_{n\to\infty}2 + \lim\limits_{n\to\infty}\dfrac{1}{n^2}} = \frac{0+0}{2+0} = 0$$

例 10 计算极限 $\lim\limits_{x\to\infty}\dfrac{x^6+2x+1}{3x^6+x^2}$.

解 由分式的基本性质，函数的分子、分母同时除以 x^6，再根据无穷大量的倒数是无穷小量、极限运算法则，得

$$原式 = \lim\limits_{x\to\infty}\frac{(x^6+2x+1)/x^6}{(3x^6+x^2)/x^6} = \lim\limits_{x\to\infty}\frac{1+\dfrac{2x}{x^6}+\dfrac{1}{x^6}}{3+\dfrac{x^2}{x^6}}$$

$$= \frac{1+2\lim\limits_{x\to\infty}\dfrac{1}{x^5}+\lim\limits_{x\to\infty}\dfrac{1}{x^6}}{3+\lim\limits_{x\to\infty}\dfrac{1}{x^4}} = \frac{1+0+0}{3+0} = \frac{1}{3}$$

一般地，把分子、分母均为无穷大量的极限称为 $\dfrac{\infty}{\infty}$ 型未定式，通过恒等变形，将分子、分母同时除以趋于无穷大最快的量，使函数符合条件后再用极限运算法则，称为"同除法".

例 11 计算极限 $\lim\limits_{x\to2}\dfrac{x^2-5x+6}{x^2-3x+2}$.

解 函数的分子、分母同时因式分解，当 $x\to2$ 时，$x\neq2$，所以分子、分母可以同时消去 $x-2$ 这个无穷小因子，再根据极限运算法则得

$$原式 = \lim\limits_{x\to2}\frac{(x-2)(x-3)}{(x-2)(x-1)} = \lim\limits_{x\to2}\frac{x-3}{x-1} = \frac{\lim\limits_{x\to2}(x-3)}{\lim\limits_{x\to2}(x-1)} = \frac{2-3}{2-1} = -1$$

一般地，把分子、分母均为无穷小量的极限称为 $\dfrac{0}{0}$ 型未定式，有可能利用因式分解等方法消去分子、分母中的无穷小因子，使函数符合条件后再用极限运算法则，称为"消去无穷小因子法".

例 12 计算极限 $\lim\limits_{x\to0}\dfrac{\sqrt{x+1}-1}{x}$.

解 该题是含有根式的 $\dfrac{0}{0}$ 型未定式，分子、分母同乘以 $\sqrt{x+1}-1$ 的有理化因式 $\sqrt{x+1}+1$，由平方差公式 $(a-b)(a+b)=a^2-b^2$，得

$$(\sqrt{x+1}-1)(\sqrt{x+1}+1) = (\sqrt{x+1})^2 - 1^2，则$$

$$原式 = \lim\limits_{x\to0}\frac{\sqrt{x+1}-1}{x}$$

$$= \lim\limits_{x\to0}\frac{(\sqrt{x+1}-1)(\sqrt{x+1}+1)}{x(\sqrt{x+1}+1)}$$

$$= \lim_{x \to 0} \frac{\left(\sqrt{x+1}\right)^2 - 1^2}{x\left(\sqrt{x+1}+1\right)}$$

$$= \lim_{x \to 0} \frac{1}{\sqrt{x+1}+1} = \frac{1}{\sqrt{0+1}+1} = \frac{1}{2}$$

在求极限的过程中，通常会通过有理化方法，将所求极限转化为符合极限运算法则的条件后再求极限.

例 13　计算极限 $\displaystyle\lim_{x \to -1}\left(\frac{1}{x+1} - \frac{3}{x^3+1}\right)$.

解　当 $x \to -1$ 时，$\dfrac{1}{x+1}$ 和 $\dfrac{1}{x^3+1}$ 都是无穷大量，所以不能直接用极限运算法则，将差式化为分式得

$$\lim_{x \to -1}\left(\frac{1}{x+1} - \frac{3}{x^3+1}\right) = \lim_{x \to -1}\frac{x^2 - x + 1 - 3}{x^3+1} = \lim_{x \to -1}\frac{x^2 - x - 2}{x^3+1}$$

$$= \lim_{x \to -1}\frac{(x+1)(x-2)}{(x+1)(x^2-x+1)} = \lim_{x \to -1}\frac{x-2}{x^2-x+1}$$

$$= \frac{(-1)-2}{(-1)^2 - (-1) + 1} = \frac{-3}{3} = -1$$

例 14　计算极限 $\displaystyle\lim_{x \to \infty}\left(\sqrt{x+1} - \sqrt{x}\right)$.

解　该题是含有根式的 $\infty - \infty$ 型未定式，利用有理化分子的方法，将分子、分母同乘以分子的有理化因式，再求极限

$$\lim_{x \to \infty}\left(\sqrt{x+1} - \sqrt{x}\right) = \lim_{x \to \infty}\frac{\left(\sqrt{x+1} - \sqrt{x}\right)\left(\sqrt{x+1} + \sqrt{x}\right)}{\left(\sqrt{x+1} + \sqrt{x}\right)} = \lim_{x \to \infty}\frac{\left(\sqrt{x+1}\right)^2 - \left(\sqrt{x}\right)^2}{\left(\sqrt{x+1} + \sqrt{x}\right)}$$

$$= \lim_{x \to \infty}\frac{x+1-x}{\sqrt{x+1} + \sqrt{x}} = \lim_{x \to \infty}\frac{\dfrac{1}{\sqrt{x}}}{\sqrt{1 + \dfrac{1}{x}} + 1} = \frac{0}{\sqrt{1+0}+1} = 0$$

对于 $\infty - \infty$ 型未定式极限，通常将差式化为分式，再求极限.

注：关于未定式的极限将在第五章第二节专门讨论.

三、复合函数的极限运算法则

定理 2　设函数 $y = f[g(x)]$ 是由函数 $y = f(u)$ 与函数 $u = g(x)$ 复合而成的，$f[g(x)]$ 在点 a 的某去心邻域内有定义，若 $\displaystyle\lim_{x \to a}g(x) = u_0$，$\displaystyle\lim_{u \to u_0}f(u) = A$，且存在 $\delta_0 > 0$，当 $x \in \mathring{U}(a, \delta_0)$ 时，有 $g(x) \neq u_0$，则

$$\lim_{x \to x_0}f[g(x)] = \lim_{u \to u_0}f(u) = A$$

在定理中，把 $\displaystyle\lim_{x \to a}g(x) = u_0$ 换成 $\displaystyle\lim_{x \to a}g(x) = \infty$ 或 $\displaystyle\lim_{x \to \infty}g(x) = \infty$，而把 $\displaystyle\lim_{u \to u_0}f(u) = A$ 换成 $\displaystyle\lim_{u \to \infty}f(u) = A$，可得类似的定理（证明省略）.

定理 2 表明，如果函数 $f(u)$ 与 $g(x)$ 满足该定理的条件，求复合函数的极限时，函数符

号与极限符号可以交换次序，即极限运算可以移到内层函数去计算；作代换 $u = g(x)$ 可把求 $\lim_{x \to a} f[g(x)]$ 化为求 $\lim_{u \to u_0} f(u)$，这里 $u_0 = \lim_{x \to a} g(x)$. 这是换元法求极限的理论依据.

例 15 求极限 $\lim_{x \to 1} \sin(\ln x)$.

解 因为内层函数和外层函数都存在极限，根据定理 2

$$\lim_{x \to 1} \sin(\ln x) = \sin(\lim_{x \to 1} \ln x) = \sin(\ln 1) = 0$$

例 16 求极限 $\lim_{x \to 0} \dfrac{\sqrt{x+4} - 2}{x}$.

解 作换元 $u = \sqrt{x+4}$，当 $x \to 0$ 时，$u \to 2$，且 $x = u^2 - 4$，

$$\lim_{x \to 0} \frac{\sqrt{x+4} - 2}{x} = \lim_{u \to 2} \frac{u - 2}{u^2 - 4} = \lim_{u \to 2} \frac{u - 2}{(u-2)(u+2)} = \lim_{u \to 2} \frac{1}{u + 2} = \frac{1}{4}$$

该题还可以用分子有理化方法，消去分子、分母中的无穷小因子求极限.

习题 2.4

1. 求下列数列的极限：

(1) $\lim_{n \to \infty} \dfrac{2n - 1}{2n + 1}$；

(2) $\lim_{n \to \infty} \left(1 - \dfrac{2n}{n + 2}\right)$；

(3) $\lim_{n \to \infty} \dfrac{n^2}{2n^2 + 1}$；

(4) $\lim_{n \to \infty} \left(\dfrac{1 + 2 + 3 + \cdots + n}{n + 2} - \dfrac{n}{2}\right)$；

(5) $\lim_{n \to \infty} \dfrac{\dfrac{1}{2} + \dfrac{1}{4} + \cdots + \dfrac{1}{2^n}}{\dfrac{1}{3} + \dfrac{1}{9} + \cdots + \dfrac{1}{3^n}}$；

(6) $\lim_{n \to \infty} \dfrac{(2n^2 + 1)(n + 2)}{3n^3 - 5}$；

(7) $\lim_{n \to \infty} \left(\sqrt{2} \times \sqrt[2^2]{2} \times \sqrt[2^3]{2} \times \cdots \times \sqrt[2^n]{2}\right)$；

(8) $\lim_{n \to \infty} (\sqrt{n + 3} - \sqrt{n})$；

(9) $\lim_{n \to \infty} \left(\dfrac{1}{1 \times 3} + \dfrac{1}{2 \times 4} + \dfrac{1}{3 \times 5} + \cdots + \dfrac{1}{n(n + 2)}\right)$.

2. 求下列函数的极限：

(1) $\lim_{x \to 1} \left(4x^6 + 5x^2 - 2 + \dfrac{1}{x}\right)$；

(2) $\lim_{t \to 2} \dfrac{(t - 1)^{10}(3t - 4)}{2t + 1}$；

(3) $\lim_{x \to \infty} \left(2 - \dfrac{1}{x^2}\right)\left(3 + \dfrac{1}{x^2}\right)$；

(4) $\lim_{x \to -1} \dfrac{x + 1}{2x^3 - x}$；

(5) $\lim_{x \to 1} \dfrac{x^2 - 1}{2x^2 - x - 1}$；

(6) $\lim_{x \to 4} \dfrac{x - 4}{x^2 - 3x - 4}$；

(7) $\lim_{x \to \infty} \dfrac{1 + 2x}{3 - x}$；

(8) $\lim_{x \to \infty} \dfrac{x^7 - 1}{x^6 + 1}$；

(9) $\lim_{t \to \infty} \dfrac{7t^3 + 4t}{2t^3 - t^2 + 3}$；

(10) $\lim_{x \to -\infty} \dfrac{(2 + x)(1 - x)}{(2x + 1)(2 - 3x)}$；

(11) $\lim_{h \to 0} \dfrac{(x + h)^2 - x^2}{h}$；

(12) $\lim_{x \to 2} \dfrac{x + 8}{x^2 - 4}$；

（13）$\lim\limits_{x\to-6}\dfrac{x}{x+6}$；

（14）$\lim\limits_{x\to4^+}\dfrac{2}{\sqrt{x-4}}$；

（15）$\lim\limits_{x\to1}\left(\dfrac{2}{x^2-1}-\dfrac{1}{x-1}\right)$；

（16）$\lim\limits_{x\to3}\dfrac{\sqrt{x+1}-2}{x-3}$；

（17）$\lim\limits_{x\to+\infty}\dfrac{\sqrt{x+1}-\sqrt{x-1}}{x}$；

（18）$\lim\limits_{x\to0}\dfrac{\sqrt{x+1}-1}{x}$.

3. 利用无穷小的性质求极限：

（1）$\lim\limits_{x\to0}x\sin\dfrac{2}{x}$；

（2）$\lim\limits_{x\to\infty}\dfrac{1}{3x}\sin3x$；

（3）$\lim\limits_{x\to\infty}\dfrac{1}{x}\arcsin x$；

（4）$\lim\limits_{x\to\infty}\dfrac{x+\sin x}{x}$.

4. 求下列复合函数的极限：

（1）$\lim\limits_{x\to a}\sin x^2$；

（2）$\lim\limits_{x\to1}\sqrt{2x^2-4x+3}$；

（3）$\lim\limits_{x\to1^+}\arctan\dfrac{1}{x-1}$；

（4）$\lim\limits_{x\to0}\ln(x^2+1)$；

（5）$\lim\limits_{x\to0}\sin(\arcsin x)$；

（6）$\lim\limits_{x\to0}\cos(\sin x)$.

5. 求下列函数在指定点的左、右极限，并指出函数在该点的极限是否存在.

（1）$f(x)=\dfrac{|x-1|}{x-1}$，在点 $x=1$；

（2）$f(x)=\mathrm{e}^{\frac{1}{x}}$，在点 $x=0$；

（3）$f(x)=\begin{cases}2x+1,&x>0\\1-3x,&x<0\end{cases}$ 在点 $x=0$；

（4）$f(x)=\begin{cases}\dfrac{1}{x-1},&x<0\\x,&0\leqslant x<1\\1,&x\geqslant1\end{cases}$，在点 $x=0$ 和 $x=1$；

（5）$f(x)=\begin{cases}x^2-2,&x\neq-3\\5,&x=-3\end{cases}$，在点 $x=-3$.

§2.5　两个重要极限

两个重要极限分别为

$$\lim\limits_{x\to0}\dfrac{\sin x}{x}=1\ \text{和}\ \lim\limits_{x\to\infty}\left(1+\dfrac{1}{x}\right)^x=\mathrm{e}$$

第一个重要极限，通常用于计算与三角函数有关的极限，第二个重要极限通常用于计算某些幂指函数的极限.

一、第一个重要极限

第一个重要极限的最简形式是

$$\lim_{x \to 0} \frac{\sin x}{x} = 1 \left(\frac{0}{0}型\right) \tag{2-16}$$

第一个重要极限
及其结构美

从图 2-16 可以观察，当 x 轴上的两点 A、A' 无限趋近于 0 时，函数 $\frac{\sin x}{x}$ 图像上对应的两点 B、B' 沿着曲线无限趋近于纵坐标为 1 的点，即当 $x \to 0$ 时，$\frac{\sin x}{x} \to 1$.（证明略）

$f(x) = \frac{\sin x}{x}$

$B:(2.65, 0.18)$
$A:(2.65, 0.00)$

还原

x趋于0

图 2-16

下面应用这个极限解决一些简单问题.

例 1 计算极限 $\lim\limits_{x \to 0} \frac{\tan x}{x}$.

解 根据 $\tan x = \frac{\sin x}{\cos x}$，原式 $= \lim\limits_{x \to 0} \left(\frac{\sin x}{x} \cdot \frac{1}{\cos x}\right) = \lim\limits_{x \to 0} \frac{\sin x}{x} \times \lim\limits_{x \to 0} \frac{1}{\cos x} = 1 \times 1 = 1.$

推广：$\lim\limits_{x \to 0} \frac{x}{\tan x} = 1.$

例 2 计算极限 $\lim\limits_{x \to 0} \frac{\sin^2 x}{x}$.

解 原式 $= \lim\limits_{x \to 0} \sin x \cdot \frac{\sin x}{x} = \lim\limits_{x \to 0} \sin x \cdot \lim\limits_{x \to 0} \frac{\sin x}{x} = 0 \cdot 1 = 0.$

第一个重要极限在计算与三角函数有关的极限时，常常能够化难为易、化繁为简，其原因在于该极限可以推广为

$$\lim_{\square \to 0} \frac{\sin \square}{\square} = 1 \left(\frac{0}{0}型，推广形式\right) \tag{2-17}$$

也就是说，将最简形式 $\lim\limits_{x \to 0} \frac{\sin x}{x} = 1 \left(\frac{0}{0}型\right)$ 中的三个 x 用 □ 表示，于是，该极限的推广可以抽象为：如果三个方框 □ 内的变量表达式都是相同的，并且都满足 □→0，则该函数极限值为 1. 即

$$\lim_{\varphi(x) \to 0} \frac{\sin\varphi(x)}{\varphi(x)} = 1 \left(\frac{0}{0} 型，推广形式 \right) \qquad (2-18)$$

根据这个推广形式，可得 $\lim\limits_{3x \to 0} \dfrac{\sin 3x}{3x} = 1$；反之，这些极限 $\lim\limits_{x \to 0} \dfrac{\sin 3x}{2x}$、$\lim\limits_{x \to 1} \dfrac{\sin 2x}{3x}$、$\lim\limits_{x \to \infty} \dfrac{\sin 3x}{3x}$ 都不满足推广形式的条件，都不能等于 1，其中

$$\lim_{x \to 1} \frac{\sin 2x}{3x} = \frac{\sin 2}{3}, \quad \lim_{x \to \infty} \frac{\sin 3x}{3x} = 0（无穷小的性质）$$

下面利用第一个重要极限的推广形式进一步解决与三角函数有关的复杂极限计算问题.

例 3　求极限 $\lim\limits_{x \to 0} \dfrac{\sin 3x}{2x}$.

解　极限为 $\dfrac{0}{0}$ 型未定式，将所求极限向第一个重要极限的推广形式转化，

$$\lim_{x \to 0} \frac{\sin 3x}{2x} = \frac{1}{2} \lim_{x \to 0} \frac{\sin 3x}{x} = \frac{1}{2} \lim_{x \to 0} \frac{\sin 3x}{3x} \cdot 3$$

在 $x \to 0$ 时，$3x \to 0$，所以

$$\lim_{x \to 0} \frac{\sin 3x}{2x} = \frac{3}{2} \lim_{3x \to 0} \frac{\sin 3x}{3x} = \frac{3}{2} \times 1 = \frac{3}{2}$$

一般地，可以推出公式

$$\lim_{x \to 0} \frac{\sin kx}{x} = k \quad (k 为非零常数) \qquad (2-19)$$

例 4　求极限 $\lim\limits_{x \to 0} \dfrac{\tan 2x}{\sin \frac{x}{2}}$.

解　极限为 $\dfrac{0}{0}$ 型未定式，利用分式的基本性质、第一个重要极限的推广和例 1 的结果，得

$$\lim_{x \to 0} \frac{\tan 2x}{\sin \frac{x}{2}} = \lim_{x \to 0} \frac{\dfrac{\tan 2x}{2x} \cdot 2x}{\dfrac{\sin \frac{x}{2}}{\frac{x}{2}} \cdot \frac{x}{2}} = 4 \lim_{x \to 0} \frac{\dfrac{\tan 2x}{2x} \cdot x}{\dfrac{\sin \frac{x}{2}}{\frac{x}{2}} \cdot x}$$

$$= 4 \lim_{x \to 0} \frac{\dfrac{\tan 2x}{2x}}{\dfrac{\sin \frac{x}{2}}{\frac{x}{2}}} = 4 \frac{\lim\limits_{x \to 0} \dfrac{\tan 2x}{2x}}{\lim\limits_{x \to 0} \dfrac{\sin \frac{x}{2}}{\frac{x}{2}}} = 4 \times \frac{1}{1} = 4$$

例 5　求极限 $\lim\limits_{x \to \infty} x \cdot \sin \dfrac{3}{x}$.

解　极限为 $\dfrac{0}{0}$ 型未定式，利用分式的基本性质和第一个重要极限推广

$$\lim_{x \to \infty} x \cdot \sin \frac{3}{x} = \lim_{x \to \infty} x \cdot \frac{\sin \dfrac{3}{x}}{\dfrac{3}{x}} \cdot \frac{3}{x} = 3 \lim_{x \to \infty} \frac{\sin \dfrac{3}{x}}{\dfrac{3}{x}} = 3 \times 1 = 3$$

例 6 求极限 $\lim_{x \to 0} \dfrac{\tan x - \sin x}{x^3}$.

解 极限为 $\dfrac{0}{0}$ 型未定式，将此类与三角函数有关的极限转化为第一个重要极限推广，再利用 $1 - \cos x = 2\sin^2 \dfrac{x}{2}$.

$$\lim_{x \to 0} \frac{\tan x - \sin x}{x^3} = \lim_{x \to 0} \frac{\sin x (1 - \cos x)}{x^3 \cos x} = \lim_{x \to 0} \left(\frac{\sin x}{x} \cdot \frac{1 - \cos x}{x^2} \cdot \frac{1}{\cos x} \right)$$

$$= \lim_{x \to 0} \frac{\sin x}{x} \cdot \lim_{x \to 0} \frac{2\sin^2 \dfrac{x}{2}}{x^2} \cdot \lim_{x \to 0} \frac{1}{\cos x} = \lim_{x \to 0} \frac{\sin x}{x} \cdot \lim_{x \to 0} \frac{\sin^2 \dfrac{x}{2}}{2 \cdot \left(\dfrac{x}{2} \right)^2} \cdot \lim_{x \to 0} \frac{1}{\cos x}$$

$$= 1 \times \frac{1}{2} \times 1 = \frac{1}{2}$$

例 7 求极限 $\lim_{x \to 0} \dfrac{\arcsin 5x}{x}$.

解 极限为 $\dfrac{0}{0}$ 型未定式，将反正弦函数转化为正弦函数，利用第一个重要极限推广得

$$\text{令 } t = \arcsin 5x，\text{则 } 5x = \sin t，\text{即 } x = \frac{1}{5} \sin t$$

当 $x \to 0$ 时，$t \to 0$

所以 $\lim_{x \to 0} \dfrac{\arcsin 5x}{x} = \lim_{t \to 0} \dfrac{t}{\dfrac{1}{5} \sin t} = 5 \lim_{t \to 0} \dfrac{t}{\sin t} = 5$.

这种方法称为换元法. 第一个重要极限的推广形式是利用换元法推导而得的.

二、第二个重要极限

最简形式 $\qquad \lim_{x \to \infty} \left(1 + \dfrac{1}{x} \right)^x = e \ (e \approx 2.718\,28) \qquad\qquad$ (2-20)

当 $x \to \infty$ 时，$\left(1 + \dfrac{1}{x} \right)^x$ 的变化趋势用记号 "1^∞" 未定式表示.

第二个重要极限
及其结构美

从图 2-17 可以观察，当 $x \to \infty$ 时，函数 $\left(1 + \dfrac{1}{x} \right)^x$ 的图形无限趋近于无理数 e. （证明略）

下面应用这个极限解决一些简单问题.

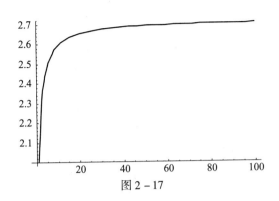

图 2 - 17

例 8　求极限 $\lim\limits_{x\to\infty}\left(1+\dfrac{1}{x}\right)^{x+2}$.

解　由指数的运算性质知 $\left(1+\dfrac{1}{x}\right)^{x+2}=\left(1+\dfrac{1}{x}\right)^{x}\cdot\left(1+\dfrac{1}{x}\right)^{2}$，前一因式的极限正是第二个重要极限的最简形式，

$$\lim_{x\to\infty}\left(1+\frac{1}{x}\right)^{x+2}=\lim_{x\to\infty}\left(1+\frac{1}{x}\right)^{x}\cdot\lim_{x\to\infty}\left(1+\frac{1}{x}\right)^{2}=\mathrm{e}\cdot 1=\mathrm{e}$$

第二个重要极限在计算幂指函数 $y=f(x)^{g(x)}$ 的极限时，常常能够化难为易、化繁为简，其原因在于

$$\lim_{x\to\infty}\left(1+\frac{1}{x}\right)^{x}=\mathrm{e}\quad\text{推广为}\quad \lim_{\square\to\infty}\left(1+\frac{1}{\square}\right)^{\square}=\mathrm{e}\ (1^{\infty}\text{型})\qquad(2-21)$$

也就是说，将最简形式 $\lim\limits_{x\to\infty}\left(1+\dfrac{1}{x}\right)^{x}=\mathrm{e}$ 中的三个 x 用 $\square$ 表示，于是，该极限的推广可以抽象为：如果三个方框 $\square$ 内的变量表达式都是相同的，并且都满足 $\square\to\infty$，则满足这些条件的函数极限值为常数 e. 即

$$\lim_{\varphi(x)\to\infty}\left(1+\frac{1}{\varphi(x)}\right)^{\varphi(x)}=\mathrm{e}(1^{\infty}\text{型，推广形式})\qquad(2-22)$$

如 $\lim\limits_{3x\to\infty}\left(1+\dfrac{1}{3x}\right)^{3x}=\mathrm{e}$，而 $\lim\limits_{3x\to\infty}\left(1+\dfrac{1}{3x}\right)^{4x}\neq\mathrm{e}$.

例 9　求极限 $\lim\limits_{x\to\infty}\left(1+\dfrac{m}{x}\right)^{x}$（常数 $m\neq 0$）.

解　用换元法，令 $y=\dfrac{x}{m}$，则 $\dfrac{m}{x}=\dfrac{1}{y}$，当 $x\to\infty$ 时，有 $y\to\infty$，利用第二个重要极限最简形式得

$$\lim_{x\to\infty}\left(1+\frac{m}{x}\right)^{x}=\lim_{y\to\infty}\left(1+\frac{1}{y}\right)^{my}=\lim_{y\to\infty}\left[\left(1+\frac{1}{y}\right)^{y}\right]^{m}$$

$$=\left[\lim_{y\to\infty}\left(1+\frac{1}{y}\right)^{y}\right]^{m}=\mathrm{e}^{m}$$

如果利用第二个重要极限的推广形式和复合函数求极限法则，则计算更简单，不需要换元，当 $x\to\infty$ 时，$\dfrac{x}{m}\to\infty$.

$$\lim_{x\to\infty}\left(1+\frac{m}{x}\right)^x = \lim_{x\to\infty}\left(1+\frac{1}{\frac{x}{m}}\right)^{\frac{x}{m}\cdot m} = \lim_{x\to\infty}\left[\left(1+\frac{1}{\frac{x}{m}}\right)^{\frac{x}{m}}\right]^m = \left[\lim_{x\to\infty}\left(1+\frac{1}{\frac{x}{m}}\right)^{\frac{x}{m}}\right]^m = e^m$$

由例 9 结果知：$\lim\limits_{x\to\infty}\left(1-\dfrac{1}{x}\right)^x = \lim\limits_{x\to\infty}\left(1+\dfrac{-1}{x}\right)^x = e^{-1}$.

一般地，有公式

$$\lim_{x\to\infty}\left(1+\frac{m}{x}\right)^x = e^m \quad (\text{常数 } m\neq 0) \tag{2-23}$$

下面利用这个极限的推广形式进一步解决幂指函数的复杂极限计算问题.

例 10 求极限 $\lim\limits_{x\to\infty}\left(\dfrac{x^2+1}{x^2-1}\right)^{x^2}$.

第二个重要
极限的应用

解 $x\to\infty$ 时，$\dfrac{1}{x}\to 0$，因为 $x\neq 0$，由分式的基本性质得

$$\frac{x^2+1}{x^2-1} = \frac{(x^2+1)/x^2}{(x^2-1)/x^2} = \frac{1+\dfrac{1}{x^2}}{1-\dfrac{1}{x^2}}$$

因此，利用第二个重要极限的推广形式得

$$\lim_{x\to\infty}\left(\frac{x^2+1}{x^2-1}\right)^{x^2} = \lim_{x\to\infty}\left(\frac{1+\dfrac{1}{x^2}}{1-\dfrac{1}{x^2}}\right)^{x^2} = \lim_{x\to\infty}\frac{\left(1+\dfrac{1}{x^2}\right)^{x^2}}{\left(1-\dfrac{1}{x^2}\right)^{x^2}}$$

$$= \frac{\lim\limits_{x\to\infty}\left(1+\dfrac{1}{x^2}\right)^{x^2}}{\lim\limits_{x\to\infty}\left(1-\dfrac{1}{x^2}\right)^{x^2}} = \frac{e}{e^{-1}} = e^2$$

例 11 求极限 $\lim\limits_{x\to 0}(1+x)^{\frac{1}{x}}$.

解 换元法，令 $y=\dfrac{1}{x}$，当 $x\to 0$ 时，$y=\dfrac{1}{x}\to\infty$.

$$\lim_{x\to 0}(1+x)^{\frac{1}{x}} = \lim_{y\to\infty}\left(1+\frac{1}{y}\right)^y = e$$

上式说明，该极限与第二个重要极限是一样的，即第二个重要极限的两种形式如下：

$$\lim_{y\to\infty}\left(1+\frac{1}{y}\right)^y = e, \quad \lim_{x\to 0}(1+x)^{\frac{1}{x}} = e.$$

推广形式如下：

$$\lim_{\square\to\infty}\left(1+\frac{1}{\square}\right)^{\square} = e, \quad \lim_{\square\to 0}(1+\square)^{\frac{1}{\square}} = e \tag{2-24}$$

推广形式中的三个方框，都必须是相同的变量表达式，但前者的表达式趋近于无穷大，后者的表达式趋近于无穷小. 两者形式统一为

$$\lim_{\text{某个变化过程}}(1+\text{无穷小})^{\text{无穷小的倒数}} = e \tag{2-25}$$

应用第二个重要极限计算幂指函数的极限时, 注意将底数转化为 1 加无穷小的形式, 而幂指数转化为该无穷小的倒数形式. 在实际解题过程中, 更多情况是幂底数不是和的形式; 或者幂底数的无穷小与指数不互为倒数, 这时, 我们应该通过恒等变形使其符合重要极限的推广形式, 才能化未知为已知, 化繁为简.

例 12　求极限 $\lim\limits_{x \to 0}(1 + 3x)^{\frac{1}{x}}$.

解　当 $x \to 0$ 时, $3x \to 0$, 将幂指函数的指数转化为 $\dfrac{1}{3x}$, 利用第二个重要极限的推广形式

$$\lim_{x \to 0}(1 + 3x)^{\frac{1}{x}} = \lim_{x \to 0}(1 + 3x)^{\frac{1}{3x} \times 3} = \left[\lim_{x \to 0}(1 + 3x)^{\frac{1}{3x}}\right]^3 = e^3$$

例 13　求极限 $\lim\limits_{x \to 0}(1 + \sin x)^{\csc x}$.

解　当 $x \to 0$ 时, $\sin x \to 0$, 将幂指函数的指数 $\csc x$ 转化为 $\dfrac{1}{\sin x}$, 利用第二个重要极限的推广形式

$$\lim_{x \to 0}(1 + \sin x)^{\csc x} = \lim_{x \to 0}(1 + \sin x)^{\frac{1}{\sin x}} = e$$

三、两个重要极限蕴涵的思想方法

第一个重要极限 $\lim\limits_{x \to 0}\dfrac{\sin x}{x} = 1$ 和推广形式

$$\lim_{\varphi(x) \to 0}\frac{\sin \varphi(x)}{\varphi(x)} = 1 \left(\frac{0}{0}型\right)$$

通常用于计算与三角函数有关的极限, 第二个重要极限 $\lim\limits_{x \to \infty}\left(1 + \dfrac{1}{x}\right)^x = e$ 和推广形式

$$\lim_{\varphi(x) \to \infty}\left(1 + \frac{1}{\varphi(x)}\right)^{\varphi(x)} = e, \quad \lim_{\varphi(x) \to 0}\left[1 + \varphi(x)\right]^{\frac{1}{\varphi(x)}} = e(1^{\infty}型)$$

通常用于计算某些幂指函数的极限. 在应用的过程中, 蕴涵着数学思想方法的运用.

化归思想的应用, 把与三角函数有关、与幂指函数有关的复杂极限问题, 通过两个重要极限转化, 实现化难为易、化未知为已知, 从而解决一系列同类型复杂极限的计算问题.

恒等变换思想的应用, 可以把所求极限向两个重要极限的推广形式转化, 得到它们的各种变形, 确保形变值不变, 从而能将三角函数、幂指函数的极限运算迅速简化, 这是两个极限的重要性体现. 其中, 通常需要综合应用分式的基本性质、指数运算法则、三角函数公式等.

抽象化思想和结构化思想的应用. 两个重要极限都有最简形式和推广形式, 特别是推广形式的运用, 蕴涵着抽象化思想和结构化思想, 推广形式中的三个变元 x 抽象为 $\varphi(x)$, 其余结构 (或形式) 不变, 则结果为已知的极限值.

习题 2.5

1. 求下列函数的极限:

(1) $\lim\limits_{x \to \frac{\pi}{4}}\dfrac{\sin x}{3x}$;

(2) $\lim\limits_{x \to 0}\dfrac{\sin x}{3x}$;

（3）$\lim\limits_{t\to 0}\dfrac{\sin 5t}{t}$；

（4）$\lim\limits_{x\to 0}\dfrac{\sin 9x}{8x}$；

（5）$\lim\limits_{x\to 0}\dfrac{\tan x}{4x}$；

（6）$\lim\limits_{x\to 0}\dfrac{\tan 10x}{x}$；

（7）$\lim\limits_{x\to 0}\dfrac{\tan 2x}{\sin 3x}$；

（8）$\lim\limits_{x\to 0}\dfrac{\sin^2 3x}{x^2}$；

（9）$\lim\limits_{x\to\infty}\dfrac{\sin\frac{1}{2x}}{\sin\frac{1}{4x}}$；

（10）$\lim\limits_{x\to 0}\dfrac{1-\cos 2x}{x^2}$；

（11）$\lim\limits_{x\to\infty}x^2\sin\dfrac{1}{x^2}$；

（12）$\lim\limits_{x\to 0}\dfrac{\arcsin 2x}{x}$；

（13）$\lim\limits_{x\to 0}\dfrac{\arctan 3x}{x}$；

（14）$\lim\limits_{x\to 0}\dfrac{x-\sin x}{x+\sin x}$.

2. 求下列函数的极限：

（1）$\lim\limits_{x\to\infty}\left(1+\dfrac{1}{x}\right)^{x+4}$；

（2）$\lim\limits_{x\to+\infty}4\left(1+\dfrac{2}{x}\right)^{3x}$；

（3）$\lim\limits_{x\to\infty}\left(1+\dfrac{1}{2x}\right)^{\frac{x}{3}}$；

（4）$\lim\limits_{x\to\infty}\left(1-\dfrac{3}{x}\right)^{x}$；

（5）$\lim\limits_{x\to+\infty}\left(\dfrac{x+1}{x-1}\right)^{x}$；

（6）$\lim\limits_{x\to+\infty}\left(\dfrac{x}{1+x}\right)^{2x}$；

（7）$\lim\limits_{x\to 0}(1+3x)^{-\frac{1}{x}}$；

（8）$\lim\limits_{x\to 0}(1-4x)^{\frac{1}{x}}$.

§2.6 无穷小量的比较

关于无穷小量（简称无穷小），我们已经认识到研究一般极限问题可以转化为研究特殊极限问题（无穷小）. 但无穷小趋于零的速度常常是不同的，不同的无穷小起的作用也大不相同，有的起主要作用，有的可以忽略不计. 本节研究无穷小的比较问题，用两个无穷小之商的极限来判断它们收敛于零的速度.

一、无穷小量的阶的比较

当 $x\to 0$ 时，x，$4x$，$4x^2$，$\sin 4x$ 都是无穷小，且它们趋近于零的快慢是不一样的，它们的极限都不一样

$$\lim\limits_{x\to 0}\dfrac{4x^2}{4x}=0,\ \lim\limits_{x\to 0}\dfrac{\sin 4x}{4x^2}=\lim\limits_{x\to 0}\dfrac{1}{x}\cdot\dfrac{\sin 4x}{4x}=\infty,\ \lim\limits_{x\to 0}\dfrac{x}{4x}=\dfrac{1}{4},\ \lim\limits_{x\to 0}\dfrac{\sin 4x}{4x}=1$$

因而定义如下：

定义：设 $f(x)$、$g(x)$ 是在同一个极限过程中的无穷小，$g(x)\neq 0$，若有极限

（1）$\lim\limits_{x\to a}\dfrac{f(x)}{g(x)}=0$，则称 $f(x)$ 是比 $g(x)$ **高阶的无穷小**，记作 $f(x)=o(g(x))$（o 读作

"小欧");

(2) $\lim\limits_{x \to a} \dfrac{f(x)}{g(x)} = \infty$，则称 $f(x)$ 是比 $g(x)$ **低阶的无穷小**；

(3) $\lim\limits_{x \to a} \dfrac{f(x)}{g(x)} = C \neq 0$，则称 $f(x)$ 与 $g(x)$ 是**同阶的无穷小**；

(4) $\lim\limits_{x \to a} \dfrac{f(x)}{g(x)} = 1$，则称 $f(x)$ 与 $g(x)$ 是**等阶的无穷小**，记作 $f(x) \sim g(x)\,(x \to a)$.

对于 $x \to \infty$，$x \to +\infty$，$x \to -\infty$，$x \to a^+$，$x \to a^-$，$n \to \infty$ 的情形，上述定义仍然适用.

由该定义可知，

(1) $\lim\limits_{x \to 0} \dfrac{4x^2}{4x} = 0$，则 $4x^2$ 是比 $4x$ 高阶的无穷小，记作 $4x^2 = o(4x)$；

(2) $\lim\limits_{x \to 0} \dfrac{\sin 4x}{4x^2} = \lim\limits_{x \to 0} \dfrac{1}{x} \cdot \dfrac{\sin 4x}{4x} = \infty$，则 $\sin 4x$ 是比 $4x^2$ 低阶的无穷小；

(3) $\lim\limits_{x \to 0} \dfrac{x}{4x} = \dfrac{1}{4} \neq 0$，则 x 与 $4x$ 是同阶的无穷小；

(4) $\lim\limits_{x \to 0} \dfrac{\sin 4x}{4x} = 1$，则 $\sin 4x$ 与 $4x$ 是等价的无穷小，记作 $\sin 4x \sim 4x\ (x \to 0)$.

例 1 比较下列各对无穷小量：

(1) $x^2 - 9$，$x - 3\,(x \to 3)$； (2) $\dfrac{1}{n}$，$\dfrac{1}{n+1}\,(n \to \infty)$； (3) $\dfrac{1}{n}$，$\dfrac{1}{n^2}\,(n \to \infty)$.

解 (1) $\lim\limits_{x \to 3} \dfrac{x^2 - 9}{x - 3} = \lim\limits_{x \to 3} \dfrac{(x-3)(x+3)}{x-3} = \lim\limits_{x \to 3}(x+3) = 6.$

所以，$x \to 3$ 时，$x^2 - 9$ 与 $x - 3$ 是同阶无穷小.

(2) $\lim\limits_{n \to \infty} \dfrac{\dfrac{1}{n}}{\dfrac{1}{n+1}} = \lim\limits_{n \to \infty} \dfrac{n+1}{n} = \lim\limits_{n \to \infty}\left(1 + \dfrac{1}{n}\right) = 1.$

所以，$n \to \infty$ 时，$\dfrac{1}{n}$ 与 $\dfrac{1}{n+1}$ 是等价无穷小，$\dfrac{1}{n}$ 与 $\dfrac{1}{n+1}$ 收敛于零的速度一样.

(3) $\lim\limits_{n \to \infty} \dfrac{\dfrac{1}{n}}{\dfrac{1}{n^2}} = \lim\limits_{n \to \infty} \dfrac{n^2}{n} = \lim\limits_{n \to \infty} n = \infty.$

所以，$n \to \infty$ 时，$\dfrac{1}{n^2} = o\left(\dfrac{1}{n}\right)$，即 $\dfrac{1}{n^2}$ 是比 $\dfrac{1}{n}$ 高阶的无穷小，$\dfrac{1}{n^2}$ 收敛于零的速度比 $\dfrac{1}{n}$ 快.

例 2 求极限 $\lim\limits_{x \to 0} \dfrac{1 - \cos x}{\dfrac{1}{2}x^2}$.

解 $1 - \cos x = 2\sin^2 \dfrac{x}{2}$，根据第一个重要极限推广得

$$\lim\limits_{x \to 0} \dfrac{1 - \cos x}{\dfrac{1}{2}x^2} = \lim\limits_{x \to 0} \dfrac{2\sin^2 \dfrac{x}{2}}{\dfrac{1}{2}x^2} = \lim\limits_{x \to 0} \dfrac{\sin^2 \dfrac{x}{2}}{\left(\dfrac{x}{2}\right)^2} = 1$$

所以，$x \to 0$ 时，$1 - \cos x \sim \dfrac{x^2}{2}$.

一般地，可推广为 $\varphi(x) \to 0$ 时

$$1 - \cos\varphi(x) \sim \frac{\varphi^2(x)}{2} \tag{2-26}$$

例3 证明：$x \to 0$ 时，$\sqrt{1+x} - 1 \sim \dfrac{1}{2}x$.

证 令 $\sqrt{1+x} = t$，则当 $x \to 0$ 时，$t \to 1$，$1 + x = t^2$，$x = t^2 - 1$.

$$\lim_{x \to 0}\frac{\sqrt{1+x}-1}{\dfrac{1}{2}x} = \lim_{t \to 1}\frac{2(t-1)}{t^2-1} = \lim_{t \to 1}\frac{2(t-1)}{(t-1)(t+1)} = \lim_{t \to 1}\frac{2}{t+1} = 1$$

所以，$x \to 0$ 时，$\sqrt{1+x} - 1 \sim \dfrac{1}{2}x$.

一般地，当 $\varphi(x) \to 0$ 时

$$\sqrt[n]{1+\varphi(x)} - 1 \sim \frac{1}{n}\varphi(x) \text{（推广形式）} \tag{2-27}$$

（证明略）

二、利用无穷小量等价替换求极限

无穷小的
等价替换

关于等价无穷小，有如下的定理：

定理（无穷小等价替换定理） 设当 $x \to a$ 时，函数 $f(x)$、$g(x)$、$f_1(x)$、$g_1(x)$、$h(x)$ 在 $\mathring{U}(a)$ 内有定义，$f(x) \sim g(x)(x \to a)$，$f_1(x) \sim g_1(x)(x \to a)$，且 $\lim\limits_{x \to a}\dfrac{f_1(x)}{g_1(x)}$ 存在，则

(1) $\lim\limits_{x \to a}\dfrac{g(x)}{f(x)} = \lim\limits_{x \to a}\dfrac{f_1(x)}{g_1(x)}$；

(2) 若 $\lim\limits_{x \to a}\dfrac{h(x)}{f(x)} = A$，则 $\lim\limits_{x \to a}\dfrac{h(x)}{g(x)} = A$；

(3) 若 $\lim\limits_{x \to a}f(x)h(x) = B$，则 $\lim\limits_{x \to a}g(x)h(x) = B$. （证明省略）

对于 $x \to \infty$，$x \to +\infty$，$x \to -\infty$，$x \to a^+$，$x \to a^-$，$n \to \infty$ 的情形，上述定理仍然适用.

该定理表明，求两个无穷小之比的极限时，分子、分母都可用无穷小来等价替换，或者等价替换分母，或者等价替换乘积中的无穷小因子，如果选择适当的无穷小等价替换，可以简化求极限. 但是，要注意在无穷小代数和的运算中，一般不能用无穷小等价替换.

例4 求极限 $\lim\limits_{x \to 0}\dfrac{1-\cos x}{\sqrt{1+4x}-1}$.

解 当 $x \to 0$ 时，$\sqrt{1+4x} - 1 \sim \dfrac{1}{2} \cdot 4x$，$1 - \cos x \sim \dfrac{x^2}{2}$，所以

$$\lim_{x \to 0}\frac{1-\cos x}{\sqrt{1+4x}-1} = \lim_{x \to 0}\frac{\dfrac{1}{2}x^2}{2x^2} = \frac{1}{4}$$

例 5　求 $\lim\limits_{x\to 0}\dfrac{x}{\sqrt[n]{1+x}-1}$.

解　当 $x\to 0$ 时，$\sqrt[n]{1+x}-1\sim\dfrac{1}{n}x$，根据无穷小等价替换定理得

$$\lim_{x\to 0}\frac{x}{\sqrt[n]{1+x}-1}=\lim_{x\to 0}\frac{x}{\dfrac{x}{n}}=n$$

用同样的方法可得：$\lim\limits_{x\to 0}\dfrac{1-\sqrt[m]{1+x}}{1-\sqrt[n]{1+x}}=\dfrac{n}{m}$.

例 6　求 $\lim\limits_{x\to 0}\dfrac{\ln(1+x)}{x}$.

解　根据对数的运算性质有 $\dfrac{\ln(1+x)}{x}=\dfrac{1}{x}\cdot\ln(1+x)=\ln(1+x)^{\frac{1}{x}}$，根据复合函数的极限运算法则和第二个重要极限得

$$\lim_{x\to 0}\frac{\ln(1+x)}{x}=\lim_{x\to 0}\ln(1+x)^{\frac{1}{x}}=\ln\left[\lim_{x\to 0}(1+x)^{\frac{1}{x}}\right]=\ln e=1$$

所以，当 $x\to 0$ 时，$\ln(1+x)\sim x$.

推广为 $\varphi(x)\to 0$ 时，$\ln[1+\varphi(x)]\sim\varphi(x)$.

常用的等价无穷小有：当 $x\to 0$ 时

$$\sin x\sim x,\ \tan x\sim x,\ 1-\cos x\sim\frac{x^2}{2},\ \sqrt[n]{1+x}-1\sim\frac{1}{n}x$$

$$\ln(1+x)\sim x,\ \arcsin x\sim x,\ \arctan x\sim x,a^x-1\sim x\ln a,\mathrm{e}^x-1\sim x \qquad (2-28)$$

显然，它们都能将复杂函数等价替换为较简单的函数.

极限思想的产生与发展

习题 2.6

利用等价无穷小替换求下列函数的极限：

（1）$\lim\limits_{x\to 0}\dfrac{1-\cos x}{\sqrt{1+x}-1}$；

（2）$\lim\limits_{x\to 0}\dfrac{\ln(1-x)}{x}$；

（3）$\lim\limits_{x\to 0}\dfrac{\sin x^5}{(\sin x)^3}$；

（4）$\lim\limits_{x\to 0}\dfrac{\sin 3x}{\tan\dfrac{x}{2}}$；

(5) $\lim\limits_{x\to 0}\dfrac{\arcsin(-x)}{x}$;

(6) $\lim\limits_{x\to 0}\dfrac{\arctan x}{-2x}$;

(7) $\lim\limits_{x\to 0}\dfrac{e^{2x}-1}{x}$;

(8) $\lim\limits_{x\to 0}\dfrac{e^{\sin x}-1}{\ln(1-2x)}$.

综合练习 2

一、选择题

1. 下列数列中，收敛的数列是 （   ）.

A. $\left\{\dfrac{n^2+1}{n}\right\}$ B. $\left\{\dfrac{1}{n+3}\right\}$ C. $\{n^2\}$ D. $\{2^{n-1}\}$

2. $x\to-\infty$ 时，下列函数极限存在是 （   ）.

A. x^3 B. 9^{-x} C. 4^x D. $\sqrt{-x}$

3. 下列极限存在的是 （   ）.

A. $\lim\limits_{x\to\infty}e^x$ B. $\lim\limits_{x\to+\infty}\arctan x$ C. $\lim\limits_{x\to-\infty}\dfrac{1}{2^x}$ D. $\lim\limits_{x\to 0}\sin\dfrac{1}{x}$

4. $\lim\limits_{n\to\infty}\dfrac{\sin n}{n+3}=$ （   ）.

A. 0   B. 1   C. -1 D. ∞

5. 当 $x\to a$ 时，$f(x)$ 以 A 为极限的充要条件是 （   ）.

A. $\lim\limits_{x\to a^-}f(x)=A$ B. $\lim\limits_{x\to a^+}f(x)=A$

C. $\lim\limits_{x\to a^+}f(x)=\lim\limits_{x\to a^-}f(x)$ D. $f(x)=A+\alpha(\lim\limits_{x\to a}\alpha=0)$

6. 若函数 $f(x)$ 在点 a 处极限存在，那么 （   ）.

A. $f(a)$ 必存在但不一定等于极限值   B. 若 $f(a)$ 存在，则必等于极限值

C. $f(a)$ 不一定存在   D. 以上都不正确

7. 设 $f(x)=\begin{cases}e^x, & x<0\\ x^2, & x\geqslant 0\end{cases}$，则在点 $x=0$ 处的极限为 （   ）.

A. 1   B. 0   C. 不存在   D. -1

8. 下列各式正确的是 （   ）.

A. $\lim\limits_{x\to 0}\dfrac{x}{\sin x}=0$ B. $\lim\limits_{x\to\infty}\dfrac{\sin x}{x}=1$ C. $\lim\limits_{x\to\infty}\dfrac{x}{\sin x}=0$ D. $\lim\limits_{x\to 0}\dfrac{\sin x}{x}=1$

9. 下列极限等于 e 的是 （   ）.

A. $\lim\limits_{x\to\infty}(1+x)^{\frac{1}{x}}$ B. $\lim\limits_{x\to\infty}(1+x)^x$ C. $\lim\limits_{x\to 0}\left(1+\dfrac{1}{x}\right)^x$ D. $\lim\limits_{x\to\infty}\left(1+\dfrac{1}{x}\right)^x$

10. 极限 $\lim\limits_{x\to 0}\left(\dfrac{\sin x}{x}+x\sin\dfrac{1}{x}\right)=$ （   ）.

A. 1   B. 0   C. ∞ D. 不存在

二、填空题

1. 若数列 $\{a_n\}$ _____，则它必定有界.

2. $\lim\limits_{x\to\infty}\dfrac{x^4+1}{x^3+1}=$ _____.

3. $\lim\limits_{x\to1}\dfrac{x^2-1}{x-1}=$ _____.

4. $\lim\limits_{x\to\infty}\dfrac{\sin3x}{x}=$ _____.

5. $\lim\limits_{x\to0}\dfrac{\sin3x}{x}=$ _____.

6. $\lim\limits_{x\to\infty}\left(\dfrac{3+x}{x}\right)^{2x}=$ _____.

7. 若 $x\to a$ 时，$f(x)\sim g(x)$，则 $\lim\limits_{x\to a}\dfrac{2f(x)}{g(x)}=$ _____.

三、解答题

1. 求极限 $\lim\limits_{x\to\infty}\dfrac{x-\sin x}{x+\sin x}$.

2. 求函数 $f(x)=\begin{cases}\dfrac{x^2-2x-8}{x-4}, & x\neq4 \\ 3, & x=4\end{cases}$ 在点 $x=4$ 的左、右极限，并指出函数在该点的极

限是否存在.

3. 求极限 $\lim\limits_{n\to\infty}\dfrac{\sqrt{n^2+5}}{2n+3}$.

4. 求极限 $\lim\limits_{x\to0}\dfrac{x\ln(1+x)}{1-\cos x}$.

5. 求极限 $\lim\limits_{x\to0}\dfrac{\ln(1+2x)}{\tan4x}$.

6. 求极限 $\lim\limits_{x\to1}(1+\ln x)^{\frac{3}{\ln x}}$.

7. 已知 $\lim\limits_{x\to6}\dfrac{\sqrt{x+3}-a}{x-6}=b$，求 a 和 b.

第 3 章

连续函数

连续函数不仅是微积分的研究对象，而且微积分中的主要概念、定理、公式、法则等，往往要求函数具有连续性. 作为极限应用的一个例子，本章给出连续函数的概念、运算及其性质.

§3.1 连续与间断

一、连续函数的概念

"连续"与"间断"广泛出现于自然界的各类现象中，如气温的变化，动植物的生长等，如果将它们视为以时间 t 为自变量的函数，那么它们的变化具有一个共同的特点：当自变量变化很微小时，函数（气温等）的变化也很微小. 这个特点就是所谓的连续性，这是对自然界变化过程呈渐变现象的描述. 如果将这些函数用图形描绘出来，它们将是坐标平面上连绵不断的一条曲线. 如我们所熟知的一些基本初等函数的图形，在其定义域内是连绵不断的. 但有的函数就不具备这种特点，例如图 3–1 所示函数.

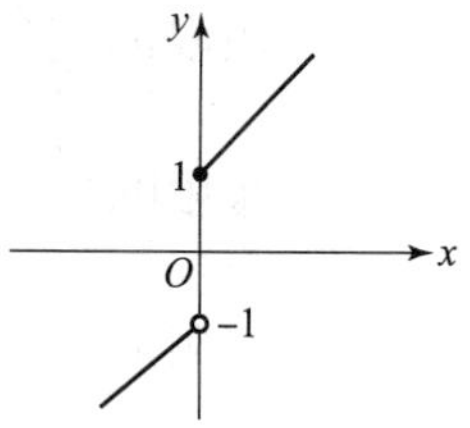

图 3–1

$$f(x) = \begin{cases} x+1, & x \geqslant 0 \\ x-1, & x < 0 \end{cases}$$

该函数在点 $x = 0$ 处有定义，但其图形在点 $x = 0$ 处断开. 考查 $f(x)$ 在点 $x = 0$ 处的左、右极限：

$$\lim_{x \to 0^+} f(x) = \lim_{x \to 0^+} (x+1) = 1 = f(0)$$

$$\lim_{x \to 0^-} f(x) = \lim_{x \to 0^-} (x-1) = -1$$

因而 $\lim_{x \to 0} f(x)$ 不存在. 又如函数 $g(x) = \dfrac{1}{x}$，在点 $x = 0$ 处无定义，其函数图形在点 $x = 0$ 处也是断开的. 这就是函数的间断，这是对自然界变化过程呈突变现象的描述，如弹簧的突然断裂，火箭外壳的自行脱落使火箭质量突然减少等. 于是，我们有下面的定义：

定义　称函数 $f(x)$ 在点 a 处是连续的，如果它满足：

(1) $f(x)$ 在点 a 处有定义；

(2) $f(x)$ 在点 a 处极限存在，即 $\lim\limits_{x \to a} f(x) = A$；

(3) $f(x)$ 在点 a 处极限值等于函数值，即 $A = f(a)$.

若函数 $f(x)$ 在点 a 处连续，则称点 a 为 $f(x)$ 的连续点，否则称点 a 为 $f(x)$ 的**间断点**.

由定义可知函数 $f(x)$ 在点 a 处连续有三要素：在点 a 处有定义，有极限，极限值等于函数值.

函数在一点连续也可以用极限形式给出：当 x 趋向于 a 时，函数 $f(x)$ 以 $f(a)$ 为极限，即

$$\lim_{x \to a} f(x) = f(a)$$

或者有

$$\lim_{x \to a} [f(x) - f(a)] = 0 \qquad (3-1)$$

思考 1
函数 $f(x)$ 在点 a 处有定义、
有极限、连续三者
之间有何关系？

为通过式（3-1）更深入地研究函数的连续性，先引入改变量或增量概念.

设 $y = f(x)$，则当 $x \to a$ 时，称 $\Delta x = x - a$（Δx 是一个整体记号，Δx 是动点坐标减去定点坐标，可正可负）为**自变量（在点 a 处）的改变量或增量**；$\Delta y = f(x) - f(a)$（记号 Δy 也是一个整体记号，Δy 是动点所对应的函数值减去定点所对应的函数值，Δy 可正可负）为**函数 $f(x)$（在点 a 处）的改变量或增量**.

在式（3-1）中设 $x = a + \Delta x$，即 $\Delta x = x - a$.

那么当 $x \to a$ 时，有 $\Delta x \to 0$. $\Delta y = f(x) - f(a) = f(a + \Delta x) - f(a)$.

于是可以将式（3-1）改写为

$$\lim_{\Delta x \to 0} \Delta y = 0 \text{（即 } \Delta x \to 0 \text{ 时 } \Delta y \to 0\text{）} \qquad (3-2)$$

式（3-2）所表达的正是连续性概念的实质：**当自变量改变量是无穷小时，对应的函数改变量也是无穷小**.

在定义中，如果只考虑左极限或右极限，即可定义函数在一点处的左连续或右连续；即若 $\lim\limits_{x \to a^-} f(x) = f(a)$（或 $\lim\limits_{x \to a^+} f(x) = f(a)$），则该函数 $f(x)$ 在点 a 处左连续（或右连续）. 不难证明，**函数 $f(x)$ 在点 a 处连续的充分必要条件是：$f(x)$ 在点 a 处既左连续也右连续**.

上面给出了函数在一点处连续的概念，下面给出函数在一个区间上连续的概念. 若函数 $f(x)$ 在开区间 (a, b) 内的每一点处都连续，则称 $f(x)$ 在开区间 (a, b) 内是连续的；若函数 $f(x)$ 在开区间 (a, b) 内连续，并且在区间的左端点 a 处是右连续的，在区间的右端点 b 处是左连续的，则称 $f(x)$ 在闭区间 $[a, b]$ 上是连续的. 类似地，还可以给出 $f(x)$ 在半开区间上的连续性. 若一个函数 $f(x)$ 在它的定义域上的每一点都是连续的，则称它是连续函数. 从几何上看，连续函数的图形是一条连绵而不断开的曲线.

显然，如果 $f(x)$ 是多项式函数，则对任意的实数 a，都有 $\lim\limits_{x \to a} f(x) = f(a)$，因此多项式函数在区间 $(-\infty, +\infty)$ 内是连续的. 对有理函数 $R(x) = \dfrac{P(x)}{Q(x)}$ 只要 $Q(a) \neq 0$，就有 $\lim\limits_{x \to a} R(x) =$

$R(a)$，因此有理函数在其定义区间内的每一点都是连续的.

观察基本初等函数的图形可知，基本初等函数在其定义域内连续. 根据连续的定义也很容易证明基本初等函数是连续函数. 作为例子，我们来证明，函数 $y = \sin x$ 在区间 $(-\infty, +\infty)$ 内是连续的.

设 x 是区间 $(-\infty, +\infty)$ 内任意取定的一点，当 x 有增量 Δx 时，对应的函数增量为

$$\Delta y = \sin(x + \Delta x) - \sin x = 2\sin\frac{\Delta x}{2}\cos\left(x + \frac{\Delta x}{2}\right)$$

因为

$$\left|\cos\left(x + \frac{\Delta x}{2}\right)\right| \leqslant 1$$

所以有

$$|\Delta y| = |\sin(x + \Delta x) - \sin x| \leqslant 2\left|\sin\frac{\Delta x}{2}\right|$$

对于任意的弧度 α，当 $\alpha \neq 0$ 时有 $|\sin\alpha| < |\alpha|$，所以有

$$0 \leqslant |\Delta y| = |\sin(x + \Delta x) - \sin x| < |\Delta x|$$

因此，当 $\Delta x \to 0$ 时，由夹逼准则得 $\Delta y \to 0$，这就证明了 $y = \sin x$ 对于任意一点 $x \in (-\infty, +\infty)$ 是连续的.

例1 讨论函数 $f(x) = \begin{cases} x + 1, & x \leqslant 0 \\ x^2 + 1, & x > 0 \end{cases}$，在其定义域 $(-\infty, +\infty)$ 内的连续性.

解 因为 $f(x)$ 在开区间 $(-\infty, 0)$，$(0, +\infty)$ 内均为多项式，所以 $f(x)$ 在 $(-\infty, 0)$ 和 $(0, +\infty)$ 内连续，而分段函数 $f(x)$ 在分段点 $x = 0$ 的左、右两侧的函数表达式不同，因此要单独加以讨论. 由于

$$\lim_{x \to 0^+} f(x) = \lim_{x \to 0^+}(x^2 + 1) = 1$$
$$\lim_{x \to 0^-} f(x) = \lim_{x \to 0^-}(x + 1) = 1$$

因此有

$$\lim_{x \to 0} f(x) = 1 = f(1)$$

故函数 $f(x)$ 在 $x = 0$ 处连续，从而 $f(x)$ 在 $(-\infty, +\infty)$ 内连续.

二、函数的间断点及其分类

由函数在一点处连续的定义知，$f(x)$ 在 a 处连续时，三个条件缺一不可. 当三个条件中至少有一条不满足时，函数 $f(x)$ 在 a 处都是间断的，此时，点 a 为函数 $f(x)$ 的间断点.

常见的函数间断点有以下几种情形.

如图 3.1 所示，函数 $f(x)$ 在 $x = 0$ 处，虽 $f(0 + 0)$ 及 $f(0 - 0)$ 均存在，但 $f(0 + 0) \neq f(0 - 0)$，因此 $\lim_{x \to 0} f(x)$ 不存在，所以点 $x = 0$ 是函数 $f(x)$ 的间断点. 因其函数图形在 $x = 0$ 处产生跳跃的现象，我们称 $x = 0$ 为函数 $f(x)$ 的**跳跃间断点**.

例2 讨论函数 $f(x) = \dfrac{\sin x}{x}$ 在点 $x = 0$ 处的连续性.

解　因为 $f(x)$ 在 $x=0$ 处无定义，所以 $x=0$ 是 $f(x)$ 的间断点. 但由于 $\lim\limits_{x\to0}\dfrac{\sin x}{x}=1$，若补充定义 $f(0)=1$，即将原来的函数改变为

$$f(x)=\begin{cases}\dfrac{\sin x}{x}, & x\neq0\\[2mm] 1, & x=0\end{cases}$$

则点 $x=0$ 就是新的函数 $f(x)$ 的连续点. 此时，称新的函数为原来的函数在点 $x=0$ 处的**连续延拓函数**.

思考 2
如何寻找函数的间断点？

这种情形的间断点 a 是非本质的，因为 $\lim\limits_{x\to a}f(x)$ 存在，故只要将 $f(x)$ 在点 a 的函数值改变（或补充定义）为 $\lim\limits_{x\to a}f(x)$，间断点就可去掉. 因此，这种间断点称为可去间断点. 故在上例中，$x=0$ 是函数 $\dfrac{\sin x}{x}$ 的**可去间断点**.

例 3　讨论函数 $f(x)=\sin\dfrac{1}{x}$ 在点 $x=0$ 的连续性.

解　该函数在点 $x=0$ 处无定义，当 $x\to0$ 时函数值在 1 和 -1 之间无限次振动（见图 3-2），所以 $\lim\limits_{x\to0^+}f(x)$ 与 $\lim\limits_{x\to0^-}f(x)$ 均不存在，$f(x)$ 在点 $x=0$ 处间断. 这种间断点称为**振荡间断点**.

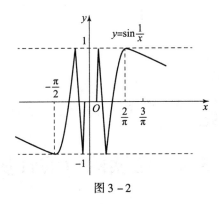

图 3-2

而对于函数 $f(x)=\dfrac{1}{x-1}$，显然，$x=1$ 是它的间断点. 由于 $\lim\limits_{x\to1^+}\dfrac{1}{x-1}=+\infty$，$\lim\limits_{x\to1^-}\dfrac{1}{x-1}=-\infty$，因此 $f(1+0)$ 与 $f(1-0)$ 均不存在，这种情形与例 3 又有所不同，这种间断点称为**无穷间断点**.

总之，通常用极限的方法把间断点分成两类：如果点 a 是函数 $f(x)$ 的间断点，但左极限 $f(a-0)$ 与右极限 $f(a+0)$ 都存在，那么点 a 称为函数的**第一类间断点**. 不是第一类间断点的任何间断点，称为**第二类间断点**. 在第一类间断点中，左、右极限存在且相等者为**可去间断点**，不相等者为**跳跃间断点**. 无穷间断点和振荡间断点属第二类间断点.

例 4　讨论函数 $f(x)=\begin{cases}x-1, & x<0\\ \sqrt{1-x^2}, & x\geqslant0\end{cases}$ 在点 $x=0$ 处的连续性.

解 由于

$$\lim_{x \to 0^-} f(x) = \lim_{x \to 0^-} (x-1) = -1$$

$$\lim_{x \to 0^+} f(x) = \lim_{x \to 0^+} \sqrt{1-x^2} = 1$$

因此 $\lim\limits_{x \to 0} f(x)$ 不存在，$y = f(x)$ 在点 $x = 0$ 处间断，且是第一类间断点.

思考 3
判定函数间断点
类型的方法步骤如何？

习题 3.1

1. 研究下列函数的连续性，并画出函数的图形：

(1) $f(x) = \begin{cases} x, & |x| \leqslant 1 \\ 1, & |x| > 1 \end{cases}$；

(2) $f(x) = \begin{cases} x^2, & 0 \leqslant x \leqslant 1 \\ 2-x, & 1 < x \leqslant 2 \end{cases}$.

2. 指出下列函数的间断点，并说明其类型，如果是可去间断点，试作出连续延拓函数.

(1) $f(x) = \dfrac{\sin 5x}{x}$；

(2) $f(x) = \dfrac{x^2-1}{x^3-3x+2}$；

(3) $f(x) = \dfrac{1}{1+\mathrm{e}^{\frac{1}{x-1}}}$；

(4) $f(x) = \sin x \cdot \sin \dfrac{1}{x}$；

(5) $f(x) = \begin{cases} x+1, & x < 0 \\ 0, & x = 0 \\ x-1, & x > 0 \end{cases}$.

3. 设 $f(x) = \begin{cases} \mathrm{e}^x, & x < 0 \\ a+x, & x \geqslant 0 \end{cases}$，当 a 为何值时，函数 $f(x)$ 在点 $x = 0$ 处是连续的？

§3.2 连续函数的性质

一、四则运算的连续性

函数的连续性是通过极限来定义的，因而由函数在某点连续的定义和极限的四则运算法则，可得到下面的定理：

定理 1（四则运算的连续性） 若函数 $f(x)$ 与 $g(x)$ 都在同一点 a 处连续，则 $f(x) \pm g(x)$，$f(x) \cdot g(x)$，$f(x)/g(x)$（$g(a) \neq 0$）也在点 a 处连续.

证 这里仅证 $f(x) + g(x)$ 在点 a 处的连续性，其他情形可以类似证明.

因为 $f(x)$ 与 $g(x)$ 都在点 a 处连续，于是有

$$\lim_{x \to a} f(x) = f(a), \quad \lim_{x \to a} g(x) = g(a)$$

由极限的运算法则，得

$$\lim_{x \to a} [f(x) + g(x)] = \lim_{x \to a} f(x) + \lim_{x \to a} g(x) = f(a) + g(a)$$

这就证明了 $f(x) + g(x)$ 在点 a 处是连续的.

定理 1 可以推广到有限多个函数的情况：在点 a 处有限多个连续函数的和、差、积、商（在商的情况下，要求分母不为 0）也都是连续的.

二、反函数的连续性

定理 2（反函数的连续性） 如果函数 $y = f(x)$ 在区间 I_x 上单调增加（或单调减少）且连续，那么它的反函数 $x = f^{-1}(y)$ 也在对应的区间 $I_y = \{y \mid y = f(x), x \in I_x\}$ 上单调增加（或单调减少）且连续.

证明从略.

如函数 $y = \sin x$ 在区间 $\left[-\dfrac{\pi}{2}, \dfrac{\pi}{2} \right]$ 上单调增加且连续，那么其反函数 $y = \arcsin x$ 在相应的区间 $[-1, 1]$ 也是单调增加且连续的.

三、复合函数的连续性

由第二章的复合函数极限运算法则立即有下面的定理：

定理 3 设函数 $u = \varphi(x)$ 当 $x \to a$ 时的极限存在且等于 A，即 $\lim\limits_{x \to a} \varphi(x) = A$，而且函数 $u = \varphi(x)$ 在点 $u = A$ 处连续，那么复合函数 $y = f[\varphi(x)]$ 当 $x \to a$ 时的极限也存在且等于 $f(A)$，即

$$\lim_{x \to a} f[\varphi(x)] = f(A) \tag{3-3}$$

注： 由于 $\lim\limits_{x \to a} \varphi(x) = A$，$f(u)$ 在点 A 处连续，因此式（3-3）可改写为下面两种形式：

（1）$\lim\limits_{x \to a} f[\varphi(x)] = f[\lim\limits_{x \to a} \varphi(x)]$，这说明在该定理条件下，求 $f[\varphi(x)]$ 的极限时，极限号与函数符号可以交换计算次序.

（2）$\lim\limits_{x \to a} f[\varphi(x)] = \lim\limits_{u \to A} f(u)$，这说明在该定理条件下，作代换 $u = \varphi(x)$，可将求 $\lim\limits_{x \to a} f[\varphi(x)]$ 转化为求 $\lim\limits_{u \to A} f(u)$，这里 $A = \lim\limits_{x \to a} \varphi(x)$.

将定理中 $x \to a$ 换成 $x \to \infty$，可得到类似的定理.

例 1 求 $\lim\limits_{x \to 1} \sqrt{\dfrac{x-1}{x^3-1}}$.

解 $y = \lim\limits_{x \to 1} \sqrt{\dfrac{x-1}{x^3-1}}$ 可看作由 $y = \sqrt{u}$ 与 $u = \dfrac{x-1}{x^3-1}$ 复合而成. 因为

$$\lim_{x \to 1} \frac{x-1}{x^3-1} = \frac{1}{3}$$

而函数 $y = \sqrt{u}$ 在点 $u = \dfrac{1}{3}$ 处连续，所以

$$\lim_{x \to 1} \sqrt{\frac{x-1}{x^3-1}} = \sqrt{\lim_{x \to 1} \frac{x-1}{x^3-1}} = \sqrt{\frac{1}{3}} = \frac{\sqrt{3}}{3}$$

推论（复合函数的连续性） 设函数 $u = \varphi(x)$ 在点 $x = a$ 处连续，且 $\varphi(a) = b$，而函数 $y = f(u)$ 在点 $u = b$ 处连续，那么复合函数 $y = f[\varphi(x)]$ 在点 $x = a$ 处也是连续的.

证 在定理 3 中令 $A = b = \varphi(a)$，这表示 $\varphi(x)$ 在点 a 处连续，于是由式（3-3）得

$$\lim_{x \to a} f[\varphi(x)] = f(b) = f[\varphi(a)]$$

这就证明了复合函数在点 a 处连续.

如函数 $y = f(u) = u^2$ 在 $(-\infty, +\infty)$ 内是连续的, 函数 $u = \varphi(x) = \sin x$ 在 $(-\infty, +\infty)$ 内是连续的, 所以复合函数 $y = \sin^2 x$ 在 $(-\infty, +\infty)$ 内也是连续的.

四、初等函数连续性

由于基本初等函数在其定义域内都是连续的, 因此由基本初等函数经过有限次四则运算或复合运算而成的**初等函数在其定义区间内都是连续的**. 所谓定义区间, 就是包含在定义域内的区间. 初等函数是我们经常应用的函数, 因此上述结论是十分重要的. 求函数 $f(x)$ 在其连续点 a 处的极限时, 极限号和函数符号可以交换计算次序, 这是求初等函数极限的一个简便方法. 若 $f(x)$ 是初等函数, $f(x)$ 在点 a 处有定义, 则

$$\lim_{x \to a} f(x) = f(a) \quad \text{或} \quad \lim_{x \to a} f(x) = f(\lim_{x \to a} x)$$

例 2 求 $\lim\limits_{x \to 1} \dfrac{x^3 + \ln(2-x)}{2\arcsin x}$.

解 函数 $\dfrac{x^3 + \ln(2-x)}{2\arcsin x}$ 是初等函数, 它在点 $x = 1$ 处有定义, 所以 $x = 1$ 是它的连续点, 故有

$$\lim_{x \to 1} \frac{x^3 + \ln(2-x)}{2\arcsin x} = \frac{1^3 + \ln(2-1)}{2\arcsin 1} = \frac{1}{\pi}$$

例 3 求 $\lim\limits_{x \to 0} \dfrac{\ln(1+x)}{x}$.

解 $\dfrac{\ln(1+x)}{x}$ 虽然是初等函数, 但 $x = 0$ 不在定义域内, 故不能利用初等函数的连续性求解这个极限, 但注意到

$$\frac{\ln(1+x)}{x} = \frac{1}{x}\ln(1+x) = \ln(1+x)^{\frac{1}{x}}$$

而 $\lim\limits_{x \to 0} \ln(1+x)^{\frac{1}{x}} = e$, $\ln u$ 又在 $u = e$ 点连续, 所以由定理 3 可知

$$\lim_{x \to 0} \frac{\ln(1+x)}{x} = \lim_{x \to 0} \ln(1+x)^{\frac{1}{x}} = \ln\left[\lim_{x \to 0}(1+x)^{\frac{1}{x}}\right] = \ln e = 1$$

注：当 $x \to 0$ 时, $\ln(1+x) \to 0$. $\lim\limits_{x \to 0} \dfrac{\ln(1+x)}{x}$ 是一个 $\dfrac{0}{0}$ 型极限, 这个极限存在且极限值等于 1, 这是个很有用的结果. 根据无穷小比较的定义知：当 $x \to 0$ 时, $\ln(1+x) \sim x$ 或者 $\ln(1+x) = x + o(x)(x \to 0)$. 即当 $|x|$ 甚小时, 我们有一个方便的近似计算公式

$$\ln(1+x) \approx x$$

例 4 求 $\lim\limits_{x \to 0} \dfrac{a^x - 1}{x}$.

解 $\dfrac{a^x - 1}{x}$ 虽然是初等函数, 但点 $x = 0$ 不在定义域内, 故不能利用初等函数的连续性求解这个极限, 但可利用定理 3 求出.

令 $y = a^x - 1$, $a^x = y + 1$, 所以 $x = \log_a(1+y)$, 且 $x \to 0$ 时, $y \to 0$. 则有

$$\lim_{y \to 0} \frac{a^x - 1}{x} = \lim_{y \to 0} \frac{y}{\log_a(1 + y)} = \lim_{y \to 0} \frac{1}{\log_a(1 + y)^{\frac{1}{y}}} = \frac{1}{\log_a e} = \ln a$$

这也是一个很有用的 $\dfrac{0}{0}$ 型极限，当 $x \to 0$ 时，$a^x - 1 \sim x \ln a (a > 0, a \neq 1)$.

特别地，若 $a = e$，当 $x \to 0$ 时，$e^x - 1 \sim x$ 或者有 $e^x - 1 = x + o(x)$ $(x \to 0)$，也可以写为 $e^x = 1 + x + o(x)$.

当 $|x|$ 甚小时，我们有一个方便的近似计算公式 $e^x \approx 1 + x$.

习题 3.2

1. 利用函数的连续性求下列的极限：

(1) $\lim\limits_{x \to 0} \dfrac{\ln(1 + x^2)}{\cos x}$；

(2) $\lim\limits_{x \to 0} \dfrac{e^x \cos x + 5}{1 + x^2 + \ln(1 - x)}$；

(3) $\lim\limits_{x \to 0} \dfrac{e^{ax} - e^{bx}}{x}$；

(4) $\lim\limits_{\alpha \to \beta} \dfrac{e^{\alpha} - e^{\beta}}{\alpha - \beta}$；

(5) $\lim\limits_{x \to \infty} \left(\dfrac{x + a}{x - a}\right)^x$；

(6) $\lim\limits_{x \to 0} (1 + \sin x)^{\cot x}$；

(7) $\lim\limits_{x \to \infty} \dfrac{1}{1 + e^{\frac{1}{x}}}$；

(8) $\lim\limits_{x \to 0} \dfrac{\ln(a + x) - \ln a}{x} (a > 0)$；

(9) $\lim\limits_{x \to 0} \ln \dfrac{\sin x}{x}$；

(10) $\lim\limits_{x \to 0} \dfrac{\ln(1 + x^2)}{x \sin x}$.

2. 求函数 $f(x) = \lg(2 - x)$ 的连续区间，并求极限 $\lim\limits_{x \to -8} f(x)$.

3. 设 $f(x) = \begin{cases} \dfrac{1}{x}, & x < 0 \\ k, & x = 0 \\ x \sin \dfrac{1}{x} + 1, & x > 0 \end{cases}$，当 k 取什么值时，函数 $f(x)$ 在其定义域内连续？

4. 设 $f(x) = \begin{cases} \dfrac{x^2 - 16}{x - 4}, & x \neq 4 \\ a, & x = 4 \end{cases}$，当 a 取什么值时函数连续？

5. 求 $f(x) = \begin{cases} \dfrac{\ln(1 + x)}{x}, & x > 0 \\ 0, & x = 0 \\ \dfrac{\sqrt{1 + x} - \sqrt{1 - x}}{x}, & -1 \leq x < 0 \end{cases}$ 的连续区间.

§3.3 闭区间上连续函数的性质

闭区间上的连续函数有重要的性质，这些性质常常用来作为分析问题的理论依据.

一、最大最小值定理

定理 1（最大最小值定理） 若函数 $f(x)$ 在闭区间 $[a, b]$ 上连续，则 $f(x)$ 在该区间上一定有最大值和最小值，即一定存在点 x_1，$x_2 \in [a, b]$ 使得对于 $[a, b]$ 上的一切点 x 都有

$$f(x) \leqslant f(x_1) = \max_{a \leqslant x \leqslant b} \{f(x)\}$$

$$f(x) \geqslant f(x_2) = \min_{a \leqslant x \leqslant b} \{f(x)\}$$

x_1，x_2 分别称为函数的最大值点与最小值点. $f(x_1)$，$f(x_2)$ 分别称为 $f(x)$ 在区间 $[a, b]$ 上的最大值与最小值.

证明从略.

这个性质从物理上或几何上看是明显的. 从物理上看，例如某地一昼夜的温度变化，总有两个时刻分别达到最高温度和最低温度. 从几何上看，一段连续曲线对应闭区间上的连续函数，曲线上必有一点纵坐标值最大，对应函数的最大值；也有一点纵坐标值最小，对应函数最小值. 如图 3-3 所示，x_1 对应的函数值 $f(x_1)$ 最大，x_2 对应的函数值 $f(x_2)$ 最小. 需要指出的是，函数在某区间上的最大值与最小值（若存在的话）是唯一的，而最大值与最小值点不一定是唯一的. 如图 3-3 中 x_2 与 x_3 之间的任意一点都是该函数的最小值点.

如果函数在开区间内连续，或者函数在闭区间上有间断点，那么函数在该区间上就不一定有最大值或最小值. 例如函数 $y = x$ 在开区间 $(0, 1)$ 内连续，但在 $(0, 1)$ 内既无最大值，也无最小值. 又如函数

$$f(x) = \begin{cases} -x+1, & 0 \leqslant x < 1 \\ 1, & x = 1 \\ -x+3, & 1 < x \leqslant 2 \end{cases}$$

有间断点 $x = 1$，$f(x)$ 在 $[0, 2]$ 上既无最大值又无最小值（见图 3-4）.

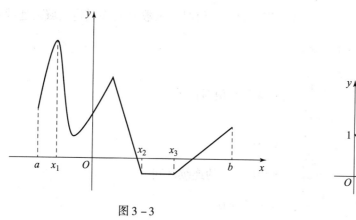

图 3-3

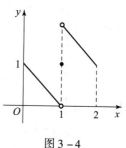

图 3-4

推论 （有界性定理） 闭区间上的连续函数一定在该区间上有界.

证 设函数 $f(x)$ 在闭区间 $[a, b]$ 上连续，由定理 1 知，一定存在 M 与 N，使得对于 $[a, b]$ 上任一点 x，都有

$$N \leqslant f(x) \leqslant M$$

令 $A = \max\{|M|, |N|\}$，则对于任一点 $x \in [a, b]$ 均有

$$|f(x)| \leqslant A$$

因此函数 $f(x)$ 在 $[a, b]$ 上有界.

二、介值定理

定理 2（介值定理） 设函数 $f(x)$ 在闭区间 $[a, b]$ 上连续, 则对于 $f(a)$ 与 $f(b)$ $(f(a) \neq f(b))$ 之间的任何数 c, 在开区间 (a, b) 内至少存在一点 ξ, 使

$$f(\xi) = c, \quad \xi \in (a, b)$$

证明从略.

该定理也可叙述为, 闭区间 $[a, b]$ 上连续的函数 $f(x)$, 当 x 从 a 变化到 b 时, 要经过 $f(a)$ 与 $f(b)$ 之间的一切数值.

从物理上看, 如气温的变化, 从 0℃ 到 20℃, 它必然经过 0℃ 到 20℃ 之间的一切温度; 再如一架直升机从海平面升高到海平面上空 1 000 m, 它必然经过中间的任意一个高度. 从几何上看, 闭区间 $[a, b]$ 上的连续函数 $f(x)$ 的图像如图 3 – 5（a）所示, 是一条从点 $(a, f(a))$ 到点 $(b, f(b))$ 的连绵不断的曲线, 因此介于 $y = f(a)$ 与 $y = f(b)$ 之间的任意一条直线 $y = c$ 都必与该曲线相交（交点不一定唯一）. 若 $[a, b]$ 在上有间断点 η, 如图 3 – 5（b）所示, 则直线 $y = c$ 就不一定与 $f(x)$ 的图像相交了.

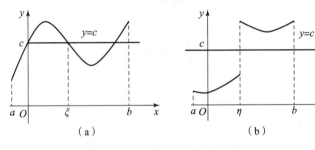

图 3 – 5

推论 1 （中间值定理） 在闭区间 $[a, b]$ 上连续的函数 $f(x)$, 必然取得介于最大值 M 与最小值 N 之间的任何值.

证明留作课后练习

推论 2 （根的存在定理） 设函数 $f(x)$ 在闭区间 $[a, b]$ 上连续, 且 $f(a)f(b) < 0$, 则在开区间 (a, b) 内至少存在一点 ξ, 使得 $f(\xi) = 0$.

证 由 $f(a)f(b) < 0$, 可知 $f(a)$ 与 $f(b)$ 异号. 不妨设 $f(a) < 0$, $f(b) > 0$. 因为零是介于 $f(a)$ 与 $f(b)$ 之间的一个数, 由介值定理知, 存在 $\xi \in (a, b)$ 使得 $f(\xi) = 0$.

根的存在定理中的 ξ 显然就是方程 $f(x) = 0$ 的一个根, 这在解方程时, 可以帮助我们确定方程根的位置, 或判定方程在某一范围内是否有解.

例 1 估计方程 $x^3 - 6x + 2 = 0$ 根的大概位置.

解 令 $f(x) = x^3 - 6x + 2$, 显然 $f(x)$ 是连续函数, 又

$$f(-3) = -7 < 0, \quad f(-2) = 6 > 0$$
$$f(0) = 2 > 0, \quad f(1) = -3 < 0$$
$$f(2) = -2 < 0, \quad f(3) = 11 > 0$$

分别在区间 $[-3, -2]$, $[0, 1]$, $[2, 3]$ 上运用根的存在定理, 可知在 $(-3, -2)$, $(0, 1)$, $(2, 3)$ 内至少各有一个根; 又方程是三次方程, 最多只能有三个根, 这就确定了 $f(x) = 0$ 的全部根的所在区间.

例 2 证明方程 $x = 2\sin x$ 在区间 $\left(\dfrac{\pi}{2}, \pi\right)$ 内至少有一个根.

证 设函数 $f(x) = x - 2\sin x$, 由于它是初等函数, 因此 $f(x)$ 在闭区间 $\left[\dfrac{\pi}{2}, \pi\right]$ 上连续, 而 $f\left(\dfrac{\pi}{2}\right) = \dfrac{\pi}{2} - 2 < 0$, $f(\pi) = \pi > 0$, 即 $f\left(\dfrac{\pi}{2}\right)$ 与 $f(\pi)$ 异号. 由根的存在性定理可知, 方程 $x = 2\sin x$ 在开区间 $\left(\dfrac{\pi}{2}, \pi\right)$ 内至少存在一个根 ξ, 使得 $\xi = 2\sin \xi$.

数学与创造

习题 3.3

1. 方程 $x^3 - 3x = 1$ 有几个实根?

2. 证明:

(1) 方程 $\sin x + x + 1 = 0$ 在 $\left(-\dfrac{\pi}{2}, \dfrac{\pi}{2}\right)$ 内至少有一个根.

(2) 方程 $x^5 - 2x^2 + x + 1 = 0$ 至少有一个实根.

(3) 方程 $xe^{2x} - 1 = 0$ 至少有一个实根.

(4) 方程 $x = a\sin x + b$ $(a > 0, b > 0)$ 至少有一个正根, 并且不超过 $a + b$.

综合练习 3

一、选择题

1. 若 $f(x) = \lim\limits_{n \to \infty} \dfrac{e^{nx} - 1}{e^{nx} + 1}$, 则 $x = 0$ 是 $f(x)$ 的 ( ).

A. 连续点   B. 第一类间断点   C. 第二类间断点   D. 无法确定

2. 若 $f(x) = \sin^2 \dfrac{1}{x}$, 则 $x = 0$ 是 $f(x)$ 的 ( ).

A. 有极限点   B. 连续点   C. 第一类间断点   D. 第二类间断点

3. 若 $f(x) = e^{\frac{1}{x-1}}$, 则 $x = 1$ 是 $f(x)$ 的 ( ).

A. 第一类间断点   B. 第二类间断点   C. 连续点   D. 无法确定

4. $\lim\limits_{x \to 1} \dfrac{x^2 + \ln(2-x)}{4\arctan x} = $ （　　）.

A. 0　　　　　　　B. 1　　　　　　　C. π　　　　　　D. $\dfrac{1}{\pi}$

5. $\lim\limits_{x \to 0} \arcsin\left(\dfrac{\tan x}{x}\right) = $ （　　）.

A. $\dfrac{\pi}{2}$　　　　　B. $-\dfrac{\pi}{2}$　　　　　C. 1　　　　　　D. -1

6. 设 $f(x) = \lim\limits_{n \to \infty} \dfrac{1+x}{1+x^{2n}}$，则 $f(x)$ （　　）.

A. 无间断点　　　　　　　　　　　B. 有间断点 $x = 1$
C. 有间断点 $x = -1$　　　　　　　D. 有间断点 $x = 0$

7. 设 $x = 1$ 是 $f(x) = \dfrac{e^x - a}{x-1}$ 的可去间断点，则 $a = $ （　　）.

A. e　　　　　　　B. $-$e　　　　　　C. 0　　　　　　D. 1

8. $f(x)$ 在点 a 处有极限是 $f(x)$ 在点 a 处连续的 （　　）.

A. 充分条件　　　B. 必要条件　　　C. 充要条件　　　D. 无关条件

9. 设 $f(x) = \begin{cases} \dfrac{\sin x}{x}, & x \neq 0 \\ 1, & x = 0 \end{cases}$，则 $|f(x)|$ 在点 $x = 0$ 处 （　　）.

A. 间断　　　　　B. 连续　　　　　C. 有极限　　　　D. 以上都不对

10. 当 $|x| < 1$ 时，$y = \sqrt{1-x^2}$ （　　）.

A. 无最大、最小值　　　　　　　　B. 有最大、最小值
C. 仅有最大值　　　　　　　　　　D. 仅有最小值

二、填空题

1. 设 $f(x) = \begin{cases} a + bx^2, & x \leqslant 0 \\ \dfrac{\sin bx}{x}, & x > 0 \end{cases}$ 在点 $x = 0$ 处连续，则常数 a 与 b 应满足的关系是 _____.

2. 设 $f(x) = \begin{cases} 2x + k, & x \leqslant 0 \\ e^x(\sin x + \cos x), & x > 0 \end{cases}$ 在 $(-\infty, +\infty)$ 内连续，则 $k = $ _____.

3. $f(x)$ 在点 $x = a$ 处连续的充要条件是 _____.

4. 设 $f(x) = \dfrac{e^{\frac{1}{x}} - 1}{e^{\frac{1}{x}} + 1}$，则 $x = 0$ 是 $f(x)$ 的第 _____ 类间断点.

5. $\lim\limits_{x \to \infty} \lg \dfrac{100x^2 + 1}{x^2 + 100} = $ _____.

6. 函数 $f(x) = a^{\frac{1}{x}} (a > 0)$ 的间断点是 _____，它是第 _____ 类间断点.

7. 设 $f(x) = (1 + 2x)^{\frac{1}{x}}$，$f(x)$ 的间断点为 $x = $ _____，补充定义 $f(0) = $ _____，可使新的 $f(x)$ 成为连续函数，连续延拓函数为 _____.

三、解答题

1. 求 $\lim\limits_{x \to a} \dfrac{\ln x - \ln a}{x - a}$ ($a > 0$).

2. 设函数 $f(x) = \lim\limits_{n \to \infty} \dfrac{1 - x^{2n}}{1 + x^{2n}}$，求 $f(x)$ 的间断点，并进行分类.

3. 求 $\lim\limits_{x \to 1} \dfrac{(x - 1)\ln x}{\sin^2(x - 1)}$.

4. 设函数 $f(x)$ 连续，且 $\lim\limits_{x \to 0} \dfrac{2 - f(x)}{x^2} = 1$，求 $\lim\limits_{x \to 0} f(x)$.

5. 设函数 $f(x)$ 在 $[0, 1]$ 上连续，且 $f(0) = 0$，$f(1) = 1$，证明：方程 $f(x) = 1 - 2x$ 在 $(0, 1)$ 内至少有一个根.

第 4 章

导数与微分

微积分学包括微分学和积分学两个主要部分，微分学的主要内容是导数与微分，本章我们主要讨论一元函数的导数和微分以及它们的计算方法．

§4.1　导数的概念

微分学是微积分的重要组成部分，它的基本概念是导数与微分．历史上，微分学的产生主要是解决以下两个问题：求变速运动的瞬时速度和求曲线的切线问题．现在我们研究这两个问题，从而引出导数的概念．

一、引例

（一）变速直线运动的瞬时速度

在许多问题中，我们经常需要研究运动物体的瞬时速度，如研究变速行驶的动车在某时刻 t_0 的瞬时速度．假设一辆变速直线行驶的动车，其运动规律为 $s = f(t)$，其中 t 是时间，s 是位移，求动车在行驶过程中 t_0 时刻的瞬时速度．

由中学物理知识我们知道，物体在时间段 $[t_0, t]$ 上的平均速度等于物体在时间段 $[t_0, t]$ 经过的位移 Δs 除以所用的时间 Δt，如图 4 – 1 所示．则 t_0 到 t 的平均速度 $\bar{v}$ 为

$$\bar{v} = \frac{\Delta s}{\Delta t} = \frac{f(t) - f(t_0)}{t - t_0}$$

图 4 – 1

当时间间隔 Δt 很小时，即 $\Delta t = t - t_0$ 趋于 0，也就是时间 t 不断接近于 t_0 时，变速运动

可以看成匀速运动，t_0 到 t 的平均速度 $\bar{v}$ 可以看成在 t_0 时刻的瞬时速度. 则在 t_0 时刻的瞬时速度 v 为

$$v = \lim_{\Delta t \to 0} \frac{\Delta s}{\Delta t} = \lim_{t \to t_0} \frac{f(t) - f(t_0)}{t - t_0}$$

（二）求平面曲线切线的斜率

如何求曲线 $y = f(x)$ 在点 M 处的切线斜率? 设点 M 的坐标 $(a, f(a))$，曲线上取另一点 $N(x, f(x))$，则割线 MN 的斜率 $\bar{k}$ 容易求得. 即

$$\bar{k} = \tan\theta = \frac{\Delta y}{\Delta x} = \frac{f(x) - f(a)}{x - a}$$

如何通过割线 MN 的斜率 $\bar{k}$ 来求过点 M 的切线斜率 k? 如图 4-2 所示，切线 MT 的斜率为 $\tan\alpha$，当割线的倾斜角 θ 不断趋近于切线的倾斜角 α 时，也就是当点 N 不断靠近点 M 时，即自变量 x 不断趋近于点 a 时，对应的自变量增量 Δx 不断趋于零的时候. 此时割线 MN 无限趋近切线 MT，割线 MN 的斜率就可以近似代替曲线 $f(x)$ 在点 M 处的切线斜率. 则切线 MT 斜率 k 为

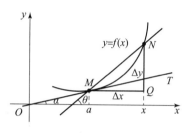

图 4-2

$$k = \lim_{\theta \to a} \tan\theta = \lim_{\Delta x \to 0} \frac{\Delta y}{\Delta x} = \lim_{x \to a} \frac{f(x) - f(a)}{x - a}$$

以上瞬时速度和切线斜率的两个式子有什么共同特点呢?

以上两个具体实例，解决问题所用到的方法都是一样的. 两个问题的共性是变化率的极限，即所求量为函数改变量（增量）与自变量改变量（增量）之比的极限. 在很多实际问题中，如加速度、角速度和电流等问题都可以用类似的方法解决. 撇开这些问题的实际意义，抽象地考虑其数量关系上的共性，这便是我们要介绍的函数的导数.

二、导数定义及其几何意义

（一）导数的定义

定义 1 设函数 $y = f(x)$ 在 $x = a$ 的某个邻域内有定义，若极限 $\lim_{\Delta x \to 0} \frac{\Delta y}{\Delta x} = \lim_{x \to a} \frac{f(x) - f(a)}{x - a}$ 存在，则称函数 $f(x)$ 在 $x = a$ 处可导，此极限称为函数 $f(x)$ 在 $x = a$ 处的导数，记为 $f'(a)$，或 $y'|_{x=a}$，$\frac{dy}{dx}\Big|_{x=a}$，$\frac{df(x)}{dx}\Big|_{x=a}$.

若极限不存在，就说函数 $f(x)$ 在 $x = a$ 处不可导.

注：

（1）特别地，当 $\lim_{x \to a} \frac{f(x) - f(a)}{x - a} = \infty$ 时，则称函数 $f(x)$ 在点 a 处的导数为无穷大，此时导数不存在.

（2）导数的其他形式如下：

定义中，有

导数的定义

$$f'(a) = \lim_{\Delta x \to 0} \frac{\Delta y}{\Delta x} = \lim_{x \to a} \frac{f(x) - f(a)}{x - a} \qquad (4-1)$$

若记 $\Delta x = x - a$，则 $x = a + \Delta x$，当 $x \to a$ 时，等价于 $\Delta x \to 0$.

则函数 $f(x)$ 在点 a 处的导数也可记为

$$f'(a) = \lim_{\Delta x \to 0} \frac{\Delta y}{\Delta x} = \lim_{\Delta x \to 0} \frac{f(a + \Delta x) - f(a)}{\Delta x} \qquad (4-2)$$

如果把自变量增量 Δx 记为 h，则有

$$f'(a) = \lim_{\Delta x \to 0} \frac{\Delta y}{\Delta x} = \lim_{h \to 0} \frac{f(a + h) - f(a)}{h} \qquad (4-3)$$

以上三个式子是等价的，是导数定义中常用的式子. 特别地，当 $a = 0$ 时，有

$$f'(0) = \lim_{x \to 0} \frac{f(x) - f(0)}{x} = \lim_{h \to 0} \frac{f(h) - f(0)}{h}$$

（3）函数在某点处的导数的本质是：该点处函数变化率的极限，即

$$f'(a) = \lim_{\Delta x \to 0} \frac{\Delta y}{\Delta x}$$

根据导数的定义，前面的两个实例，可以写成：

（1）在 t_0 时刻的瞬时速度：$v = \lim_{t \to t_0} \dfrac{f(t) - f(t_0)}{t - t_0} = f'(t_0)$；

（2）切线斜率：$k = \lim_{x \to a} \dfrac{f(x) - f(a)}{x - a} = f'(a)$.

例 1　求函数 $f(x) = x^2$ 在 $x = 3$ 处的导数.

解　方法一　$f'(3) = \lim_{x \to 3} \dfrac{f(x) - f(3)}{x - 3} = \lim_{x \to 3} \dfrac{x^2 - 9}{x - 3}$

$$= \lim_{x \to 3} \frac{(x - 3)(x + 3)}{x - 3} = \lim_{x \to 3} (x + 3) = 6$$

方法二　$f'(3) = \lim_{\Delta x \to 0} \dfrac{f(3 + \Delta x) - f(3)}{\Delta x} = \lim_{\Delta x \to 0} \dfrac{9 + 6\Delta x + (\Delta x)^2 - 9}{\Delta x}$

$$= \lim_{\Delta x \to 0} \frac{6\Delta x + (\Delta x)^2}{\Delta x} = \lim_{\Delta x \to 0} (6 + \Delta x) = 6$$

方法三　$f'(3) = \lim_{h \to 0} \dfrac{f(3 + h) - f(3)}{h} = \lim_{h \to 0} \dfrac{9 + 6h + h^2 - 9}{h}$

$$= \lim_{h \to 0} \frac{6h + h^2}{h} = \lim_{h \to 0} (6 + h) = 6$$

通过上例，导数定义中三个等价导数公式计算的结果是一致的，计算极限的过程选择适当的式子，可以简化计算.

例 2　已知函数 $f(x)$ 在点 a 处的导数 $f'(a) = 1$，求 $\lim_{h \to 0} \dfrac{f(a + h) - f(a - h)}{h}$.

解　导数的本质是：$f'(a) = \lim_{\Delta x \to 0} \dfrac{\Delta y}{\Delta x}$.

式子中　　　　　　　　　　$\Delta y = f(a + h) - f(a - h)$

相应的自变量增量是：　　　　$\Delta x = (a + h) - (a - h) = 2h$

因此，函数 $f(x)$ 在点 a 处的导数可表示为

$$f'(a) = \lim_{\Delta x \to 0} \frac{\Delta y}{\Delta x} = \lim_{h \to 0} \frac{f(a+h) - f(a-h)}{2h}$$

所以

$$\lim_{h \to 0} \frac{f(a+h) - f(a-h)}{h} = 2 \lim_{h \to 0} \frac{f(a+h) - f(a-h)}{2h}$$

$$= 2f'(a) = 2 \times 1 = 2$$

从此例题可知，函数 $f(x)$ 在点 a 处的导数表达式，不仅仅是定义当中的 3 个等价式子，只要符合导数的本质特征 $f'(a) = \lim\limits_{\Delta x \to 0} \dfrac{\Delta y}{\Delta x}$ 就可以．因此可以认定 $\lim\limits_{h \to 0} \dfrac{f(a+h) - f(a-h)}{2h}$ 就是导数 $f'(a)$．

（二）导数的几何意义

由 "求平面曲线切线的斜率" 可知，函数在某点处的导数，其几何意义就是函数在这一点处切线的斜率，即 $k = f'(a)$．

一般情况下，若某点处导数不存在，则函数对应曲线在该点处就没有切线，但有一种情况例外：若函数在某点处连续且导数趋向于无穷大，则表示曲线在该点处存在一条垂直于 x 轴的切线（倾斜角为 90°）．总之，连续函数的导数即为切线的斜率，但因为有切线不一定有斜率，所以无导数不一定无切线．

函数 $f(x)$ 在点 $(a, f(a))$ 处的切线方程为

$$y - f(a) = f'(a)(x - a)$$

法线与切线相互垂直，二者斜率互为负倒数．

（1）当 $f'(a) \neq 0$ 时，所求法线的斜率为 $-\dfrac{1}{f'(a)}$．函数 $f(x)$ 在点 $(a, f(a))$ 处的法线方程为：$y - f(a) = -\dfrac{1}{f'(a)}(x - a)$．

（2）当 $f'(a) = 0$ 时，法线方程为 $x = a$．

例 3　求函数 $f(x) = 2x^2 + x$ 在点 $(1, 3)$ 处的切线方程和法线方程．

解　$k = f'(1) = \lim\limits_{x \to 1} \dfrac{f(x) - f(1)}{x - 1} = \lim\limits_{x \to 1} \dfrac{2x^2 + x - 3}{x - 1}$

$= \lim\limits_{x \to 1} \dfrac{(2x + 3)(x - 1)}{x - 1} = \lim\limits_{x \to 1} (2x + 3) = 5$

函数 $f(x) = 2x^2 + x$ 在点 $(1, 3)$ 处的切线方程：$y - 3 = 5(x - 1)$，即

$$y - 5x + 2 = 0$$

函数 $f(x) = 2x^2 + x$ 在点 $(1, 3)$ 处的法线方程：$y - 3 = -\dfrac{1}{5}(x - 1)$，即

$$5y + x - 16 = 0$$

三、单侧导数

在求函数 $y = f(x)$ 在点 a 处的导数时，$x \to a$ 的方式是任意的，即可以从小于 a（左侧）

的方向趋于 a，记为 $x \to a^-$ 或 $\Delta x \to 0^-$；也可以从大于 a（右侧）的方向趋于 a，记为 $x \to a^+$ 或 $\Delta x \to 0^+$．此时将遇到单侧导数的情况．

定义 2　设函数 $y = f(x)$ 在点 a 处的某个左（或右）邻域内有定义，若极限 $\lim\limits_{\Delta x \to 0^-} \dfrac{\Delta y}{\Delta x} = \lim\limits_{x \to a^-} \dfrac{f(x) - f(a)}{x - a}$ 存在，则该极限值称为函数 $f(x)$ 在 $x = a$ 处的左导数，记为 $f'_-(a)$，即

$$f'_-(a) = \lim_{\Delta x \to 0^-} \frac{\Delta y}{\Delta x} = \lim_{x \to a^-} \frac{f(x) - f(a)}{x - a};\quad 若 \lim_{\Delta x \to 0^+} \frac{\Delta y}{\Delta x} = \lim_{x \to a^+} \frac{f(x) - f(a)}{x - a} 存在，则该极限值称为函数$$

$f(x)$ 在 $x = a$ 处的右导数，记为 $f'_+(a)$，即 $f'_+(a) = \lim\limits_{\Delta x \to 0^+} \dfrac{\Delta y}{\Delta x} = \lim\limits_{x \to a^+} \dfrac{f(x) - f(a)}{x - a}$．

函数极限存在的充分必要条件是它的左右极限存在并且相等，导数作为一种特殊结构的极限当然也有这种性质．函数在某点处的左、右导数与函数在该点处可导之间有如下关系：

定理 1　函数 $f(x)$ 在 $x = a$ 处存在导数的充分必要条件是它的左、右导数都存在并且相等．即 $f'(a)$ 存在 $\Leftrightarrow f'_-(a)$，$f'_+(a)$ 存在，且 $f'_-(a) = f'_+(a)$．

本定理常用于判断分段函数在分段点是否可导．

例 4　讨论函数 $f(x) = |x|$ 在 $x = 0$ 处是否可导．

解　$f'_-(0) = \lim\limits_{x \to 0^-} \dfrac{f(x) - f(0)}{x - 0} = \lim\limits_{x \to 0^-} \dfrac{|x|}{x} = \lim\limits_{x \to 0^-} \dfrac{-x}{x} = -1$

$f'_+(0) = \lim\limits_{x \to 0^+} \dfrac{f(x) - f(0)}{x - 0} = \lim\limits_{x \to 0^+} \dfrac{|x|}{x} = \lim\limits_{x \to 0^+} \dfrac{x}{x} = 1$

因为 $f'_-(0) \neq f'_+(0)$，所以函数 $f(x) = |x|$ 在 $x = 0$ 处不可导．

例 5　讨论函数 $f(x) = \begin{cases} 1 - x, & x \leqslant 1 \\ \ln(2 - x), & x > 1 \end{cases}$ 在 $x = 1$ 处是否可导．

解　$f'_-(1) = \lim\limits_{h \to 0^-} \dfrac{f(1 + h) - f(1)}{h} = \lim\limits_{h \to 0^-} \dfrac{[1 - (1 + h)] - 0}{h} = \lim\limits_{h \to 0^-} \dfrac{-h}{h} = -1$

$f'_+(1) = \lim\limits_{h \to 0^+} \dfrac{f(1 + h) - f(1)}{h} = \lim\limits_{h \to 0^+} \dfrac{\ln[2 - (1 + h)] - 0}{h} = \lim\limits_{h \to 0^+} \dfrac{\ln(1 - h)}{h}$

$$= \lim_{h \to 0^+} \frac{-h}{h} = \lim_{h \to 0^+} (-1) = -1 \quad （当 h \to 0 时，\ln(1 - h) \sim -h）$$

因为 $f'_-(1) = f'_+(1) = -1$，所以函数 $f(x)$ 在 $x = 1$ 处可导，且 $f'(1) = -1$．

四、函数可导与连续的关系

我们知道初等函数在其定义域区间上都是连续的，那么函数的连续性与可导性有什么关系呢？

定理 2　若函数 $f(x)$ 在点 a 处可导，则函数 $f(x)$ 在点 a 处连续．即可导必连续．

值得注意的是，该命题的逆命题并不成立，即连续不一定可导．比如例 4，函数 $f(x) = |x|$ 在 $x = 0$ 处不可导，但由连续的充要条件可知，即 $\lim\limits_{x \to 0^-} |x| = \lim\limits_{x \to 0^+} |x| = f(0) = 0$，所以它在 $x = 0$ 处连续，如图 4-3 所示．

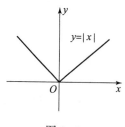

图 4-3

可导与连续关系的证明

根据命题的逻辑等价关系可知，该命题的逆否命题也成立，即不连续必不可导. 由此可知：可导必连续，连续不一定可导，不连续必不可导.

例 6 讨论函数 $f(x) = \begin{cases} \sin x, & x < 0 \\ x, & x \geq 0 \end{cases}$ 在 $x = 0$ 处的可导性与连续性.

解 $f'_-(0) = \lim\limits_{x \to 0^-} \dfrac{f(x) - f(0)}{x - 0} = \lim\limits_{x \to 0^-} \dfrac{\sin x - 0}{x - 0} = \lim\limits_{x \to 0^-} \dfrac{\sin x}{x} = 1$

$f'_+(0) = \lim\limits_{x \to 0^+} \dfrac{f(x) - f(0)}{x - 0} = \lim\limits_{x \to 0^+} \dfrac{x - 0}{x - 0} = \lim\limits_{x \to 0^+} \dfrac{x}{x} = 1$

因为 $f'_-(0) = f'_+(0) = 1$，所以函数 $f(x)$ 在 $x = 0$ 处可导，且 $f'(0) = 1$.

根据可导与连续的关系：可导必连续.

所以函数 $f(x)$ 在 $x = 0$ 处连续.

注：例 6 讨论连续性时也可以根据连续的定义加以判断.

习题 4.1

1. 用定义求下列函数在点 $x = 1$ 处的导数 $f'(1)$：

(1) $f(x) = 2x^2 - 3x + 1$;   (2) $f(x) = \dfrac{1}{x}$.

2. 求抛物线 $y = x^2 + x$ 在点 （1，2） 处的切线方程与法线方程.

3. 已知 $f'(2) = 2$，求 $\lim\limits_{h \to 0} \dfrac{f(2) - f(2 - h)}{2h}$.

4. 已知 $f'(1) = 1$，求 $\lim\limits_{x \to 1} \dfrac{f(x) - f(1)}{x^2 - 1}$.

5. 讨论函数 $f(x) = \begin{cases} 2\sin x + 1, & x \leq 0 \\ 1 + 2x, & x > 0 \end{cases}$ 在 $x = 0$ 处是否可导.

6. 讨论 $f(x) = \begin{cases} x\sin \dfrac{1}{x}, & x \neq 0 \\ 0, & x = 0 \end{cases}$ 在 $x = 0$ 处的连续性与可导性.

§4.2 导函数及其四则运算法则

经过上一节的分析，我们在切线和导数之间建立了联系：曲线在某点处切线的斜率就是该点处的导数. 但数学是研究抽象理论的科学, 每一种理论都需要达到高度概括. 只研究某一点处切线的情况是不够的, 还必须研究所有点处切线斜率的规律, 也就是研究所有点处导数的规律. 这就涉及了函数的导函数问题.

一、导函数的概念

前面我们学习了函数 $y = f(x)$ 在点 a 处的导数, 现在我们将点 a 推广为任意点 x 处的导数. 如果函数 $f(x)$ 在开区间 (a, b) 内的每一点都可导, 则称函数在开区间 (a, b) 内可导.

定义　若函数 $f(x)$ 在开区间 (a, b) 内可导, 对于任意 $x \in (a, b)$, 通过对应关系 $\lim\limits_{\Delta x \to 0} \dfrac{f(x + \Delta x) - f(x)}{\Delta x}$, 都有唯一的函数值 (即导数) $f'(x)$ 与之对应 (极限唯一性准则), 这样就构成一个新的函数, 这个函数叫作函数 $f(x)$ 的导函数 (简称**导数**), 记为 $f'(x)$ 或 y', $\dfrac{\mathrm{d}y}{\mathrm{d}x}$, $\dfrac{\mathrm{d}f(x)}{\mathrm{d}x}$.

根据上一节导数的定义, 将点 a 换成任意点 x, 得到函数 $f(x)$ 的导数, 即

$$f'(x) = \lim_{\Delta x \to 0} \frac{\Delta y}{\Delta x} = \lim_{\Delta x \to 0} \frac{f(x + \Delta x) - f(x)}{\Delta x} \tag{4-4}$$

或

$$f'(x) = \lim_{h \to 0} \frac{f(x + h) - f(x)}{h} \tag{4-5}$$

注: $f'(a)$ 是表示函数 $f(x)$ 在 $x = a$ 处的导数, 也可看作导函数 $f'(x)$ 在 $x = a$ 处的函数值, 即 $f'(x)\mid_{x=a} = f'(a)$. 而 $[f(a)]'$ 是表示常数 $f(a)$ 的导数, 恒为零, 因此注意 $f'(a) \neq [f(a)]'$.

由导数定义可知求 $f(x)$ 的导数 $f'(x)$ 的步骤如下:

(1) 求函数改变量: $\Delta y = f(x + \Delta x) - f(x)$;

(2) 作比值: $\dfrac{\Delta y}{\Delta x} = \dfrac{f(x + \Delta x) - f(x)}{\Delta x}$;

(3) 求极限: $f'(x) = \lim\limits_{\Delta x \to 0} \dfrac{f(x + \Delta x) - f(x)}{\Delta x}$.

例 1　求函数 $f(x) = C$ (C 为常数) 的导数.

解
$$\Delta y = f(x + \Delta x) - f(x) = C - C$$
$$f'(x) = \lim_{\Delta x \to 0} \frac{f(x + \Delta x) - f(x)}{\Delta x} = \lim_{\Delta x \to 0} \frac{C - C}{\Delta x} = 0$$

所以
$$(C)' = 0$$

例 2　求函数 $f(x) = a^x$ 的导数.

解　$f'(x) = \lim\limits_{h \to 0} \dfrac{f(x + h) - f(x)}{h} = \lim\limits_{h \to 0} \dfrac{a^{x+h} - a^x}{h} = \lim\limits_{h \to 0} \dfrac{a^x(a^h - 1)}{h}$

$\qquad = a^x \lim\limits_{h \to 0} \dfrac{(a^h - 1)}{h} = a^x \lim\limits_{h \to 0} \dfrac{h \ln a}{h} = a^x \lim\limits_{h \to 0} \ln a = a^x \ln a$

所以
$$(a^x)' = a^x \ln a$$

注：当 $x \to 0$ 时，$a^x - 1 \sim x \ln a$.

在实际的求导问题里，虽然理论上可以利用导数的定义公式来求解可导函数的导数，但这样的运算过程并不轻松，对于有些复杂的初等函数，根据导数定义来求导难度极高，很不现实．因此，对于函数的求导问题，我们可以运用各种方法求出所有基本初等函数的导函数，并把这些结果作为基本求导公式，将来求导时可以直接引用．

下面是基本初等函数的导数公式，需要牢记公式．

部分基本初等
函数导数的推导

基本初等函数的导数公式

（1）$C' = 0$（C 为常数）；

（2）$(x^n)' = nx^{n-1}$（n 为任意实数）；

（3）$(a^x)' = a^x \ln a$（$a > 0$，$a \neq 1$）；

（4）$(e^x)' = e^x$；

（5）$(\log_a x)' = \dfrac{1}{x \ln a}$（$a > 0$，$a \neq 1$）；

（6）$(\ln x)' = \dfrac{1}{x}$；

（7）$(\sin x)' = \cos x$；

（8）$(\cos x)' = -\sin x$；

（9）$(\tan x)' = \sec^2 x = \dfrac{1}{\cos^2 x}$；

（10）$(\cot x)' = -\csc^2 x = -\dfrac{1}{\sin^2 x}$；

（11）$(\sec x)' = \sec x \tan x$；

（12）$(\csc x)' = -\csc x \cot x$；

（13）$(\arcsin x)' = \dfrac{1}{\sqrt{1 - x^2}}$；

（14）$(\arccos x)' = -\dfrac{1}{\sqrt{1 - x^2}}$；

（15）$(\arctan x)' = \dfrac{1}{1 + x^2}$；

（16）$(\text{arccot} x)' = -\dfrac{1}{1 + x^2}$.

前面我们从导数定义出发得到基本初等函数的导数，那么如何计算初等函数的导数呢？由于初等函数是由基本初等函数通过有限次四则运算和复合运算得到的，因此我们来研究函数的四则运算法则和复合运算的求导法则．

二、导数的四则运算法则

定理 若 u 和 v 都是 x 的函数，且都是可导的，那么它们的和、差、积、商（分母为零的点除外）都是可导的，并且有：

（1）$(u \pm v)' = u' \pm v'$；

（2）$(uv)' = u'v + uv'$，特别地，$(Cu)' = Cu'$（C 为常数）；

（3）$\left(\dfrac{u}{v}\right)' = \dfrac{u'v - uv'}{v^2}$（其中 $v \neq 0$）.

说明： 定理中函数 u 和 v，分别是 $u(x)$ 和 $v(x)$ 的简写．

注： 定理中的（1）（2）可以推广到任意有限个函数的情形．

例3 设 $y = x^3 - \sin x + e^x + 9$，求 y'.

解 $y' = (x^3 - \sin x + e^x + 9)' = (x^3)' - (\sin x)' + (e^x)' + (9)'$

$\quad = 3x^2 - \cos x + e^x$

例4 设 $f(x) = x \ln x$，求 $f'(x)$.

解　$f'(x) = x' \cdot \ln x + x \cdot (\ln x)'$

$$= \ln x + x \cdot \frac{1}{x} = 1 + \ln x$$

例 5　设 $f(x) = \tan x$，求 $f'(x)$.

解　$f'(x) = (\tan x)' = \left(\dfrac{\sin x}{\cos x}\right)' = \dfrac{(\sin x)' \cos x - \sin x (\cos x)'}{\cos^2 x}$

$$= \frac{\cos^2 x + \sin^2 x}{\cos^2 x} = \frac{1}{\cos^2 x} = \sec^2 x$$

同理可以求出：$(\cot x)' = -\csc^2 x$.

例 6　设 $f(x) = \sec x$，求 $f'(x)$.

解　$f'(x) = (\sec x)' = \left(\dfrac{1}{\cos x}\right)' = \dfrac{(1)' \cdot \cos x - 1 \cdot (\cos x)'}{\cos^2 x}$

$$= \frac{\sin x}{\cos^2 x} = \frac{1}{\cos x} \cdot \frac{\sin x}{\cos x} = \sec x \tan x$$

同理可以求出：$(\csc x)' = -\csc x \cot x$.

从例 5，例 6 可知，通过商的求导法则，我们可以推导出基本初等函数求导公式中的
(9)（10）（11）（12）这四个公式.

习题 4.2

1. 求下列函数的导数：

（1）$f(x) = 5x^3 - 2^x + 3$；

（2）$f(x) = \sqrt{x} + \dfrac{1}{x} + \dfrac{1}{\sqrt{x}}$；

（3）$f(x) = \mathrm{e}^x \cos x$；

（4）$f(x) = x^2 \ln x$；

（5）$f(x) = \dfrac{x}{\ln x}$；

（6）$f(x) = \dfrac{x-1}{x}$.

2. 求下列函数在指定点的导数：

（1）$f(x) = x^3 + \dfrac{2}{x^2}$，求 $f'(1)$；

（2）$f(x) = x\cos x + 3x^2$，求 $f'(\pi)$ 与 $f'\left(\dfrac{\pi}{2}\right)$.

§4.3　复合函数求导法则

在学习复合函数求导法则之前，我们先掌握好导数记号和基本求导公式的推广，这为复合函数求导问题打下基础.

一、导数的记号

前面我们学习导数的定义中，函数 $f(x)$ 的导数有如下表示：$f'(x)$，y'，$\dfrac{\mathrm{d}y}{\mathrm{d}x}$ 或 $\dfrac{\mathrm{d}f(x)}{\mathrm{d}x}$，这

些都是导数的记号. 导数记号非常丰富, 我们可以把导数记号分为默认型导数记号和强制型导数记号.

(1) 默认型导数记号. 默认型导数记号是指不明确标明函数关于哪一个变量求导的记号.

例如: x'、$(\sin x)'$、$f'(x)$、$\{f[g(x)]\}'$、$f'[g(x)]$, 还有我们前面学习的基本初等函数求导公式采用的是默认型的导数记号. 这类默认型记号的共同特征是省略了函数关于哪一个变量求导的明显信息, 采取公认的方式来默认其关于哪个变量求导.

x'、$(\sin x)'$、$f'(x)$ 均表示默认函数关于自变量 x 求导; 需要注意 $\{f[g(x)]\}'$ 表示函数 $f[g(x)]$ 关于自变量 x 求导, 而 $f'[g(x)]$ 表示函数 $f[g(x)]$ 关于 $g(x)$ 求导. 当导数记号形式为 $(\quad)'$ 时, 表示括号内函数关于自变量求导, 一般自变量为 x; 当形式为 $f'(***)$ 的默认型导数记号时, 表示函数关于最外层括号内的全体表达式 $***$ 求导.

例如 $[f(2x)]'$ 是指函数 $f(2x)$ 关于自变量 x 求导; 而 $f'(2x)$ 是指函数 $f(2x)$ 关于变量 $2x$ 求导.

默认型导数记号的优点是形式简洁, 便于书写交流, 缺点是容易引发不熟悉者的误解.

(2) 强制型导数记号. 强制型导数记号是指强行规定函数关于某一个变量求导的记号. 一般采用加下标和微商两种方式.

① 加下标的表示方法, 求导变量以下标的方式体现出来.

例如 $(\sin 2x)'_x$、$(\sin 2x)'_{2x}$、$\{f[g(x)]\}'_{g(x)}$ 都是加下标的强制型记号. 其中 $(\sin 2x)'_x$ 表示函数 $\sin 2x$ 关于变量 x 求导, $(\sin 2x)'_{2x}$ 表示函数 $\sin 2x$ 关于变量 $2x$ 求导, $\{f[g(x)]\}'_{g(x)}$ 表示函数 $f[g(x)]$ 关于变量 $g(x)$ 求导.

② 微商形式的表示方法, 如 $\dfrac{\mathrm{d}f(x)}{\mathrm{d}x}$, 求导变量在分母位置体现.

例如 $\dfrac{\mathrm{d}\sin 2x}{\mathrm{d}x}$, $\dfrac{\mathrm{d}\sin 2x}{\mathrm{d}2x}$, $\dfrac{\mathrm{d}f[g(x)]}{\mathrm{d}x}$, $\dfrac{\mathrm{d}f[g(x)]}{\mathrm{d}g(x)}$ 都是微商形式的强制型记号, 它表示分子中字母 d 后的函数关于分母中字母 d 后面的全体表达式求导. 其中 $\dfrac{\mathrm{d}\sin 2x}{\mathrm{d}x}$ 表示函数 $\sin 2x$ 关于变量 x 求导, $\dfrac{\mathrm{d}\sin 2x}{\mathrm{d}2x}$ 表示函数 $\sin 2x$ 关于变量 $2x$ 求导.

要注意默认型与强制型导数记号的等价表示: 如

$$\frac{\mathrm{d}f[g(x)]}{\mathrm{d}x}=f'_x[g(x)]=\{f[g(x)]\}', \quad \frac{\mathrm{d}f[g(x)]}{\mathrm{d}g(x)}=f'_{g(x)}[g(x)]=f'[g(x)]$$

在以后书写中注意区分导数的记号, 强制型的导数记号能明显看出求导变量, 不会引起歧义, 以后会经常用到.

二、基本求导公式中的"三元统一"

前面我们学习的基本初等函数求导公式, 是采用默认型导数记号, 默认关于自变量 x 求导. 求导变量被隐藏了, 在使用公式时容易出现错误. 例如 $\sin x$ 求导后得到 $\cos x$, 会误认为 $\sin 2x$ 求导后也会得到 $\cos 2x$, 理由是求导后正弦变成了余弦, 但这是错误的. 求导过程中还存在着严格的变量统一的逻辑关系, 因为同一个函数关于不同变量求导结果是不同的.

学习了导数记号后，我们可以将基本求导公式改成强制型记号.

例如 $(x^n)'_x = nx^{n-1}$，$(\ln x)'_x = \dfrac{1}{x}$，$(\sin x)'_x = \cos x$ 等为强制型导数记号. 因此可以把求导公式进行推广，例如 $(\sin x)'_x = \cos x$，把式子中三个位置的 x 换成 u，其中 u 可以是关于 x 的函数，得到求导公式：$(\sin u)'_u = \cos u$. 如果 $u = 2x$，则有 $[\sin(2x)]'_{2x} = \cos 2x$.

因此，套用基本求导公式时要满足"三元统一"原则，指的是任何一个基本求导公式中，被求导函数的自变量、求导变量和结果中的自变量这三者（三元）是统一的. 如图 4-4 所示，公式中第一元，第二元，第三元都是 $2x$.

图 4-4

只有满足"三元统一"的原则下，才能套用基本求导公式，举例如下表：

基本求导公式	求导公式推广	举例	统一的三元
$(x^n)'_x = nx^{n-1}$	$(u^n)'_u = nu^{n-1}$	$[(2x+3)^2]'_{2x+3} = 2(2x+3)$	$2x+3$
$(\ln x)'_x = \dfrac{1}{x}$	$(\ln u)'_u = \dfrac{1}{u}$	$(\ln\ln x)'_{\ln x} = \dfrac{1}{\ln x}$	$\ln x$
$(e^x)'_x = e^x$	$(e^u)'_u = e^u$	$(e^{x^2+1})'_{x^2+1} = e^{x^2+1}$	x^2+1

通过以上分析可知符合"三元统一"，可以套用基本求导公式，否则不能使用，如 $(\sin 2x)'_x \neq \cos 2x$. 那么如果想要求 $(\sin 2x)'_x$ 应该怎么办呢？想要解决这个问题，需要学习复合函数的求导法则.

三、复合函数求导法则

定理 若函数 $y = f(u)$ 与 $u = g(x)$ 可以复合成函数 $y = f[g(x)]$，且 $y = f(u)$ 在点 u 可导和 $u = g(x)$ 在点 x 可导，则函数 $y = f[g(x)]$ 在点 x 也可导，并且有

$$\{f[g(x)]\}' = f'[g(x)] \cdot g'(x) \tag{4-6}$$

式（4-6）也可表示为

$$y'_x = y'_u \cdot u'_x \tag{4-7}$$

微商形式表示为

$$\frac{\mathrm{d}f[g(x)]}{\mathrm{d}x} = \frac{\mathrm{d}f[g(x)]}{\mathrm{d}g(x)} \cdot \frac{\mathrm{d}g(x)}{\mathrm{d}x} \tag{4-8}$$

复合函数求导法则的本质是函数对自变量求导，等于函数对中间变量求导，乘以中间变量对自变量求导，也叫作链式法则. 式（4-6）采用默认型导数记号，式子（4-7）和式（4-8）分别是加下标和微商形式的强制型导数记号. 在复合函数求导中，习惯使用强制型导数记号，明确求导变量，不容易出错.

例 1 求函数 $y = (1 + 2x)^{50}$ 的导数.

解 复合函数 $y = (1 + 2x)^{50}$ 可以分解为 $y = u^{50}$，$u = (1 + 2x)$.

由链式法则可得

$$y'_x = y'_u \cdot u'_x = (u^{50})'_u \cdot (1 + 2x)'_x$$
$$= 50u^{49} \cdot 2 = 100(1 + 2x)^{49}$$

根据以上例题，我们总结使用链式法则的具体步骤：

（1）将复合函数进行分解；

（2）应用链式法则；

（3）求导并相乘（求导时注意套用基本求导公式，符合"三元统一"）；

（4）回代变量.

例 2 求函数 $y = \ln\sin x$ 的导数.

解 方法一 复合函数 $y = \ln\sin x$ 可以分解为 $y = \ln u$，$u = \sin x$

由链式法则可得

$$y'_x = y'_u \cdot u'_x = (\ln u)'_u \cdot (\sin x)'_x$$
$$= \frac{1}{u} \cdot \cos x = \frac{1}{\sin x} \cdot \cos x = \cot x$$

复合函数
求导例题讲解

方法二 微商形式的写法

复合函数 $y = \ln\sin x$ 可以分解为 $y = \ln u$，$u = \sin x$

$$\frac{dy}{dx} = \frac{d\ln u}{du} \cdot \frac{d\sin x}{dx} = \frac{1}{u} \cdot \cos x = \frac{1}{\sin x} \cdot \cos x = \cot x$$

使用链式法则的关键是搞清复合函数结构，由外向内逐层求导. 如果引入中间变量，要注意将中间变量回代，熟悉该法则后可以采用省略中间变量的写法.

例 3 求函数 $y = \sin(x^2 - 2)$ 的导数.

解 方法一 复合函数 $y = \sin(x^2 - 2)$ 可以分解为 $y = \sin u$，$u = x^2 - 2$.

由链式法则可得

$$y'_x = y'_u \cdot u'_x = (\sin u)'_u \cdot (x^2 - 2)'_x$$
$$= \cos u \cdot 2x = 2x\cos(x^2 - 2)$$

省略中间变量的写法：

方法二 $\left[\sin(x^2 - 2)\right]'_x = \left[\sin(x^2 - 2)\right]'_{x^2 - 2} \cdot (x^2 - 2)'_x$
$$= \cos(x^2 - 2) \cdot (2x) = 2x\cos(x^2 - 2)$$

方法三 $\dfrac{dy}{dx} = \dfrac{d\sin(x^2 - 2)}{d(x^2 - 2)} \cdot \dfrac{d(x^2 - 2)}{dx} = \cos(x^2 - 2) \cdot 2x = 2x\cos(x^2 - 2)$

定理可以推广到任意有限个函数构成的复合函数. 下面以三个函数复合构成复合函数为例说明求导法则.

定理的推广：若函数 $y = f(u)$，$u = \varphi(v)$，$v = \psi(x)$ 均为可导函数，则构成的复合函数 $y = f\{\varphi[\psi(x)]\}$ 也可导，且有

$$\frac{dy}{dx} = \frac{dy}{du} \cdot \frac{du}{dv} \cdot \frac{dv}{dx}$$

或

$$y'_x = y'_u \cdot u'_v \cdot v'_x$$

例 4 求函数 $y = \ln\cos e^x$ 的导数.

解 方法一 复合函数 $y = \ln\cos e^x$ 可以分解为 $y = \ln u, u = \cos v$，$v = e^x$.

由链式法则可得

$$y'_x = y'_u \cdot u'_v \cdot v'_x = (\ln u)'_u \cdot (\cos v)'_v \cdot (\mathrm{e}^x)'_x$$

$$= \frac{1}{u} \cdot (-\sin v) \cdot \mathrm{e}^x = \frac{1}{\cos \mathrm{e}^x} \cdot (-\sin \mathrm{e}^x) \cdot \mathrm{e}^x$$

$$= -\mathrm{e}^x \tan \mathrm{e}^x$$

熟悉法则后，不用写出中间变量，此例可以这样写：

方法二　$\left[\ln\cos\mathrm{e}^x\right]'_x = \left[\ln\cos\mathrm{e}^x\right]'_{\cos(\mathrm{e}^x)} \cdot \left[\cos\mathrm{e}^x\right]'_{\mathrm{e}^x} \cdot (\mathrm{e}^x)'_x$

$$= \frac{1}{\cos\mathrm{e}^x} \cdot (-\sin\mathrm{e}^x) \cdot \mathrm{e}^x = -\mathrm{e}^x\tan\mathrm{e}^x$$

方法三　$\dfrac{\mathrm{d}y}{\mathrm{d}x} = \dfrac{\mathrm{d}\ln\cos\mathrm{e}^x}{\mathrm{d}\cos\mathrm{e}^x} \cdot \dfrac{\mathrm{d}\cos\mathrm{e}^x}{\mathrm{d}\mathrm{e}^x} \cdot \dfrac{\mathrm{d}\mathrm{e}^x}{\mathrm{d}x}$

$$= \frac{1}{\cos\mathrm{e}^x} \cdot (-\sin\mathrm{e}^x) \cdot \mathrm{e}^x = -\mathrm{e}^x\tan\mathrm{e}^x$$

例 5　已知函数 $f(x) = \mathrm{e}^{\sin 2x}$，求 $(\mathrm{e}^{\sin 2x})'$ 和 $(\mathrm{e}^{\sin 2x})'_{2x}$.

解　$(\mathrm{e}^{\sin 2x})'_x = (\mathrm{e}^{\sin 2x})'_{\sin 2x} \cdot (\sin 2x)'_{2x} \cdot (2x)'_x$

$$= \mathrm{e}^{\sin 2x} \cdot \cos 2x \cdot 2 = 2\mathrm{e}^{\sin 2x}\cos 2x$$

$$(\mathrm{e}^{\sin 2x})'_{2x} = (\mathrm{e}^{\sin 2x})'_{\sin 2x} \cdot (\sin 2x)'_{2x}$$

$$= \mathrm{e}^{\sin 2x}\cos 2x$$

这个例题让我们了解，求导变量非常关键，相同函数对不同的变量求导，结果是不一样的. 所以在求导过程中，一定要时刻认清函数是关于哪一个变量求导的.

前面我们学习了导数的四则运算法则和复合函数的求导法则，以后我们会遇到这两种法则的综合使用，即初等函数的导数. 对于初等函数的求导，方法也是层层求导，此时省略中间变量的写法的优势就体现出来了.

例 6　求函数 $y = x\sqrt{x^2+1}$ 的导数.

解　$y' = (x\sqrt{x^2+1})' = (x)' \cdot \sqrt{x^2+1} + x \cdot (\sqrt{x^2+1})'_x$

$$= (x)' \cdot \sqrt{x^2+1} + x \cdot \left[(x^2+1)^{\frac{1}{2}}\right]'_x$$

$$= \sqrt{x^2+1} + x \cdot \left[\frac{1}{2}(x^2+1)^{-\frac{1}{2}} \cdot (x^2+1)'_x\right]$$

$$= \sqrt{x^2+1} + x \cdot \left[\frac{1}{2}(x^2+1)^{-\frac{1}{2}} \cdot 2x\right]$$

$$= \sqrt{x^2+1} + \frac{x^2}{\sqrt{x^2+1}}$$

$$= \frac{2x^2+1}{\sqrt{x^2+1}}$$

例 7　求函数 $f(x) = \ln(x+\sin x^2)$ 的导数.

解　$f'(x) = \left[\ln(x+\sin x^2)\right]'_x = \left[\ln(x+\sin x^2)\right]'_{x+\sin x^2} \cdot (x+\sin x^2)'_x$

$$= \frac{1}{x+\sin x^2} \cdot \left[x' + (\sin x^2)'\right]$$

$$= \frac{1}{x + \sin x^2} \cdot \left[1 + \cos x^2 \cdot (x^2)' \right]$$

$$= \frac{1}{x + \sin x^2} \cdot (1 + 2x\cos x^2)$$

$$= \frac{1 + 2x\cos x^2}{x + \sin x^2}$$

对于含有绝对值函数的求导问题，需要讨论绝对值里面的符号，去掉绝对值，再求导.

例 8 已知函数 $y = \ln|x|$，求 y'.

解 根据函数定义域和绝对值的定义，去掉绝对值后，

表示为分段函数 $y = \begin{cases} \ln x, & x > 0 \\ \ln(-x), & x < 0 \end{cases}$.

当 $x > 0$ 时，$y' = (\ln|x|)' = (\ln x)' = \frac{1}{x}$；

当 $x < 0$ 时，$y' = (\ln|x|)' = [\ln(-x)]' = \frac{1}{-x} \cdot (-x)' = \frac{1}{x}$.

综上所述有，$y' = (\ln|x|)' = \frac{1}{x}$.

习题 4.3

1. 求下列复合函数的导数：

（1）$f(x) = (3x + 1)^{10}$；

（2）$f(x) = \cos(4 - 3x)$；

（3）$f(x) = 3^{\tan x}$；

（4）$f(x) = \ln\ln x$；

（5）$y = \arctan x^3$；

（6）$f(x) = (\arcsin x)^2$；

（7）$f(x) = \sin^3 2x$；

（8）$f(x) = \ln\sin e^x$.

2. 求下列初等函数的导数：

（1）$f(x) = e^{5x}\cos 3x$；

（2）$f(x) = (x + \ln 2x)^3$；

（3）$f(x) = \ln(x^2 - \sin x)$；

（4）$f(x) = \sin(\cos 2x + x^3)$.

§4.4 特殊求导法则

一、反函数求导

定理 若函数 $y = f(x)$ 在点 x 的某邻域内严格单调且连续，在点 x 处可导且 $f'(x) \neq 0$，则它的反函数 $x = \varphi(y)$ 在 y 处可导，且

$$\varphi'(y) = \frac{1}{f'(x)} \tag{4-9}$$

也可表示为

$$x'_y = \frac{1}{y'_x} \tag{4-10}$$

或

$$\frac{\mathrm{d}x}{\mathrm{d}y} = \frac{1}{\dfrac{\mathrm{d}y}{\mathrm{d}x}} \qquad\qquad (4-11)$$

即反函数的导数等于直接函数导数的倒数.

例 1　利用反函数求导法则，求 $y = \ln x$ 的导数.

解　$y = \ln x$ 的反函数为 $x = \mathrm{e}^y$. 根据反函数求导法则

$$f'(x) = \frac{1}{\varphi'(y)}$$

有

$$(\ln x)'_x = \frac{1}{(\mathrm{e}^y)'_y} = \frac{1}{\mathrm{e}^y} = \frac{1}{\mathrm{e}^{\ln x}} = \frac{1}{x}$$

所以

$$(\ln x)' = \frac{1}{x}$$

例 2　利用反函数求导法则，求 $y = \arcsin x$ 的导数 y'.

解　$y = \arcsin x$ 的反函数为 $x = \sin y$.

由反正弦函数的定义，可知 $y \in \left[-\dfrac{\pi}{2},\ \dfrac{\pi}{2} \right]$.

根据反函数求导法则，有

$$y'_x = \frac{1}{x'_y}$$

$$(\arcsin x)'_x = \frac{1}{(\sin y)'_y} = \frac{1}{\cos y}$$

因为 $y \in \left[-\dfrac{\pi}{2},\ \dfrac{\pi}{2} \right]$，所以 $\cos y > 0$.

有

$$\cos y = \sqrt{1 - \sin^2 y}$$

所以

$$\begin{aligned}
(\arcsin x)'_x &= \frac{1}{(\sin y)'_y} = \frac{1}{\cos y} \\
&= \frac{1}{\sqrt{1 - \sin^2 y}} = \frac{1}{\sqrt{1 - x^2}}
\end{aligned}$$

因此

$$(\arcsin x)' = \frac{1}{\sqrt{1 - x^2}}$$

注：用反函数求导法则来求导时，最终结果必须以原问题的自变量为自变量. 如例 1 和例 2 的结果，就不能保留 y 表示，必须把 y 还原为关于 x 的表示.

二、隐函数求导

一般地，若因变量 y 可以写成关于自变量 x 的表达式 $y=f(x)$，则称 $y=f(x)$ 为 **显函数**. 例如 $y=\sqrt[3]{1-x}$，$y=x^2+e^x+1$ 均为显函数. 假设自变量 x 和因变量 y 之间的函数关系是由一个方程 $F(x,y)=0$ 所确定的，即对方程有意义的任意 x，通过方程有唯一的 y 与之对应. 一般地，由方程 $F(x,y)=0$ 确定了一个 y 关于 x 的函数 $y=f(x)$，该方程称为 **隐函数**. 例如 $x+y^3-1=0$，$y=\sin(x+y)$ 均为隐函数.

隐函数中有些可以变成显函数，比如隐函数 $x+y^3-1=0$，可以变成显函数 $y=\sqrt[3]{1-x}$；但有些隐函数却无法变成显函数，如 $y=\sin(x+y)$，无法找出直接的对应关系. 隐函数中，有变量 x 和 y，一般会把 y 看成函数，x 看成自变量，当然也可以将 x 看成函数，y 看成自变量，因此为了避免歧义，在隐函数求导时一般采用强制型导数记号. 对于隐函数求导，通常是对等式两边关于指定变量求导，其间经常还会用到复合函数的求导法. 对于无法显化的隐函数的求导结果还是隐函数，可以显化的隐函数，其求导结果也可以不必转化为显函数.

例 3 已知 $y^3+2y-3x=0$，求 y_x'.

解 等式两边关于 x 求导，注意到 y 是 x 函数，即 $y=f(x)$，于是有

$$(y^3+2y-3x)_x'=(0)_x'$$
$$(y^3)_x'+(2y)_x'-(3x)_x'=0$$
$$3y^2y_x'+2y_x'-3=0$$
$$(3y^2+2)y_x'=3$$
$$y_x'=\frac{3}{3y^2+2}$$

隐函数的求导

例 4 已知 $y=\sin(x+y)$，求 x_y'，y_x'.

解 方法一 等式两边关于 y 求导，注意 x 是 y 的函数，即 $x=\varphi(y)$，于是有

$$(y)_y'=[\sin(x+y)]_y'$$
$$1=\cos(x+y)\cdot(x+y)_y'$$
$$1=\cos(x+y)\cdot(x_y'+1)$$
$$x_y'=\frac{1}{\cos(x+y)}-1=\frac{1-\cos(x+y)}{\cos(x+y)}$$

根据反函数求导法则，可知

$$y_x'=\frac{1}{x_y'}=\frac{\cos(x+y)}{1-\cos(x+y)}$$

解 方法二 等式两边关于 x 求导，注意 y 是 x 的函数，即 $y=f(x)$，于是有

$$(y)_x'=[\sin(x+y)]_x'$$
$$y_x'=\cos(x+y)\cdot(x+y)_x'$$
$$y_x'=\cos(x+y)\cdot(1+y_x')$$
$$y_x'=\cos(x+y)+\cos(x+y)\cdot y_x'$$
$$[1-\cos(x+y)]y_x'=\cos(x+y)$$

$$y'_x = \frac{\cos(x+y)}{1-\cos(x+y)}$$

根据反函数求导法则，可知：$x'_y = \frac{1}{y'_x} = \frac{1-\cos(x+y)}{\cos(x+y)}$.

例 5 已知 $xy - e^x + e^y = 0$，求 $\frac{dy}{dx}$，$\frac{dy}{dx}\Big|_{x=0}$.

解 方程两边关于 x 求导，于是有

$$y + x\frac{dy}{dx} - e^x + e^y\frac{dy}{dx} = 0$$

$$(x + e^y)\frac{dy}{dx} = e^x - y$$

$$\frac{dy}{dx} = \frac{e^x - y}{x + e^y}$$

将 $x = 0$，代入 $xy - e^x + e^y = 0$，解得 $y = 0$. 最后解得

$$\frac{dy}{dx}\Big|_{x=0} = \frac{e^x - y}{x + e^y}\Big|_{\substack{x=0\\y=0}} = \frac{e^0 - 0}{0 + e^0} = 1$$

三、取对数技巧求导

一般地，底数与指数中同时含有自变量的函数，如 $u(x)^{v(x)}$，称为**幂指函数**. 例如 $y = x^{\sin x}$，$y = (\ln x)^x$ 等都是幂指函数. 对于幂指函数的求导，一般先采用式子两边取对数的方式进行化简后，再用隐函数求导法进行求导.

例如求函数 $y = u(x)^{v(x)}$ 的导数，首先两边取对数后得，$\ln y = \ln u(x)^{v(x)} = v(x) \cdot \ln u(x)$，再用隐函数求导即可.

例 6 已知 $y = x^{\sin x}$，求 y'.

解 等式两边取对数得到：$\ln y = \sin x \ln x$.

然后等式两边关于 x 求导，于是有

$$(\ln y)'_x = (\sin x \ln x)'_x$$

$$\frac{1}{y} \cdot y'_x = \cos x \cdot \ln x + \sin x \cdot \frac{1}{x}$$

$$y'_x = y\left(\cos x \cdot \ln x + \sin x \cdot \frac{1}{x}\right)$$

$$y'_x = x^{\sin x}\left(\cos x \cdot \ln x + \frac{\sin x}{x}\right)$$

除了幂指函数求导时采用式子两边取对数的方法外，对于多个函数相乘、除、乘方或开方构成的复杂形式的函数，求其导数时，也可以采用两边取对数的方式化简，再利用对数运算性质转化为加减法的求导运算来处理.

例 7 求 $y = \sqrt{\frac{x+1}{x-2}}$ 的导数.

解 式子两边取对数

$$\ln y = \ln \sqrt{\frac{x+1}{x-2}} = \ln \left(\frac{x+1}{x-2}\right)^{\frac{1}{2}}$$

再利用对数运算性质化简, 得

$$\ln y = \frac{1}{2}(\ln|x+1| - \ln|x-2|)$$

然后等式两边关于 x 求导, 得

$$(\ln y)'_x = \frac{1}{2}(\ln|x+1| - \ln|x-2|)'_x$$

$$\frac{1}{y} \cdot y'_x = \frac{1}{2}\left(\frac{1}{x+1} - \frac{1}{x-2}\right)$$

$$y'_x = \frac{1}{2}\sqrt{\frac{x+1}{x-2}}\left(\frac{1}{x+1} - \frac{1}{x-2}\right)$$

例 8 已知 $y = \dfrac{x(x-2)^2}{\sqrt[3]{x^2+1}}$, 求 y'.

解 式子两边取对数, 得

$$\ln y = \ln\left|\frac{x(x-2)^2}{\sqrt[3]{x^2+1}}\right|$$

再利用对数运算性质化简, 得

$$\ln y = \ln|x| + 2\ln|(x-2)| - \frac{1}{3}\ln(x^2+1)$$

然后等式两边关于 x 求导, 得

$$(\ln y)'_x = \left[\ln|x| + 2\ln|x-2| - \frac{1}{3}\ln(x^2+1)\right]'_x$$

$$\frac{1}{y} \cdot y'_x = \left[\frac{1}{x} + \frac{2}{x-2} - \frac{2x}{3(x^2+1)}\right]$$

$$y'_x = \frac{x(x-2)^2}{\sqrt[3]{x^2+1}} \cdot \left[\frac{1}{x} + \frac{2}{x-2} - \frac{2x}{3(x^2+1)}\right]$$

四、高阶导数

若函数 $f(x)$ 的导函数 $f'(x)$ 仍可导, 则 $f'(x)$ 的导数, 称为 $y = f(x)$ 的二阶导数, 记为 $f''(x)$, y'' 或 $\dfrac{d^2 y}{dx^2}$.

若函数 $f(x)$ 的二阶导数可导, 则 $f''(x)$ 的导数, 称为 $y = f(x)$ 的三阶导数, 记为 $f'''(x)$, y''' 或 $\dfrac{d^3 y}{dx^3}$.

以此类推, 若函数 $f(x)$ 的 $n-1$ 阶导数可导, 则称 $f(x)$ 的 $n-1$ 阶导数的导数为 $y = f(x)$ 的 n 阶导数, 记为 $f^{(n)}(x)$, $y^{(n)}$ 或 $\dfrac{d^n y}{dx^n}$.

二阶及二阶以上的导数称为**高阶导数**.

例 9 已知 $f(x) = 2x^3 - x^2 + 1$，求 $f^{(4)}(x)$.

解 $f'(x) = (2x^3 - x^2 + 1)' = 6x^2 - 2x$

$f''(x) = (6x^2 - 2x)' = 12x - 2$

$f'''(x) = (12x - 2)' = 12$

$f^{(4)}(x) = (12)' = 0$

例 10 已知 $y = x^3 + \sin 2x$，求 y''.

解 $y' = (x^3 + \sin 2x)' = 3x^2 + 2\cos 2x$

$y'' = (3x^2 + 2\cos 2x)' = 6x - 4\sin 2x$

例 11 已知 $y = e^{5x}$，求 $y^{(n)}$.

解 $y' = (e^{5x})' = 5e^{5x}$，$y'' = (5e^{5x})' = 5^2 e^{5x}$

$y''' = (5^2 e^{5x})' = 5^3 e^{5x}$，$y^{(4)} = 5^4 e^{5x}$，$\cdots$

所以

$$y^{(n)} = 5^n e^{5x}$$

习题 4.4

1. 求曲线 $x^2 + xy + y^2 = 4$ 上点 $(2, -2)$ 的切线方程.

2. 求下列函数的导数 y_x'：

(1) $y = \ln(xy)$；

(2) $e^y = xy$；

(3) $2y - 2x - \sin y = 0$；

(4) $e^y - e^x + y^2 = 0$.

3. 求下列函数的 y_x'，x_y'.

(1) $xy = \cos(x + y)$；

(2) $x^2 y - e^x = \sin y$.

4. 求下列函数的导数 y'：

(1) $y = x^x$；

(2) $y = x^{\cos x}$；

(3) $y = (1 + x^2)^x$；

(4) $y = (\ln x)^x$；

(5) $y = \sqrt{\dfrac{x+1}{x-1}}$；

(6) $y = \dfrac{\sqrt{x+1}}{(x-4)^2 \cdot e^x}$.

5. 求下列函数的二阶导数 y''：

(1) $y = \cos 2x$；

(2) $y = \ln \cos x$.

§4.5 微分

一、微分的概念

（一）引例

先看一个实例，有一个边长为 a 的正方形金属薄片，加热后金属薄片均匀膨胀，假设边长增加 Δx，求正方形金属薄片受热后面积的改变量 Δy. 如图 $4-5$ 所示.

原正方形金属薄片的面积为 a^2，受热后正方形的边长变为 $a + \Delta x$，受热后面积为 $(a + \Delta x)^2$，受热后面积的改变量 $\Delta y = (a + \Delta x)^2 - a^2 = 2a \cdot \Delta x + (\Delta x)^2$.

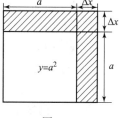

图 4 – 5

面积的改变量 Δy 可以分为两部分，第一部分 $2a \cdot \Delta x$ 是关于 Δx 的线性部分，第二部分 $(\Delta x)^2$ 是 Δx 的高阶无穷小. 即 $\Delta y = 2a \cdot \Delta x + o(\Delta x)$，当 $\Delta x \to 0$ 时，第一部分起主导作用，第二部分可以忽略不计.

（二）微分的定义

定义 设函数 $y = f(x)$ 在某区间 I 内有定义，a 及 $a + \Delta x$ 属于 I，如果函数的增量可以表示为：$\Delta y = f(a + \Delta x) - f(a) = A\Delta x + o(\Delta x)$，则说函数 $y = f(x)$ 在 $x = a$ 处可微. 其中 A 是与 Δx 无关的常数.

$A\Delta x$ 称为函数 $f(x)$ 在 $x = a$ 处相应于自变量增量 Δx 的微分，记为 $\mathrm{d}y \big|_{x=a}$. 即 $\mathrm{d}y \big|_{x=a} = A \cdot \Delta x$

注：在定义中 $\Delta y = A\Delta x + o(\Delta x)$，当 $|\Delta x|$ 相当小时，$A\Delta x$ 对 Δy 的值起主要作用，有 $\Delta y \approx \mathrm{d}y \big|_{x=a} = A\Delta x$.

微分定义中，常数 A 是什么？微分和导数有什么关系？

定理 1 函数 $y = f(x)$ 在点 a 可微的充分必要条件是 $y = f(x)$ 在点 a 可导，并且 $A = f'(a)$.

定理表明：**可导必可微，可微必可导**.

即函数 $f(x)$ 在 $x = a$ 处的微分为 $\mathrm{d}y \big|_{x=a} = f'(a)\Delta x$. 通常把自变量 x 的增量 Δx 称为自变量的微分，记作 $\mathrm{d}x$，即 $\mathrm{d}x = \Delta x$.

微分的定义

因此函数 $f(x)$ 在 $x = a$ 的微分为

$$\mathrm{d}y \big|_{x=a} = f'(a)\mathrm{d}x \tag{4 – 12}$$

函数 $y = f(x)$ 在任意点 x（若在 x 可微）的微分，称为函数的微分，记为 $\mathrm{d}y$ 或 $\mathrm{d}f(x)$.

函数 $y = f(x)$ 的微分：

$$\mathbf{d}y = f'(x)\,\mathbf{d}x \tag{4 – 13}$$

把微分定义公式 $\mathrm{d}y = f'(x)\mathrm{d}x$ 进行恒等变形，得到式子 $\dfrac{\mathbf{d}y}{\mathbf{d}x} = f'(x)$，因此导数也称为"微商"，即微分之商.

由于函数的导数和微分仅仅相差一个 $\mathrm{d}x$ 的乘积形式，因此要计算函数的微分，只要计算函数的导数，再乘以自变量的微分 $\mathrm{d}x$ 即可，可见求微分问题可以归结为求导数问题. 但是要注意，导数和微分是完全不同的两个概念，不能混淆.

例 1 求函数 $y = x^3$ 在 $x = 2$ 的微分.

解 根据定义 $\mathrm{d}y \big|_{x=a} = f'(a)\mathrm{d}x$，有

$$f'(2) = 3x^2 \big|_{x=2} = 12$$

所以

$$\mathrm{d}y \big|_{x=2} = 12\mathrm{d}x$$

例 2 求函数 $y = \cos(2x + 1)$ 的微分.

解　根据定义 $dy = f'(x)dx$，有

$$[\cos(2x+1)]' = -\sin(2x+1)\cdot(2x+1)' = -2\sin(2x+1)$$

所以

$$dy = -2\sin(2x+1)dx$$

例 3　求函数 $y = \sqrt{1+x^2}$ 的微分.

解　$dy = d\sqrt{1+x^2} = (\sqrt{1+x^2})'dx$

$$= [(1+x^2)^{\frac{1}{2}}]'dx = \frac{1}{2}(1+x^2)^{-\frac{1}{2}}\cdot(1+x^2)'dx$$

$$= \frac{1}{2}(1+x^2)^{-\frac{1}{2}}\cdot(2x)dx = \frac{x}{\sqrt{1+x^2}}dx$$

（三）微分的几何意义

微分的几何意义　当 Δy 是曲线 $y = f(x)$ 的纵坐标增量时，dy 就是切线对应点的纵坐标增量.

函数 $y = f(x)$ 在点 a 附近的函数增量 Δy 是线段 NQ，即 $\Delta y = NQ$. 由导数定义可知，$f'(a) = \lim\limits_{\Delta x \to 0}\dfrac{\Delta y}{\Delta x} = \tan\alpha$. 由微分定义有，$dy\big|_{x=a} = f'(a)\Delta x = \tan\alpha \cdot \Delta x = PQ$，即 dy 就是切线对应点的纵坐标增量. 如图 4-6 所示. 因此函数增量与微分的关系为：$\Delta y = dy + o(\Delta x)$，当 $|\Delta x|$ 很小时，$dy \approx \Delta y$. 即在点 M 的附近，可以用切线增量 PQ 近似代替曲线增量 NQ，这体现了以直代曲的逼近思想.

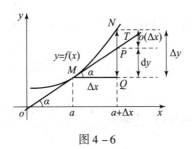

图 4-6

二、微分的运算

由导数基本公式和微分定义 $dy = f'(x)dx$ 知，求函数的微分，只要求出函数的导数后再乘以 dx 即可，因此可得到基本初等函数的微分公式.

（一）微分公式

（1）$dC = 0$（C 为常数）；　　　　（2）$d(x^n) = nx^{n-1}dx$（n 为任意实数）；

（3）$d(a^x) = a^x\ln a\,dx$（$a>0$，$a\neq1$）；　　（4）$d(e^x) = e^xdx$；

（5）$d(\log_a x) = \dfrac{1}{x\ln a}dx$（$a>0$，$a\neq1$）；　　（6）$d(\ln x) = \dfrac{1}{x}dx$；

（7）$d(\sin x) = \cos x\,dx$；　　　　（8）$d(\cos x) = -\sin x\,dx$；

（9）$d(\tan x) = \sec^2 x dx = \dfrac{1}{\cos^2 x}dx$；

（10）$d(\cot x) = -\csc^2 x dx = -\dfrac{1}{\sin^2 x}dx$；

（11）$d(\sec x) = \sec x \tan x dx$；

（12）$d(\csc x) = -\csc x \cot x dx$；

（13）$d(\arcsin x) = \dfrac{1}{\sqrt{1-x^2}}dx$；

（14）$d(\arccos x) = -\dfrac{1}{\sqrt{1-x^2}}dx$；

（15）$d(\arctan x) = \dfrac{1}{1+x^2}dx$；

（16）$d(\operatorname{arccot} x) = -\dfrac{1}{1+x^2}dx$.

（二）微分的四则运算法则

由导数的四则运算法则，可以推导出微分的四则运算法则.

定理 2 若函数 $u = u(x)$ 和 $v = v(x)$ 都可导，则

（1）$d(u \pm v) = du \pm dv$；

（2）$d(uv) = vdu + udv$；

（3）$d(Cu) = Cdu$；

（4）$d\left(\dfrac{u}{v}\right) = \dfrac{vdu - udv}{v^2}$，$v \neq 0$.

例 4 已知 $y = x^2 + 3\sin x$，求 dy.

解 方法一
$$y' = (x^2 + 3\sin x)' = 2x + 3\cos x$$
$$dy = y'dx = (2x + 3\cos x)dx$$

方法二
$$dy = d(x^2 + 3\sin x) = d(x^2) + d(3\sin x)$$
$$= 2xdx + 3\cos x dx = (2x + 3\cos x)dx$$

例 5 已知 $f(x) = \dfrac{\ln x}{x}$，求 $df(x)$.

解 方法一 $f'(x) = \left(\dfrac{\ln x}{x}\right)' = \dfrac{(\ln x)' \cdot x - \ln x \cdot (x)'}{x^2} = \dfrac{\frac{1}{x} \cdot x - \ln x \cdot 1}{x^2} = \dfrac{1 - \ln x}{x^2}$

$$df(x) = f'(x)dx = \dfrac{1 - \ln x}{x^2}dx$$

方法二 $df(x) = d\dfrac{\ln x}{x} = \dfrac{xd(\ln x) - \ln x dx}{x^2} = \dfrac{x \cdot \frac{1}{x}dx - \ln x dx}{x^2}$

$$= \dfrac{dx - \ln x dx}{x^2} = \dfrac{1 - \ln x}{x^2}dx$$

（三）复合函数的微分法则

设 $y = f(u)$，$u = \varphi(x)$ 都可微，则复合而成的复合函数 $y = f[\varphi(x)]$ 也可微，其微分是 $df[\varphi(x)] = f'[\varphi(x)]\varphi'(x)dx = f'[\varphi(x)]d\varphi(x) = f'(u)du$，即

$$df(u) = f'(u)du \tag{4-14}$$

式（4-14）表明无论 u 是中间变量还是自变量，微分形式保持不变，称这一性质为**微分形式不变性**.

例如 $d\sin 2x = (\sin 2x)'_{2x} \cdot d2x$，$d\ln(1-x^2) = [\ln(1-x^2)]'_{1-x^2} \cdot d(1-x^2)$ 等，下面我们通过例子说明.

例 6 已知 $y = \sin(2x+4)$，求 dy.

解　把 $2x+4$ 看成中间变量 u，则 $y=\sin u$，$u=2x+4$.

由复合函数的求导法则，有

$$
\begin{aligned}
\mathrm{d}y = \mathrm{d}\sin(2x+4) &= \mathrm{d}\sin u\\
&= (\sin u)'_u \cdot \mathrm{d}u = \cos u \,\mathrm{d}u\\
&= \cos(2x+4)\mathrm{d}(2x+4)\\
&= \cos(2x+4)\cdot 2\mathrm{d}x = 2\cos(2x+4)\mathrm{d}x
\end{aligned}
$$

熟悉法则后，可以省略中间变量.

例 7　已知 $y=\ln(1-x^2)$，求 $\mathrm{d}y$.

解　方法一　根据复合函数的求导法则，有

$$
\begin{aligned}
\mathrm{d}y &= \mathrm{d}[\ln(1-x^2)] = [\ln(1-x^2)]'_{1-x^2}\cdot \mathrm{d}(1-x^2)\\
&= \frac{1}{1-x^2}\cdot \mathrm{d}(1-x^2) = \frac{1}{1-x^2}\cdot(1-x^2)'\mathrm{d}x = \frac{-2x}{1-x^2}\mathrm{d}x
\end{aligned}
$$

方法二　根据微分的定义，$y'=[\ln(1-x^2)]'=\dfrac{1}{1-x^2}\cdot(1-x^2)'=\dfrac{-2x}{1-x^2}$

$$
\mathrm{d}y = y'\mathrm{d}x = \frac{-2x}{1-x^2}\mathrm{d}x
$$

例 8　已知 $y=\mathrm{e}^{1-3x}\cos x$，求 $\mathrm{d}y$.

解　方法一　$y'=(\mathrm{e}^{1-3x}\cos x)'=(\mathrm{e}^{1-3x})'\cos x+\mathrm{e}^{1-3x}(\cos x)'$

$$
\begin{aligned}
&= -3\mathrm{e}^{1-3x}\cos x - \mathrm{e}^{1-3x}\sin x = -\mathrm{e}^{1-3x}(3\cos x+\sin x)\\
\mathrm{d}y &= y'\mathrm{d}x = -\mathrm{e}^{1-3x}(3\cos x+\sin x)\mathrm{d}x
\end{aligned}
$$

方法二　$\begin{aligned}[t]
\mathrm{d}y &= \mathrm{d}(\mathrm{e}^{1-3x}\cos x)\\
&= \cos x\,\mathrm{d}(\mathrm{e}^{1-3x}) + \mathrm{e}^{1-3x}\mathrm{d}(\cos x)\\
&= \cos x\cdot \mathrm{e}^{1-3x}\mathrm{d}(1-3x) + \mathrm{e}^{1-3x}\cdot(-\sin x\,\mathrm{d}x)\\
&= -3\cos x\cdot \mathrm{e}^{1-3x}\mathrm{d}x - \mathrm{e}^{1-3x}\sin x\,\mathrm{d}x\\
&= -\mathrm{e}^{1-3x}(3\cos x+\sin x)\mathrm{d}x
\end{aligned}$

导数和微分产生的背景

习题 4.5

1. 填空.

（1）$\mathrm{d}(\quad)=2\mathrm{d}x$；

（2）$\mathrm{d}(\quad)=3x\mathrm{d}x$；

（3）$\mathrm{d}(\quad)=\dfrac{1}{x}\mathrm{d}x$；

（4）$\mathrm{d}(\quad)=\sin x\mathrm{d}x$；

（5）$d(\quad) = \dfrac{1}{x^2}dx$；

（6）$d(\quad) = \dfrac{dx}{2\sqrt{x}}$；

（7）$d(\quad) = e^{-x}dx$；

（8）$d(\quad) = \cos 2x dx$.

2. 求下列函数的微分：

（1）$y = x\ln x - x$；

（2）$y = \dfrac{x}{1+x^2}$；

（3）$y = \sin(1 + 2x^2)$；

（4）$y = x^2 e^{2x}$；

（5）$y = \ln(1 - x^2)$；

（6）$y = \tan(x^2)$.

3. 求下列函数的微分：

（1）$y^3 + 2y - x = 0$；

（2）$xe^y + y - 4 = 0$.

综合练习 4

一、选择题

1. 设 $f(0) = 0$，且 $\lim\limits_{x \to 0} \dfrac{f(x)}{x}$ 存在，则 $\lim\limits_{x \to 0} \dfrac{f(x)}{x}$ 等于（　　）.

A. $f'(x)$ 　　　　B. $f'(0)$ 　　　　C. $f(0)$ 　　　　D. $\dfrac{1}{2}f'(0)$

2. 已知函数 $f(x) = \dfrac{x^2}{\ln x}$，$f'(e) = $（　　）.

A. 1 　　　　B. 2 　　　　C. e 　　　　D. 2e

3. 下列式子正确的是（　　）.

A. $\dfrac{df(2x)}{dx} = f'(2x)$ 　　　　B. $\dfrac{df(2x)}{d2x} = f'(2x)$

C. $f'(2) = [f(2)]'$ 　　　　D. $(\sin 2x)' = \dfrac{d\sin 2x}{2x}$

4. 曲线 $y = x^3 - x + 1$ 在点 $P(-1, 1)$ 的切线方程是（　　）.

A. $2x - y + 2 = 0$ 　　　　B. $2x + y + 1 = 0$

C. $2x + y - 3 = 0$ 　　　　D. $2x - y + 3 = 0$.

5. $d(xe^x) = $（　　）.

A. $e^x dx$ 　　　　B. $xd(e^x)$ 　　　　C. $xe^x dx$ 　　　　D. $(1 + x)e^x dx$.

6. 函数 $f(x)$ 在 $x = a$ 处连续，是 $f(x)$ 在 a 处可导的（　　）.

A. 充分不必要条件 　　　　B. 必要不充分条件

C. 充分必要条件 　　　　D. 既不充分也不必要条件

7. 设 $y = e^x + e^{-x}$，则 $y'' = $（　　）.

A. $e^x + e^{-x}$ 　　　　B. $e^x - e^{-x}$ 　　　　C. $-e^x - e^{-x}$ 　　　　D. $-e^x + e^{-x}$

8. 已知函数 $y = \ln x^2$，则 $dy = $（　　）.

A. $\dfrac{1}{x^2}$ 　　　　B. $\dfrac{1}{x^2}dx$ 　　　　C. $\dfrac{2}{x}$ 　　　　D. $\dfrac{2}{x}dx$

9. $y = x^2 \cos 3x$ 的导数为 (   ).

A. $2x \cos 3x + 3x^2 \sin 3x$ B. $2x \cos 3x$

C. $3x^2 \sin 3x$ D. $2x \cos 3x - 3x^2 \sin 3x$

10. 设 $f(x) = \begin{cases} x^2 + 1, & -1 < x \leq 0 \\ 1, & 0 < x \leq 2 \end{cases}$，则 $f(x)$ 在点 $x = 0$ 处 (   ).

A. 可导   B. 连续但不可导   C. 不连续   D. 无定义

二、填空题

1. $y = 3x^2 - \dfrac{2}{x^2} + 5$ 的导数为 _____ .

2. 设 $y = \dfrac{\sin 2x}{x}$，则 $y' =$ _____ .

3. $y = \sin(e^x + 1)$，$dy =$ _____ .

4. 曲线 $y = x + e^x$ 在点 $(0, 1)$ 处的切线方程是 _____ .

5. 函数 $y = e^{\cos^2 x}$ 的微分 $dy =$ _____ .

6. $y = x^3$ 的四阶导数是 _____ .

7. $f(x) = \ln \sqrt{1 + x^2}$，则 $f'(0) =$ _____ .

8. $y = x^x$，$dy =$ _____ .

三、解答题

1. 求 $y = e^x (x^2 - 3x + 1)$ 的导数.

2. 已知 $y = \ln(1 - x^2)$，求 y'.

3. 已知 $y^2 - 2xy + 9 = 0$，求 $\dfrac{dy}{dx}$.

4. $y = e^x - xy$，求 dy.

5. 已知 $y = \cos^2 3x$，求 y'.

6. 已知 $y = \dfrac{\sqrt{x + 1}}{(x - 1)^2}$，求 y'.

7. 设函数 $f(x) = \begin{cases} x^2, & x \leq 1 \\ ax + b, & x > 1 \end{cases}$ 在处 $x = 1$ 可导，求 a 和 b.

第5章

中值定理与导数应用

§5.1 中值定理

中值定理揭示了函数在某区间的整体性质与函数在该区间内某一点的导数之间的关系，因而称为中值定理. 中值定理既是用微分学知识解决应用问题的理论基础，又是解决微分学自身发展的一个理论性模型，因而也称为微分中值定理，其中拉格朗日中值定理是核心.

一、罗尔中值定理

定理1（罗尔中值定理）

预备知识

如果函数 $f(x)$ 满足以下条件：

(1) 在闭区间 $[a, b]$ 上连续；

(2) 在开区间 (a, b) 内可导；

(3) $f(a) = f(b)$.

则在 (a, b) 内至少存在一点 $\xi(a < \xi < b)$，使得 $f'(\xi) = 0$. $\qquad$ (5-1)

我们先看定理的几何意义. 该定理假设 $f(x)$ 在 $[a, b]$ 上连续，在 (a, b) 内可导，说明 $f(x)$ 在平面上是一条以 A、B 为端点的连续且处处有切线的曲线段. 由 $f(a) = f(b)$，故线段 AB 平行 x 轴，定理结论为 $f'(\xi) = 0$，说明在曲线段 $f(x)$ 上必有一点 C（相应于横坐标为 ξ 的点），在该点切线的斜率为 0，也即曲线在该点的切线平行于 x 轴.

从而罗尔中值定理的几何意义可以描述为：如果端点纵坐标相等的连续曲线，除端点处处具有不与 x 轴垂直的切线，那么该曲线上至少存在一点，使得该点处的切线平行于 x 轴（见图 5-1）.

证 因为 $f(x)$ 在闭区间 $[a, b]$ 上连续，根据闭区间上连续函数的最大值和最小值定理，$f(x)$ 在 $[a, b]$ 上必有最大值 M 和最小值 m，现分两种可能来讨论.

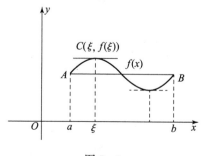

图 5-1

若 $M = m$，则对任一 $x \in (a, b)$，都有 $f(x) = m = M$，这时对任意的 $\xi \in (a, b)$，都有 $f'(\xi) = 0$.

若 $M > m$，则由条件（3）知，M 和 m 中至少有一个不等于 $f(a)(= f(b))$，不妨设 $M \neq f(a)$，则在开区间 (a, b) 内至少有一点 ξ，使得 $f(\xi) = M$. 下面来证明 $f'(\xi) = 0$.

由条件（2）知，$f'(\xi)$ 存在. 由于 $f(\xi)$ 为最大值，因此不论 Δx 为正或为负，只要 $\xi + \Delta x \in [a, b]$，总有 $f(\xi + \Delta x) - f(\xi) \leqslant 0$.

当 $\Delta x > 0$ 时，有 $\dfrac{f(\xi + \Delta x) - f(\xi)}{\Delta x} \leqslant 0$.

据函数极限的保号性知，$f'_+(\xi) = \lim\limits_{\Delta x \to 0^+} \dfrac{f(\xi + \Delta x) - f(\xi)}{\Delta x} \leqslant 0$.

同样，当 $\Delta x < 0$ 时，有 $f(\xi + \Delta x) - f(\xi) \leqslant 0$.

所以 $f'_-(\xi) = \lim\limits_{\Delta x \to 0^-} \dfrac{f(\xi + \Delta x) - f(\xi)}{\Delta x} \geqslant 0$.

因为 $f'(\xi) = f'_+(\xi) = f'_-(\xi)$，故 $f'(\xi) = 0$.

罗尔中值定理告诉我们，如果定理所需的条件满足，那么方程 $f'(x) = 0$ 在 (a, b) 内至少有一个实根. 我们把使导数 $f'(x)$ 为零的点即方程 $f'(x) = 0$ 的根称为函数 $f(x)$ 的驻点或稳定点.

例如，函数 $f(x) = x^2 - 2x - 3$ 在 $[-1, 3]$ 上连续，在 $(-1, 3)$ 内可导，且 $f(-1) = f(3) = 0$，由 $f'(x) = 2(x - 1)$ 知，若取 $\xi \in (-1, 3)$，则有 $f'(\xi) = 0$.

但在一般情况下，罗尔中值定理只给出了结论中导函数的零点的存在性，通常这样的零点是不易具体求出的.

为了加深对定理的理解，下面再作一些说明.

首先要指出，罗尔中值定理的三个条件是十分重要的，如果有一个不满足，定理的结论就不一定成立. 下面分别举三个例，并结合图像进行考查.

（1）$f(x) = \begin{cases} 1, & x = 0 \\ x, & 0 < x \leqslant 1 \end{cases}$.

函数 $f(x)$ 在 $[0, 1]$ 的左端点 $x = 0$ 处间断，不满足闭区间连续的条件，尽管 $f'(x)$ 在开区间 $(0, 1)$ 内存在，且 $f(0) = f(1)$，但显然没有水平切线. 如图 5 - 2 所示.

（2）$f(x) = \begin{cases} -x, & -1 \leqslant x < 0 \\ x, & 0 \leqslant x \leqslant 1 \end{cases}$.

函数 $f(x)$ 在 $x = 0$ 不可导，不满足在开区间 $(-1, 1)$ 内可导的条件，$f(x)$ 在 $[-1, 1]$ 内是连续的，且有 $f(-1) = f(1)$. 但是没有水平切线，如图 5 - 3 所示.

（3）$f(x) = x, x \in [0, 1]$.

函数 $f(x)$ 显然满足在 $[0, 1]$ 上连续，在 $(0, 1)$ 内可导的条件，但 $f(0) \neq f(1)$，显然也没有水平切线. 如图 5 - 4 所示.

由此可见，当我们应用这个定理时，一定要仔细验证是否满足定理的三个条件，否则容易产生错误.

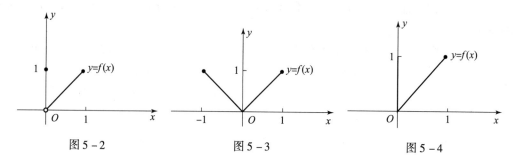

图 5 - 2   图 5 - 3   图 5 - 4

其次，须注意定理的三个条件仅是充分的而非必要的. 即若满足定理的三个条件，则定理的结论必定成立. 如果定理的三个条件不完全满足，则定理的结论可能成立，也可能不成立.

如：$\varphi(x) = \begin{cases} -\sin x, & x \in [0, \pi) \\ 1, & x = \pi \end{cases}$.

显然，$\varphi(x)$ 在 $[0, \pi]$ 上不连续，$\varphi(0) \neq \varphi(\pi)$，故不满足罗尔中值定理的条件，但 $\varphi(x)$ 在 $x = \dfrac{\pi}{2} \in (0, \pi)$ 还是有水平切线，见图 5 - 5 所示.

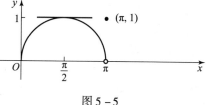

图 5 - 5

罗尔中值定理中 $f(a) = f(b)$ 这个条件是相当特殊的，它使罗尔定理的应用受到限制. 拉格朗日在罗尔中值定理的基础上作了进一步的研究，取消了罗尔中值定理中这个条件的限制，得到了在微分学中具有重要地位的拉格朗日中值定理.

二、拉格朗日中值定理

定理 2（拉格朗日中值定理）

如果函数 $y = f(x)$ 满足以下条件：

（1）在闭区间 $[a, b]$ 上连续；

（2）在开区间 (a, b) 内可导.

则在 (a, b) 内至少存在一点 $\xi(a < \xi < b)$，使得 $f(b) - f(a) = f'(\xi)(b - a)$，即

$$f'(\xi) = \frac{f(b) - f(a)}{b - a} \tag{5-2}$$

先了解一下定理的几何意义. 从图 5 - 6 可见，$\dfrac{f(b) - f(a)}{b - a}$ 为弦 AB 的斜率，而 $f'(\xi)$ 为曲线在点 C 处的切线的斜率，拉格朗日中值定理表明，在满足定理条件的情况下，曲线 $y = f(x)$ 上至少有一点 C，使曲线在点 C 处的切线平行于弦 AB.

拉格朗日中值定理的几何意义可以描述为：如果连续曲线 $f(x)$ 除端点外，处处具有不垂直于 x 轴的切线，那么曲线上除端点外至少有一点，它的切线平行于割线 AB（见图 5 - 6）.

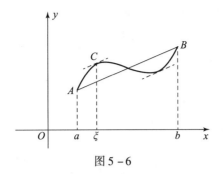

图 5 – 6

由图 5 – 6 可看出，罗尔中值定理是拉格朗日中值定理当 $f(a) = f(b)$ 时的特殊情形，这种特殊关系，还可进一步联想到利用罗尔中值定理来证明拉格朗日中值定理. 定理证明的基本思路是构造一个辅助函数，使其符合罗尔中值定理的条件，然后可利用罗尔中值定理给出证明.

推论 1　如果函数 $f(x)$ 在区间 I 上的导数恒为零，那么 $f(x)$ 在区间 I 上是一个常数.

这个推论的几何意义很明确，即如果曲线的切线斜率恒为零，则此曲线必定是一条平行于 x 轴的直线.

推论 1 表明：**导数为零的函数就是常数函数**. 由推论 1 立即可得：

拉格朗日
中值定理的证明

推论 2　如果函数 $f(x)$ 与 $g(x)$ 在区间 I 上恒有 $f'(x) = g'(x)$，则在区间 I 上有 $f(x) = g(x) + C$（C 为常数）.

这个推论告诉我们，如果两个函数在区间 I 上导数处处相等，则这两个函数在区间 I 上至少相差一个常数.

例 1　对函数 $f(x) = \ln x$ 在 $[1, e]$ 上验证拉格朗日中值定理的正确性，若满足，求出定理结论中的内点 ξ.

解　因为 $f(x) = \ln x$ 为初等函数，其定义域为 $(0, +\infty)$. 而 $[1, e] \subset (0, +\infty)$.

所以 $f(x) = \ln x$ 在 $[1, e]$ 上连续.

又因为 $f'(x) = \dfrac{1}{x}$ 在 $(1, e)$ 内点点都有意义.

所以 $f(x)$ 在 $(1, e)$ 内可导.

所以 $f(x) = \ln x$ 在 $[1, e]$ 上满足拉格朗日中值定理.

由 $f'(\xi) = \dfrac{f(e) - f(1)}{e - 1}$，得

$$\frac{1}{\xi} = \frac{\ln e - \ln 1}{e - 1} = \frac{1}{e - 1}$$
$$\xi = e - 1 \in (1, e)$$

例 2　证明当 $x > 0$ 时，$\dfrac{x}{1 + x} < \ln(1 + x) < x$.

证　设 $f(x) = \ln(1 + x)$.

因为 $f(x)$ 为初等函数，所以 $f(x)$ 在 $[0, x]$ 上连续，

又因为 $f'(x) = \dfrac{1}{1 + x}$ 在 $(0, x)$ 内处处有意义，所以 $f(x)$ 在 $(0, x)$ 内可导.

则 $f(x)$ 在 $[0, x]$ 上满足拉格朗日中值定理.

所以 $f(x) - f(0) = f'(\xi)(x - 0)$，$(0 < \xi < x)$.

又因为 $f(0) = 0$，$f'(x) = \dfrac{1}{1+x}$，

所以 $\ln(1+x) = \dfrac{1}{1+\xi} \cdot x$，$(0 < \xi < x)$.

因为 $0 < \xi < x$，所以 $\dfrac{x}{1+x} < \dfrac{x}{1+\xi} < x$，

即 $\dfrac{x}{1+x} < \ln(1+x) < x$.

三、柯西中值定理

定理 3（**柯西中值定理**）

如果函数 $f(x)$ 及 $g(x)$ 满足：

（1）在闭区间 $[a, b]$ 上连续；

（2）在开区间 (a, b) 内可导；

（3）在 (a, b) 内每一点处，$g'(x) \neq 0$.

则在 (a, b) 内至少存在一点 $\xi(a < \xi < b)$，使得

$$\frac{f(a) - f(b)}{g(a) - g(b)} = \frac{f'(\xi)}{g'(\xi)} \quad \text{（柯西公式）} \tag{5-3}$$

先来考查柯西中值定理的**几何意义**，设曲线由参数方程 $\begin{cases} x = g(t) \\ y = f(t) \end{cases}$（$a \leqslant t \leqslant b$）表示，点 $A(g(a), f(a))$ 与 $B(g(b), f(b))$ 的连线——割线 AB 的斜率为 $\dfrac{f(b) - f(a)}{g(b) - g(a)}$.

按照参数方程所确定的函数导数公式 $\dfrac{\mathrm{d}y}{\mathrm{d}x} = \dfrac{f'(t)}{g'(t)}$，因此定理的结论是说在开区间 (a, b) 内至少存在一点 ξ，使曲线上相应于 $t = \xi$ 处的 C 点切线与割线 AB 平行（见图 5-7）.

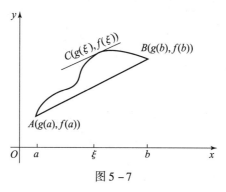

图 5-7

不难看出，拉格朗日中值定理是柯西中值定理的特殊情况. 显然，当取 $g(x) = x$ 时，柯西中值定理就变成拉格朗日中值定理了. 所以柯西中值定理又称为**广义中值定理**.

例 3 设函数 $f(x)$ 在 $[0, 1]$ 上连续，在 $(0, 1)$ 内可导，试证明至少存在一点 $\xi \in$

$(0,1)$，使 $f'(\xi)=2\xi[f(1)-f(0)]$.

证　题设结论变形为 $\dfrac{f(1)-f(0)}{1-0}=\dfrac{f'(\xi)}{2\xi}=\dfrac{f'(x)}{(x^2)'}\bigg|_{x=\xi}$，因此，可设 $g(x)=x^2$，则 $f(x)$，

$g(x)$ 在 $[0,1]$ 上满足柯西中值定理条件，所以在 $(0,1)$ 内至少存在一点 ξ，使 $\dfrac{f(1)-f(0)}{1-0}=\dfrac{f'(\xi)}{2\xi}$，即 $f'(\xi)=2\xi[f(1)-f(0)]$.

习题 5.1

1. 下列函数在所给区间上是否满足罗尔中值定理的条件？若满足，求出定理结论中的内点 ξ.

(1) $f(x)=x^2-5x+6$，$[2,3]$；

(2) $f(x)=\sin x$，$[0,\pi]$；

(3) $f(x)=\dfrac{1}{1+x^2}$，$[-2,2]$；

(4) $f(x)=1-\sqrt[3]{x^2}$，$[-1,1]$.

2. 下列函数在所给区间上是否满足拉格朗日中值定理的条件？若满足，求出定理结论中的内点 ξ.

(1) $f(x)=x^2+x-2$，$[0,1]$；

(2) $f(x)=e^x$，$[0,\ln2]$；

(3) $f(x)=\lg x$，$[1,10]$.

3. 证明恒等式：

(1) $\arcsin x+\arccos x=\dfrac{\pi}{2}$，$-1\le x\le 1$；

(2) $\arctan x+\arctan\dfrac{1}{x}=\dfrac{\pi}{2}$，$x>0$.

4. 应用拉格朗日中值公式证明不等式：

(1) $|\sin x_2-\sin x_1|\le|x_2-x_1|$；

(2) $|\arctan x_2+\arctan x_1|\le|x_2-x_1|$；

(3) $e^x>e\cdot x$，$x>1$；

(4) $\dfrac{a-b}{a}<\ln\dfrac{a}{b}<\dfrac{a-b}{b}$，$a>b>0$.

5. 函数 $f(x)=x^2$ 和函数 $g(x)=x^3$ 在区间 $[0,1]$ 上是否满足柯西中值定理的条件？若满足，求出定理结论中的内点 ξ.

§5.2　洛必达法则

前面我们已经讨论过函数极限的求法，其中不乏两个无穷小量之比的极限以及两个无穷

大量之比的极限. 比如 $\lim\limits_{x\to 1}\dfrac{x^2-2x+1}{x^2-1}$ 是一个无穷小量与无穷小量比值的极限，我们可以通过约分，消去"零因子"来求解. 但这只是针对某些特定问题特殊的方法，能否找到一种一般性的方法解决类似的问题呢？这就是本节将要讨论的问题——洛必达法则.

一、$\dfrac{0}{0}$型未定式

定理 1 设

（1）当 $x\to a$ 时，函数 $f(x)$ 及 $g(x)$ 都趋于零；

（2）在点 a 的某去心邻域内，$f'(x)$ 及 $g'(x)$ 都存在且 $g'(x)\neq 0$；

（3）$\lim\limits_{x\to a}\dfrac{f'(x)}{g'(x)}$ 存在（或为无穷大）.

则
$$\lim_{x\to a}\frac{f(x)}{g(x)}=\lim_{x\to a}\frac{f'(x)}{g'(x)} \tag{5-4}$$

注：对于当 $x\to\infty$ 时的 $\dfrac{0}{0}$ 型未定式，只须作简单变换 $z=\dfrac{1}{x}$ 就可以化为定理 1 的情形.

定理 1 的意义是，当满足定理的条件时，$\dfrac{0}{0}$ 型未定式 $\dfrac{f(x)}{g(x)}$ 的极限可以转化为导数之比 $\dfrac{f'(x)}{g'(x)}$ 的极限，从而为求极限化难为易提供了可能的新途径.

例 1 求极限 $\lim\limits_{x\to 1}\dfrac{x^2-2x+1}{x^2-1}$.

解 显然，所求极限为 $\dfrac{0}{0}$ 型，使用洛必达法则，得
$$原式=\lim_{x\to 1}\frac{(x^2-2x+1)'}{(x^2-1)'}=\lim_{x\to 1}\frac{2x-2}{2x}=\frac{0}{2}=0$$

例 2 求极限 $\lim\limits_{x\to 0}\dfrac{x-\sin x}{x^3}$.

解 不难验证所求极限为 $\dfrac{0}{0}$ 型，由洛必达法则，得
$$原式=\lim_{x\to 0}\frac{(x-\sin x)'}{(x^3)'}=\lim_{x\to 0}\frac{1-\cos x}{3x^2}$$
$$=\lim_{x\to 0}\frac{\sin x}{6x}$$
$$=\lim_{x\to 0}\frac{\cos x}{6}=\frac{1}{6}$$

此例说明，在使用法则时，如果 $\lim\limits_{x\to a}\dfrac{f'(x)}{g'(x)}$ 仍是 $\dfrac{0}{0}$ 未定式，而 $\lim\limits_{x\to a}\dfrac{f''(x)}{g''(x)}$ 存在（或为无穷大），则继续使用洛必达法则，依次类推. 即
$$\lim_{x\to a}\frac{f(x)}{g(x)}=\lim_{x\to a}\frac{f'(x)}{g'(x)}=\lim_{x\to a}\frac{f''(x)}{g''(x)}$$

例 3 求极限 $\lim\limits_{x\to 0}\dfrac{e^x-e^{-x}-2x}{x-\sin x}$.

解　所求极限为 $\dfrac{0}{0}$ 型，应用洛必达法则，得

$$\lim_{x \to 0} \frac{e^x - e^{-x} - 2x}{x - \sin x} = \lim_{x \to 0} \frac{e^x + e^{-x} - 2}{1 - \cos x}$$

$$= \lim_{x \to 0} \frac{e^x - e^{-x}}{\sin x} = \lim_{x \to 0} \frac{e^x + e^{-x}}{\cos x} = 2$$

本例应用了三次洛必达法则，注意每次使用前要检查它是否仍为未定式极限，如已经不是，还继续使用洛必达法则，则势必会出现错误，如下例

例 4　求极限 $\lim\limits_{x \to 0} \dfrac{e^x - \cos x}{x \sin x}$.

解　下面写法是错误的

$$\lim_{x \to 0} \frac{e^x - \cos x}{x \sin x} = \lim_{x \to 0} \frac{e^x + \sin x}{\sin x + x \cos x}$$

$$= \lim_{x \to 0} \frac{e^x + \cos x}{\cos x + \cos x - x \sin x} = \frac{2}{2} = 1$$

错在第二个式子已不是 $\dfrac{0}{0}$ 型，故不能继续使用洛必达法则，正确的做法是：

$$\lim_{x \to 0} \frac{e^x - \cos x}{x \sin x} = \lim_{x \to 0} \frac{e^x + \sin x}{\sin x + x \cos x} = \infty$$

例 5　求极限 $\lim\limits_{x \to 0} \dfrac{\ln (1 + x)}{x}$.

解　该式属于 $\dfrac{0}{0}$ 型，故用洛必达法则，得

$$原式 = \lim_{x \to 0} \frac{\dfrac{1}{1 + x}}{1} = 1$$

二、$\dfrac{\infty}{\infty}$ 型未定式

定理 2　设

(1) 当 $x \to a$ 时，函数 $f(x)$ 及 $g(x)$ 都趋于 ∞；

(2) 在点 a 的某去心邻域内，$f'(x)$ 及 $g'(x)$ 都存在且 $g'(x) \neq 0$；

(3) $\lim\limits_{x \to a} \dfrac{f'(x)}{g'(x)}$ 存在（或为无穷大）. 则

$$\lim_{x \to a} \frac{f(x)}{g(x)} = \lim_{x \to a} \frac{f'(x)}{g'(x)} \tag{5 - 5}$$

注：对于当 $x \to \infty$ 时的 $\dfrac{\infty}{\infty}$ 型未定式，只须作简单变换 $z = \dfrac{1}{x}$ 就可以化为定理 2 的情形. 同样可以用定理 2 的方法.

例 6　求极限 $\lim\limits_{x \to +\infty} \dfrac{\ln x}{x}$.

解　所求极限为 $\dfrac{\infty}{\infty}$ 型，使用洛必达法则，得

$$原式 = = \lim_{x \to +\infty} \frac{\frac{1}{x}}{1} = 0$$

例 7 求极限 $\lim\limits_{x \to +\infty} \dfrac{x^3}{e^x}$.

解 反复使用洛必达法则三次，得

$$原式 = \lim_{x \to +\infty} \frac{3x^2}{e^x} = \lim_{x \to +\infty} \frac{6x}{e^x} = \lim_{x \to +\infty} \frac{6}{e^x} = 0$$

洛必达法则虽然是求未定式的一种有效方法，但若能与其他求极限的方法结合使用，效果更好. 能化简时先化简，可结合使用等价无穷小替换或重要极限，使运算尽可能简捷.

例 8 求极限 $\lim\limits_{x \to 0} \dfrac{3x - \sin 3x}{(1 - \cos x)\ln(1 + 2x)}$.

解 当 $x \to 0$ 时，$1 - \cos x \sim \dfrac{x^2}{2}$，$\ln(1 + 2x) \sim 2x$.

$$\lim_{x \to 0} \frac{3x - \sin 3x}{(1 - \cos x)\ln(1 + 2x)} = \lim_{x \to 0} \frac{3x - \sin 3x}{\frac{x^2}{2} \cdot 2x}$$

$$= \lim_{x \to 0} \frac{3 - 3\cos 3x}{3x^2} = \lim_{x \to 0} \frac{9 \sin 3x}{6x} = \frac{9}{2}$$

需要注意的是洛必达法则有时会失效，其实这并不奇怪，因为法则说，当 $\lim\limits_{x \to a} \dfrac{f'(x)}{g'(x)}$ 存在时，$\lim\limits_{x \to a} \dfrac{f(x)}{g(x)}$ 才有极限，但反之，则不一定. 如下例.

例 9 求极限 $\lim\limits_{x \to 0} \dfrac{x^2 \sin \dfrac{1}{x}}{\sin x}$.

解 所求极限为 $\dfrac{0}{0}$ 型，但分子分母求导后化为 $\lim\limits_{x \to 0} \dfrac{2x \sin \dfrac{1}{x} - \cos \dfrac{1}{x}}{\cos x}$，此极限不存在（振荡），因而不能使用洛必达法则；但不能由此得出结论，说原未定式极限一定不存在，事实上，原极限是存在的，可用下面方法求：

$$\lim_{x \to 0} \frac{x^2 \sin \dfrac{1}{x}}{\sin x} = \lim_{x \to 0} \frac{x^2 \sin \dfrac{1}{x}}{x} \quad （当 x \to 0 时，\sin x \sim x）$$

$$= \lim_{x \to 0} x \sin \frac{1}{x} = 0 \quad （无穷小量乘以有界变量仍是无穷小量）$$

例 10 求极限 $\lim\limits_{x \to +\infty} \dfrac{e^x}{x^3}$.

解 所求极限为 $\dfrac{\infty}{\infty}$ 型，使用洛必达法则，得

$$原式 = \lim_{x \to +\infty} \frac{e^x}{3x^2} = \lim_{x \to +\infty} \frac{e^x}{6x} = \lim_{x \to +\infty} \frac{e^x}{6} = +\infty \quad （极限不存在）$$

三、其他类型的未定式

洛必达法则

前述 $\dfrac{0}{0}$ 型和 $\dfrac{\infty}{\infty}$ 型是两种最基本的未定式，除此之外，还有 $0 \cdot \infty$，$\infty - \infty$，1^{∞}，∞^{0} 和 0^{0} 等类型未定式，这些未定式都可以通过适当的变形化为 $\dfrac{0}{0}$ 型或 $\dfrac{\infty}{\infty}$ 型，然后再应用洛必达法则.

1. 对于 $0 \cdot \infty$，可将乘积转化为除的形式，转化为 $\dfrac{0}{0}$ 型或 $\dfrac{\infty}{\infty}$ 型

例 11　求极限 $\lim\limits_{x \to 0^{+}} x \ln x$.

解　$\lim\limits_{x \to 0^{+}} x \ln x = \lim\limits_{x \to 0^{+}} \dfrac{\ln x}{\dfrac{1}{x}} = \lim\limits_{x \to 0^{+}} \dfrac{\dfrac{1}{x}}{-\dfrac{1}{x^{2}}} = \lim\limits_{x \to 0^{+}} (-x) = 0$

注：在本例中我们是将 $0 \cdot \infty$ 型化为 $\dfrac{\infty}{\infty}$ 型后，再用洛必达法则计算的. 但注意，若化为 $\dfrac{0}{0}$ 型，将得不出结果：

$$\lim\limits_{x \to 0^{+}} x \ln x = \lim\limits_{x \to 0^{+}} \dfrac{x}{\dfrac{1}{\ln x}} = \lim\limits_{x \to 0^{+}} \dfrac{1}{-\dfrac{1}{\ln^{2} x} \cdot \dfrac{1}{x}} = \lim\limits_{x \to 0^{+}} \dfrac{x}{-\dfrac{1}{\ln^{2} x}} = \cdots$$

可见不管用多少次洛必达法则，其结果仍为 $\dfrac{0}{0}$ 型，所以究竟把 $0 \cdot \infty$ 型化为 $\dfrac{0}{0}$ 型还是 $\dfrac{\infty}{\infty}$ 型要根据具体问题而定.

2. 对于 $\infty - \infty$，可通分化为 $\dfrac{0}{0}$ 型

例 12　求极限 $\lim\limits_{x \to 0} \left(\dfrac{1}{x} - \dfrac{1}{e^{x} - 1} \right)$.

解　$\lim\limits_{x \to 0} \left(\dfrac{1}{x} - \dfrac{1}{e^{x} - 1} \right) = \lim\limits_{x \to 0} \dfrac{e^{x} - 1 - x}{x (e^{x} - 1)} = \lim\limits_{x \to 0} \dfrac{e^{x} - 1}{e^{x} - 1 + x e^{x}}$

$\qquad\qquad = \lim\limits_{x \to 0} \dfrac{e^{x}}{e^{x} + e^{x} + x e^{x}} = \dfrac{1}{1 + 1 + 0} = \dfrac{1}{2}$

3. 对于 0^{0}，1^{∞}，∞^{0} 型，可用对数恒等式化为 $\dfrac{0}{0}$ 型或 $\dfrac{\infty}{\infty}$ 型

利用对数恒等式 $x = e^{\ln x}$，一般式为 $f(x)^{g(x)} = e^{\ln f(x)^{g(x)}} = e^{g(x) \cdot \ln f(x)}$，化为以 e 为底的指数函数形式，利用指数函数的连续性，化为直接求指数的极限，指数的极限为 0^{0}，1^{∞}，∞^{0} 型，再化为 $\dfrac{0}{0}$ 型或 $\dfrac{\infty}{\infty}$ 型.

例 13　求极限 $\lim\limits_{x \to 0^{+}} x^{x}$.

解　上式为 0^{0} 型，因为 $x = e^{\ln x}$，所以 $x^{x} = e^{\ln x^{x}} = e^{x \ln x}$.

而 $\lim\limits_{x\to 0^+} x\ln x = \lim\limits_{x\to 0^+}\dfrac{\ln x}{\dfrac{1}{x}} = \lim\limits_{x\to 0^+}\dfrac{\dfrac{1}{x}}{-\dfrac{1}{x^2}} = \lim\limits_{x\to 0^+}(-x) = 0,$

所以 $\lim\limits_{x\to 0^+} x^x = \lim\limits_{x\to 0^+} e^{x\ln x} = e^0 = 1.$

例 14 求极限 $\lim\limits_{x\to 1} x^{\frac{1}{1-x}}.$

解 上式为 1^∞ 型，因为 $x = e^{\ln x}$，所以 $x^{\frac{1}{1-x}} = e^{\ln x^{\frac{1}{1-x}}} = e^{\frac{\ln x}{1-x}}.$

而 $\lim\limits_{x\to 1}\dfrac{\ln x}{1-x} = \lim\limits_{x\to 1}\dfrac{\dfrac{1}{x}}{-1} = -1,$

所以 $\lim\limits_{x\to 1} x^{\frac{1}{1-x}} = e^{-1}.$

例 15 求极限 $\lim\limits_{x\to 0^+}(\cot x)^{\frac{1}{\ln x}}.$

解 上式为 ∞^0 型，因为 $(\cot x)^{\frac{1}{\ln x}} = e^{\frac{1}{\ln x}\cdot\ln\cot x} = e^{\frac{\ln\cot x}{\ln x}},$

而 $\lim\limits_{x\to 0^+}\dfrac{\ln\cot x}{\ln x} = \lim\limits_{x\to 0^+}\dfrac{-\tan x\csc^2 x}{\dfrac{1}{x}} = \lim\limits_{x\to 0^+}\left(-\dfrac{1}{\cos x}\cdot\dfrac{x}{\sin x}\right) = -1,$

所以 $\lim\limits_{x\to 0^+}(\cot x)^{\frac{1}{\ln x}} = \lim\limits_{x\to 0^+} e^{\frac{\ln\cot x}{\ln x}} = e^{-1}.$

习题 5.2

1. 用洛必达法则求下列极限：

（1）$\lim\limits_{x\to 0}\dfrac{x-\sin x}{x^3}$；

（2）$\lim\limits_{x\to 0}\dfrac{e^x-e^{-x}}{x}$；

（3）$\lim\limits_{x\to 0}\dfrac{e^x-1}{x^2-x}$；

（4）$\lim\limits_{x\to 0}\dfrac{e^{ax}-1}{x}$；

（5）$\lim\limits_{x\to 0}\dfrac{\sin 3x}{\tan 5x}$；

（6）$\lim\limits_{x\to\frac{\pi}{2}}\dfrac{\tan x}{\tan 3x}$；

（7）$\lim\limits_{x\to\frac{\pi}{2}^-}\dfrac{\ln\cot x}{\tan x}$；

（8）$\lim\limits_{x\to 0}\dfrac{e^x+\sin x-1}{\ln(1+\sin x)}$；

（9）$\lim\limits_{x\to 0}\dfrac{\tan x-x}{x+\sin x}.$

2. 求下列极限：

（1）$\lim\limits_{x\to 0^+} xe^{\frac{1}{x}}$；

（2）$\lim\limits_{x\to 0^+} x^2\ln x$；

（3）$\lim\limits_{x\to 1}\left(\dfrac{1}{x^2-1}-\dfrac{1}{x-1}\right)$；

（4）$\lim\limits_{x\to\frac{\pi}{2}}(\sec x-\tan x)$；

（5）$\lim\limits_{x\to 1}\left(\dfrac{x}{x-1}-\dfrac{1}{\ln x}\right)$；

（6）$\lim\limits_{x\to 2}(x-1)^{\frac{1}{2-x}}$；

（7）$\lim\limits_{x\to 0^+}\left(\dfrac{1}{x}\right)^{\tan x}$；

（8）$\lim\limits_{x\to+\infty}(1+x)^{\frac{1}{\sqrt{x}}}$；

（9）$\lim\limits_{x\to 0^+}(\sin x)^x.$

3. 验证极限 $\lim\limits_{x\to+\infty}\dfrac{e^x-e^{-x}}{e^x+e^{-x}}$ 及 $\lim\limits_{x\to 0}\dfrac{x^2\sin\dfrac{1}{x}}{\sin x}$ 存在，但是不能用洛必达法则求出.

§5.3　导数在研究函数上的应用

我们已经会用初等数学的方法研究一些函数的单调性和某些简单函数的极值以及函数的最大值和最小值. 但这些方法使用范围狭小, 并且有些需要借助某种特殊技巧, 因而不具有一般性. 本节将以导数为工具, 介绍解决上述问题既简单又具有一般性的方法.

一、函数的单调性

如何利用导数研究函数的单调性呢?

我们先考查图 5-8, 函数 $y=f(x)$ 的图像在区间 (a, b) 内沿 x 轴的正方向上升, 除点 $(\xi, f(\xi))$ 的切线平行于 x 轴外, 曲线上其余点处的切线与 x 轴的夹角均为锐角, 即曲线 $y=f(x)$ 在区间 (a, b) 内除个别点外切线的斜率为正, 反之亦然.

再考查图 5-9, 函数 $y=f(x)$ 的图像在区间 (a, b) 内沿 x 轴的正方向下降, 除个别点外, 曲线上其余点处的切线与 x 轴的夹角均为钝角, 即曲线 $y=f(x)$ 在区间 (a, b) 内除个别点外切线的斜率为负, 反之亦然.

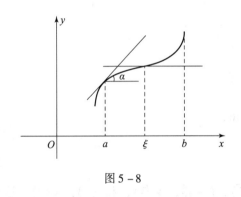

图 5-8　　　　　　　　　　图 5-9

一般地, 根据拉格朗日中值定理, 有

定理 1　设函数 $y=f(x)$ 在 $[a, b]$ 上连续, 在 (a, b) 内可导,

(1) 若在 (a, b) 内 $f'(x)>0$, 则函数 $y=f(x)$ 在 $[a, b]$ 上单调增加;

(2) 若在 (a, b) 内 $f'(x)<0$, 则函数 $y=f(x)$ 在 $[a, b]$ 上单调减少.　　　(5-6)

证　任取两点 $x_1, x_2 \in (a, b)$, 设 $x_1 < x_2$, 由拉格朗日中值定理知, 存在 $\xi \in (x_1, x_2)$, 使得 $f(x_2) - f(x_1) = f'(\xi)(x_2 - x_1)$.

(1) 若在 (a, b) 内 $f'(x)>0$, 则 $f'(\xi)>0$, 所以 $f(x_2)>f(x_1)$, 即 $y=f(x)$ 在 $[a, b]$ 上单调增加;

(2) 若在 (a, b) 内 $f'(x)<0$, 则 $f'(\xi)<0$, 所以 $f(x_2)<f(x_1)$, 即 $y=f(x)$ 在 $[a, b]$ 上单调减少;

注: 将此定理中的闭区间换成其他各种区间 (包括无穷区间) 结论仍成立.

函数的单调性是一个区间上的性质, 要用导数在这一区间上的符号来判定, 而不能用导数在一点处的符号来判断函数在一个区间的单调性, 区间内个别点导数为零并不影响函数在区间的单调性.

例如，函数 $y = x^3$ 在其定义域 $(-\infty, +\infty)$ 内是单调增加的，但其导数 $y' = 3x^2$ 在 $x = 0$ 处为零.

如果函数在其定义域的某个区间内是单调的，则该区域称为函数的**单调区间**.

例 1 讨论函数 $y = x - \sin x$，$x \in [0, 2\pi]$ 的单调性.

解 当 $x \in (0, 2\pi)$ 时，$y' = 1 - \cos x > 0$，

因此 $y = x - \sin x$ 在 $[0, 2\pi]$ 上单调增加.

由导数的几何意义，结合定理 1 可得：

导数符号的几何意义：对于某区间上的函数 $y = f(x)$，**导数为正，曲线上升；导数为零，曲线不升不降；导数为负，曲线下降**.

例 2 确定函数 $y = x^2$ 的单调区间.

解 函数 y 的定义域为 $(-\infty, +\infty)$，

$$y' = 2x$$

因为当 $x < 0$ 时，$y' < 0$，所以函数 y 在 $(-\infty, 0]$ 内单调减少；

因为当 $x > 0$ 时，$y' > 0$，所以函数 y 在 $[0, +\infty)$ 内单调增加，如图 5 - 10 所示.

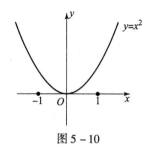

图 5 - 10

例 3 判定函数 $y = \dfrac{x^3}{3 - x^2}$ 的单调区间.

解 函数 $y = \dfrac{x^3}{3 - x^2}$ 的定义域为 $(-\infty, -\sqrt{3})$，$(-\sqrt{3}, +\sqrt{3})$，和 $(\sqrt{3}, +\infty)$，这里 $x = \pm\sqrt{3}$ 是函数的间断点.

$$y' = \frac{x^2(3 + x)(3 - x)}{(3 - x^2)^2}$$

故 $x_1 = -3$，$x_2 = 0$，$x_3 = 3$，使 $y' = 0$，用这三点把定义域分成区间，其讨论结果如下：

x	$(-\infty, -3)$	$(-3, -\sqrt{3})$	$(-\sqrt{3}, 0)$	$(0, \sqrt{3})$	$(\sqrt{3}, 3)$	$(3, +\infty)$
y'	$-$	$+$	$+$	$+$	$+$	$-$
y	↘	↗	↗	↗	↗	↘

所以函数 y 在 $(-\infty, -3)$，$(3, +\infty)$ 内单调减少；

函数在 $(-3, -\sqrt{3})$，$(-\sqrt{3}, \sqrt{3})$，$(\sqrt{3}, 3)$ 内单调增加.

由这些例子可以看到，函数 $f(x)$ 单调区间可能的分界点是使 $f'(x) = 0$ 的点、$f(x)$ 的间断点和 $f'(x)$ 不存在的点.

综上所述，求函数 $y = f(x)$ 的单调区间的步骤为：

（1）确定函数 $f(x)$ 的定义域；

（2）求出 $f(x)$ 单调区间所有可能的分界点（包括 $f(x)$ 的间断点，导数等于零的点或导数不存在的点），并用分界点将函数的定义域分为若干个子区间；

（3）逐个判断函数的导数 $f'(x)$ 在各子区间的符号，从而确定出函数 $y = f(x)$ 在各子区间上的单调性，每个使得 $f'(x)$ 的符号保持不变的子区间都是函数 $y = f(x)$ 的单调区间，可用列表的方法进行讨论.

例 4　讨论函数 $f(x) = \dfrac{1}{3}x^3 - \dfrac{5}{2}x^2 + 4x + 3$ 的单调性.

解　该函数的定义域为 $(-\infty, +\infty)$，

令 $f'(x) = 0$，其根为 $x_1 = 1$，$x_2 = 4$，

它将定义域分为三个区间：$(-\infty, 1)$，$(1, 4)$，$(4, +\infty)$.

列表如下：

x	$(-\infty, 1)$	1	$(1, 4)$	4	$(4, +\infty)$
$f(x)'$	+	0	−	0	+
$f(x)$	↗		↘		↗

所以，函数 $f(x)$ 在 $(-\infty, 1)$，$(4, +\infty)$ 内单调增加；在 $(1, 4)$ 内单调减少.

利用函数的单调性还可以证明一些不等式.

例 5　证明当 $x \neq 0$ 时，有 $e^x > 1 + x$.

证　设 $f(x) = e^x - (x+1)$，则 $f(0) = 0$，$f'(x) = e^x - 1$.

当 $x > 0$ 时，$f'(x) > 0$，函数 $f(x)$ 在 $[0, +\infty)$ 内单调增加；

所以当 $x > 0$ 时，$f(x) > f(0) = 0$，即 $e^x > 1 + x$.

当 $x < 0$ 时，$f'(x) < 0$，函数 $f(x)$ 在 $(-\infty, 0]$ 上单调减少；

所以当 $x < 0$ 时，$f(x) > f(0) = 0$，即 $e^x > 1 + x$.

综上，当 $x \neq 0$ 时，有 $e^x > 1 + x$.

二、函数的极值

我们利用定理 1 研究了函数的增减性，现在我们研究函数的极大值和极小值.

定义 1　设函数 $y = f(x)$ 在点 x_0 的某邻域内有定义，如果对于该邻域内的任意异于 x_0 的 x 值（$x \neq x_0$），都有

（1）$f(x) > f(x_0)$，则称点 x_0 为函数 $f(x)$ 的**极小值点**，称 $f(x_0)$ 为 $f(x)$ 的**极小值**；

（2）$f(x) < f(x_0)$，则称点 x_0 为函数 $f(x)$ 的**极大值点**，称 $f(x_0)$ 为 $f(x)$ 的**极大值**.

极大值点和极小值点统称为**函数的极值点**，极大值与极小值统称为**极值**. 由定义可知，极值只是函数 $f(x)$ 在点 x_0 的某一邻域内相比较而言的，它只是函数的一种局部性质. 函数的极小值（极大值）在函数的定义域内与其他点的函数值相比较，不一定是最小值（最大值），如图 5 - 11 所示.

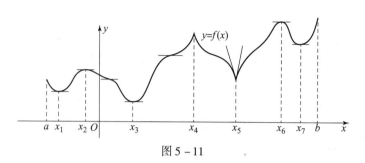

图 5 – 11

一个定义在 $[a, b]$ 的函数，它在 $[a, b]$ 上可以有许多极大值和极小值，但其中的极大值并不一定都是大于每一个极小值的．如由图 5 – 11 可知，函数 $f(x)$ 在点 x_2，x_4，x_6 处都取得极大值，分别为 $f(x_2)$，$f(x_4)$，$f(x_6)$，在点 x_1，x_3，x_5，x_7 处取得极小值，分别为 $f(x_1)$，$f(x_3)$，$f(x_5)$，$f(x_7)$，极大值 $f(x_2)$ 比极小值 $f(x_7)$ 要小．另从观察得知，在极值点处，函数 $f(x)$ 的导数可能为零（切线平行于 Ox），也可能不存在．在几何上，极大值对应于函数曲线的峰顶，极小值对应于函数曲线的谷底．

例如函数 $y = \cos x$，在点 $x = 0$ 处取得极大值 $y = \cos 0 = 1$，在点 $x = \pi$ 处取得极小值 $y = \cos \pi = -1$．不难发现，可导函数 $y = \cos x$ 的曲线在极值点 $x = 0$ 和 $x = \pi$ 处切线平行于 x 轴．

这样，我们可得下面定理：

定理 2（极值存在的必要条件）   如果函数 $f(x)$ 在点 x_0 处取得极值，且 $f'(x_0)$ 存在，则必有

$$f'(x_0) = 0 \tag{5-7}$$

这个定理叫作**费马定理**．由费马定理可知导数 $f'(x_0) = 0$ 是可导函数 $y = f(x)$ 在点 x_0 取得极值的必要条件，即可导函数的极值点必定是导数 $f'(x) = 0$ 的点（驻点）．反过来，导数为零的点（驻点）不一定是极值点．

例如函数 $y = x^3$，令 $y' = 3x^2 = 0$，解得驻点 $x = 0$，但是 $x = 0$ 并不是这个函数的极值点．事实上，因为这个函数是严格单调增加的，所以 $x = 0$ 就不可能是它的极值点．此外，定理只讨论了可导函数如何寻找极值点，对于不可导函数就不能用此定理．然而，有的函数在导数不存在的点处却也可能取得极值，例如 $y = |x|$，$x = 0$ 为它的极小值点，但不是驻点，该函数在点 $x = 0$ 不可导．

由上述分析可知，**函数的极值可能在驻点处取得，也可能在导数不存在的点取得**．驻点与不可导的点是函数的可能极值点．因此，找函数的极值点，应从导数等于零的点和导数不存在的点中去寻找．只要把这些点找出来，然后逐个加以判定．然而，如何判定这些点是否是极大值点还是极小值点呢？从图 5 – 11 中可看出，极大值点左边是递增区间，导数为正；右边是递减区间，导数为负．在极小值点左边是递减区间，导数为负；右边是递增区间，导数为正．

由此，可得到**极值的第一判别法**．

定理 3（极值存在的一阶充分条件）   设函数 $f(x)$ 在点 x_0 的去心邻域内可导，且 $f'(x_0) = 0$ 或 $f'(x_0)$ 不存在，若存在一个正数 ξ，有

$$f'(x) = \begin{cases} > 0（\text{或} < 0），\text{当} x \in (x_0 - \xi, x_0) \\ < 0（\text{或} > 0），\text{当} x \in (x_0, x_0 + \xi) \end{cases} \tag{5-8}$$

则函数 $f(x)$ 在点 x_0 的取得极大值（极小值）.（见图 5-12）

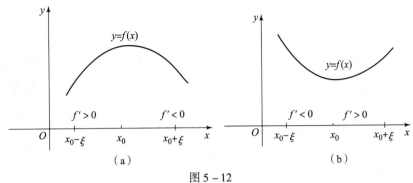

（a）　　　　　　　　（b）

图 5-12

综上所述，求函数 $f(x)$ 极值的方法如下：

（1）确定函数 $f(x)$ 的定义域；

（2）求 $f'(x)$，令 $f'(x)=0$，求函数 $f(x)$ 在定义域内的驻点及导数不存在的点；

（3）判别 $f(x)$ 在每个驻点及导数不存在点两侧的符号；

（4）求出极值点所对应的函数的极大值或极小值.

注：若在 x_0 左右两侧 $f'(x_0)$ 同号，则 $f(x_0)$ 不是极值.

例 6　讨论函数 $y=x^3-x^2+5$ 的极值.

解　$y'=3x^2-2x=x(3x-2)$，令 $y'=0$，解得 $x_1=0$，$x_2=\dfrac{2}{3}$，

列表如下：

x	$(-\infty,0)$	0	$\left(0,\dfrac{2}{3}\right)$	$\dfrac{2}{3}$	$\left(\dfrac{2}{3},+\infty\right)$
y'	+	0	−	0	+
y	↗	5	↘	$\dfrac{131}{27}$	↗

从上表可见，$x=0$ 为极大值点，其极大值为 5；$x=\dfrac{2}{3}$ 为极小值点，其极小值为 $\dfrac{131}{27}$.

例 7　求函数 $y=x^{\frac{2}{3}}(x-5)$ 的极值.

解　$y'=\dfrac{5(x-2)}{3\sqrt[3]{x}}$，当 $x=2$ 时，$y'=0$；当 $x=0$ 时，y' 不存在.

列表讨论如下：

x	$(-\infty,0)$	0	$(0,2)$	2	$(2,+\infty)$
y'	+	不存在	−	0	+
y	↗	0	↘	$-3\sqrt[3]{4}$	↗

显然，函数在 $x = 0$ 处取极大值 $f(0) = 0$；在点 $x = 2$ 处取极小值 $f(2) = -3\sqrt[3]{4}$.

运用第一判别法时只需求函数的一阶导数，但需判断驻点或不可导点两侧导数的符号，有时比较麻烦. 一般情况下用**极值的第二判别法**较简单.

三、函数的最值

上面介绍了极值，但是在实际问题中，要求我们计算的不是极值，而是最大值、最小值. 我们知道函数的最大值、最小值是在整个定义域内考虑的，是一个全局性概念；而函数的极值只是在点的左、右邻近考虑，是一个局部性概念. 这两个概念是不同的，因此函数的

极值的第二判别法

极大值或极小值不一定是它的最大值或最小值. 连续函数在闭区间上的最大值、最小值可能是区间的极大值、极小值，也可能是在端点的函数值，因此，在求函数的最大值、最小值时，我们只要计算出在那些可能达到极值的点处的函数值及端点处的函数值，然后进行比较就行了. 具体地说，求连续函数 $f(x)$ 在闭区间 $[a, b]$ 上的最大、最小值的步骤如下：

(1) 求出 $f'(x) = 0$ 在 $[a, b]$ 上所有的根以及使 $f'(x)$ 不存在的点：$x_1, x_2, \cdots, x_n$；

(2) 计算 $f(x_1), f(x_2), \cdots, f(x_n), f(a), f(b)$，并比较它们的大小，其中最大者为最大值，最小者为最小值.

例 8 求函数 $f(x) = (x-1)^2(x-2)^3$ 在 $[0, 3]$ 上的最大值和最小值.

解 导函数为 $f'(x) = (x-1)(5x-7)(x-2)^2$，

令 $f'(x) = 0$，得 $x_1 = 1$，$x_2 = \dfrac{7}{5}$，$x_3 = 2$.

由于 $f(1) = 0$，$f\left(\dfrac{7}{5}\right) \approx -0.035$，$f(2) = 0$，$f(0) = -8$，$f(3) = 4$，

所以 $f(x)$ 在 $[0, 3]$ 上的最大值是 4，最小值是 -8.

例 9 求函数 $f(x) = x^5 - 5x^4 + 5x^3 + 1$ 在 $[-1, 2]$ 上的最大值和最小值.

解 $f'(x) = 5x^2(x-1)(x-3)$，

令 $f'(x) = 0$，得 $x_1 = 0$，$x_2 = 1$，$x_3 = 3$（舍去）.

由于 $f(-1) = -10$，$f(0) = 1$，$f(1) = 2$，$f(2) = -7$，

因此 $f(1) = 2$ 是最大值，$f(-1) = -10$ 是最小值.

我们知道，二次函数 $y = ax^2 + bx + c$ $(a \neq 0)$ 只有一个极值点，所以在包含极值点的任何闭区间上，二次函数的极大值就是最大值，极小值就是最小值（见图 5 - 13）

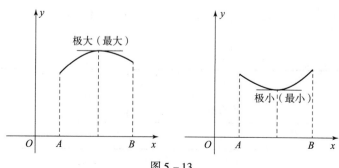

图 5 - 13

一般在实际问题中，如果我们从问题的实际情况可以判定可导函数在定义域开区间内一定存在最大值（或最小值），而且在定义域开区间内只有唯一的驻点，那么立即可以判定这个驻点的函数值就是最大值（或最小值）. 这一点在解决某些实际问题时很有用.

例 10　有一块边长为 a 的正方形铁片，在每一个角上各剪去一个边长为 x 的小正方形，用剩下的部分做成一个开口盒子. 问：剪去的正方形的边长 x 为多少时，所做的盒子容积最大？

解　根据题意知，做成小盒子底边长为 $a-2x$，高为 x，因此容积为

$$v(x) = (a-2x)^2 \cdot x, \quad 0 < x < \frac{a}{2}$$

$$v'(x) = (a-2x) \cdot (a-6x)$$

令 $v'(x) = 0$，得驻点 $x_1 = \dfrac{a}{6}$，$x_2 = \dfrac{a}{2}$.

当 $x_2 = \dfrac{a}{2}$ 时，表示铁皮完全被剪去，容积为 0，应舍去，故 $v(x)$ 在开区间 $\left(0, \dfrac{a}{2}\right)$ 内有

唯一驻点 $x_1 = \dfrac{a}{6}$，根据实际情况可以判断 $v(x)$ 一定有最大值.

故当 $x = \dfrac{a}{6}$ 时，$v(x)$ 取得最大，最大值为 $v\left(\dfrac{a}{6}\right) = \dfrac{2}{27}a$.

几个数学家简介

习题 5.3

1. 求下列函数的单调区间：

（1）$y = x^3 - 3x^2 - 9x + 2$；

（2）$y = x - \mathrm{e}^x$；

（3）$y = x + \cos x$；

（4）$y = x + \dfrac{1}{x}(x > 0)$；

（5）$y = \dfrac{x^4}{4} - x^3$；

（6）$y = 2 - (x^2 - 1)^{\frac{2}{3}}$.

2. 已知函数 $y = a(x^3 - x)(a \neq 0)$，

（1）如果当 $x > \dfrac{\sqrt{3}}{3}$ 时，y 是减函数，确定 a 的取值范围.

（2）如果当 $x < -\dfrac{\sqrt{3}}{3}$ 时，y 是减函数，确定 a 的取值范围.

（3）如果当 $-\dfrac{\sqrt{3}}{3} < x < \dfrac{\sqrt{3}}{3}$ 时，y 是减函数，确定 a 的取值范围.

3. 求下列函数的极值点和极值：

（1）$f(x) = x + \dfrac{1}{x}$；

（2）$f(x) = x^3 - 3x$；

（3）$f(x) = x^2 \ln x$；

（4）$f(x) = 1 + \sqrt[3]{x-1}$；

（5）$f(x) = x^4 - 8x^2 + 2,\ x \in [-1,\ 3]$.

4. 求下列函数在给定区间上的最值：

（1）$f(x) = x^4 - 2x^2 + 5,\ x \in [-\sqrt{2},\ \sqrt{2}]$；

（2）$f(x) = \sqrt{5 - 4x},\ x \in [-1,\ 1]$；

（3）$f(x) = x + \dfrac{1}{x},\ x \in [1,\ 2]$；

（4）$f(x) = \sin x - 2x,\ x \in \left[-\dfrac{\pi}{2},\ \dfrac{\pi}{2}\right]$.

5. 若直角三角形的一直角边与斜边之和为 a，求有最大值面积的直角三角形和它的最大面积.

综合练习 5

一、选择题

1. 罗尔中值定理中的三个条件：$f(x)$ 在 $[a,\ b]$ 上连续，在 $(a,\ b)$ 内可导，且 $f(a) = f(b)$，是 $f(x)$ 在 $(a,\ b)$ 内至少存在一点 ξ，使 $f'(\xi) = 0$ 成立的（　　　）.

A. 必要条件

B. 充分条件

C. 充要条件

D. 既非充分也非必要条件

2. 下列函数在 $[-1,\ 1]$ 上满足罗尔中值定理条件的是（　　　）.

A. $f(x) = \mathrm{e}^x$

B. $f(x) = |x|$

C. $f(x) = 1 - x^2$

D. $f(x) = \begin{cases} x\sin\dfrac{1}{x}, & x \neq 0 \\ 0, & x = 0 \end{cases}$

3. 函数 $f(x) = x^3 + 2x$ 在区间 $[-1,\ 2]$ 上，满足拉格朗日中值定理的 ξ 值是（　　　）.

A. 1　　　　　　B. -1　　　　　　C. 1 或 -1　　　　　　D. 2

4. $\lim\limits_{x \to 0} \dfrac{1 - \cos x}{2x}$ 的值是（　　　）.

A. 1　　　　　　B. 2　　　　　　C. $-\dfrac{1}{4}$　　　　　　D. 0

5. $\lim\limits_{x \to 0} \dfrac{\mathrm{e}^x - 1}{3x}$ 的值是（　　　）.

A. $\dfrac{1}{3}$　　　　　　B. 2　　　　　　C. 1　　　　　　D. $-\dfrac{1}{2}$

6. $\lim\limits_{x \to 0} \dfrac{\ln(1 + x^2)}{x^2}$ 的值是（　　　）.

A. 1　　　　　　B. 2　　　　　　C. $\dfrac{1}{2}$　　　　　　D. ∞

7. $\lim\limits_{x \to 0^+} x^{\sin x} = $（　　　）.

A. 2 　　　　　　　B. $\dfrac{1}{3}$ 　　　　　　　C. $\dfrac{1}{2}$ 　　　　　　　D. 1

8. $\lim\limits_{x\to 0}\dfrac{e^{2x}-\cos x}{4x}=$ （　　　）.

A. 0 　　　　　　　B. $\dfrac{1}{2}$ 　　　　　　　C. $\dfrac{1}{4}$ 　　　　　　　D. 1

9. 下列各式运用洛必达法则正确的是（　　　）.

A. $\lim\limits_{n\to\infty}\sqrt[n]{n}=e^{\lim\limits_{n\to\infty}\frac{\ln n}{n}}=e^{\lim\limits_{n\to\infty}\frac{1}{n}}=1$

B. $\lim\limits_{x\to 0}\dfrac{x+\sin x}{x-\sin x}=\lim\limits_{x\to 0}\dfrac{1+\cos x}{1-\cos x}=\infty$

C. $\lim\limits_{x\to 0}\dfrac{x^2\sin\dfrac{1}{x}}{\sin x}=\lim\limits_{x\to 0}\dfrac{2x\sin\dfrac{1}{x}-\cos\dfrac{1}{x}}{\cos x}$ 不存在

D. $\lim\limits_{x\to 0}\dfrac{x}{e^x}=\lim\limits_{x\to 0}\dfrac{1}{e^x}=1$

10. 函数 $f(x)=3x^5-5x^3$ 在 **R** 上有（　　　）.

A. 四个极值点　　　　B. 三个极值点　　　　C. 二个极值点　　　　D. 一个极值点

二、填空题

1. 函数 $y=x^2-1$ 在 $[-1,1]$ 上满足罗尔中值定理条件的 $\xi=$ _____.

2. $f(x)=x^2+x-1$ 在区间 $[-1,1]$ 上满足拉格朗日中值定理的 $\xi=$ _____.

3. $\lim\limits_{x\to 0}\dfrac{e^x-e^{-x}}{2x}=$ _____.

4. $\lim\limits_{x\to 0}\dfrac{e^{ax}-1}{\sin x}=$ _____.

5. $\lim\limits_{x\to 0^+}(\sin x)^x=$ _____.

6. $\lim\limits_{x\to\infty}\dfrac{2x^2-4x+3}{4x^2-x-1}=$ _____.

7. $\lim\limits_{x\to 0}\dfrac{e^x-e^{-x}-2x}{x-\sin x}=$ _____.

8. $\lim\limits_{x\to 0}\dfrac{\ln(1+2x)}{4x}=$ _____.

9. 函数 $f(x)=x+\cos x$ 在区间 $[0,2\pi]$ 上单调 _____.

10. 已知函数 $y=2x^3-3x^2$，$x=$ _____ 时，极小值 $y=$ _____.

三、解答题

1. 用洛必达法则求极限 $\lim\limits_{x\to 0}\dfrac{e^x-e^{-x}}{\sin x}$.

2. 用洛必达法则求极限 $\lim\limits_{x\to 0}\dfrac{x-\ln(1+x)}{x^2}$.

3. 用洛必达法则求极限 $\lim\limits_{x\to\infty}\dfrac{3x^2-4x+3}{4x^2-x-1}$.

4. 求极限 $\lim\limits_{x \to 0}\left(\dfrac{1}{x} - \dfrac{1}{e^x - 1}\right)$.

5. 求函数 $y = 2x^2 + x + 1$ 在区间 $[-1, 3]$ 上满足拉格朗日中值定理的 ξ 值.

6. 不用求出函数 $f(x) = (x-1)(x-2)(x-3)(x-4)$ 的导数,说明方程 $f'(x) = 0$ 有几个实根,并指出它们所在的区间.

7. 求函数 $y = \dfrac{\ln^2 x}{x}$ 的单调区间与极值.

第 6 章

不定积分

前面我们已经讨论了一元函数的微分学，解决了求已知函数导数（或微分）的问题，但在理论和实践中，常常需要解决相反的问题，即要寻找一个可导函数，使它的导数等于已知函数，这是积分学的基本问题之一——求不定积分. 本章将介绍不定积分的概念、性质以及不定积分的计算方法.

§6.1 不定积分的概念与性质

一、原函数

定义1 设函数 $f(x)$ 在区间 I 上有定义，若存在可导函数 $F(x)$，对区间 I 上每一点 x 都满足

$$F'(x) = f(x) \quad \text{或} \quad \mathrm{d}F(x) = f(x)\mathrm{d}x$$

则称 $F(x)$ 是 $f(x)$ 在区间 I 上的一个**原函数**，或简称 $F(x)$ 是 $f(x)$ 的一个**原函数**.

例如，因为 $(\sin x)' = \cos x$，$x \in (-\infty, +\infty)$.

所以 $\sin x$ 是 $\cos x$ 在 $(-\infty, +\infty)$ 内的一个原函数.

又如，因为 $(x^2)' = 2x$，$x \in (-\infty, +\infty)$.

所以 x^2 是 $2x$ 在 $(-\infty, +\infty)$ 内的一个原函数.

研究原函数，自然会提出以下问题：

（1）什么条件下，一个函数存在原函数？

结论1 可以证明，**连续函数在其定义区间上都存在原函数**. （该结论在 §7-3 中证明）

（2）如果一个函数存在原函数，一共有多少个？

若 $F(x)$ 是 $f(x)$ 的一个原函数，即 $F'(x) = f(x)$，则

$$[F(x) + C]' = F'(x) = f(x) \quad (C \text{ 为任意常数})$$

故 $F(x) + C$ 也是 $f(x)$ 的原函数.

结论2 若一个函数存在原函数，则其原函数有无穷多个.

（3）一个函数的任意两个原函数之间有什么关系？

设 $F(x)$、$G(x)$ 是 $f(x)$ 的任意两个原函数,

则 $[F(x) - G(x)]' = F'(x) - G'(x) = f(x) - f(x) = 0$.

故 $F(x) - G(x) = C$ (C 为常数).

结论3 一个函数的任意两个原函数之间只相差一个常数.

由此可见,函数 $f(x)$ 的所有原函数可表示为 $F(x) + C$ (C 为任意常数),由此引入不定积分概念.

二、不定积分定义

定义2 函数 $f(x)$ 的所有原函数,称为 $f(x)$ 的**不定积分**,记为

$$\int f(x)\mathrm{d}x$$

其中,"$\int$" 称为**积分号**;$f(x)$ 称为**被积函数**;$f(x)\mathrm{d}x$ 称为**被积表达式**;x 称为**积分变量**.

如果 $F(x)$ 是 $f(x)$ 在区间 I 上的一个原函数,则

$$\int f(x)\mathrm{d}x = F(x) + C$$

其中,C 为任意常数,又称为**积分常数**.

因此,求一个函数的不定积分问题,就归结为求它的一个原函数问题.

例1 求 $\int x^2\mathrm{d}x$.

解 因为

$$\left(\frac{1}{3}x^3\right)' = x^2$$

所以 $\frac{1}{3}x^3$ 是 x^2 的一个原函数,

故

$$\int x^2\mathrm{d}x = \frac{1}{3}x^3 + C$$

例2 求 $\int \sin x\mathrm{d}x$.

解 因为

$$(-\cos x)' = \sin x$$

所以 $-\cos x$ 是 $\sin x$ 的一个原函数,

故

$$\int \sin x\mathrm{d}x = -\cos x + C$$

三、不定积分的几何意义

若 $F(x)$ 是 $f(x)$ 的一个原函数,则称 $F(x)$ 的图形为 $f(x)$ 的一条积分曲线,$f(x)$ 的积分曲线的全体称为 $f(x)$ 的积分曲线族.因此,**$f(x)$ 的不定积分 $\int f(x)\mathrm{d}x$ 在几何上表示函数 $f(x)$ 的积分曲线族,**这族曲线的特点是,在横坐标相同的点处的切线彼此平行,如图 6-1 所示.

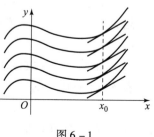

图 6-1

例3 设曲线通过点 $(0, 0)$,且其上任一点 (x, y) 的切线斜率等于该点横坐标的两

倍，求此曲线方程.

解 设所求曲线方程为 $y = F(x)$，由题意知

$$y' = F'(x) = 2x$$

因为

$$(x^2)' = 2x$$

所以

$$y = \int 2x \mathrm{d}x = x^2 + C(C \text{ 为任意常数})$$

因为曲线过点 (0，0)，故

$$0 = 0 + C, \ C = 0$$

故所求曲线方程为 $y = x^2$.

四、不定积分的性质

由不定积分的定义和导数的运算法则可得以下性质：

性质 1 两个函数代数和的不定积分，等于这两个函数不定积分的代数和，即

$$\int [f(x) \pm g(x)] \mathrm{d}x = \int f(x) \mathrm{d}x \pm \int g(x) \mathrm{d}x$$

性质 2 非零常数因子可移到积分号外面，即

$$\int af(x) \mathrm{d}x = a \int f(x) \mathrm{d}x \quad (\text{常数 } a \neq 0)$$

性质 3 不定积分的导数（或微分）等于被积函数（或被积表达式），即

$$\left(\int f(x) \mathrm{d}x \right)' = f(x) \quad \text{或} \quad \mathrm{d} \int f(x) \mathrm{d}x = f(x) \mathrm{d}x$$

性质 4 函数 $F(x)$ 的导函数（或微分）的不定积分等于函数族 $F(x) + C$，即

$$\int F'(x) \mathrm{d}x = F(x) + C \quad \text{或} \quad \int \mathrm{d}F(x) = F(x) + C$$

由性质 3 和性质 4 可知，在相差常数的前提下，不定积分与求导（或微分）互为逆运算.

例如 $\left(\int \cos x \mathrm{d}x \right)' = \cos x$；$\mathrm{d} \int \arctan x \mathrm{d}x = \arctan x \mathrm{d}x$；$\int \mathrm{d}(2x^2 + 3x) = 2x^2 + 3x + C$.

五、基本积分公式

由于不定积分是微分的逆运算，因此只要将微分公式逆转过来，就可以得到基本积分公式.

例如，因为

$$(\arctan x)' = \frac{1}{1 + x^2}$$

所以

$$\int \frac{1}{1 + x^2} \mathrm{d}x = \arctan x + C$$

因此可得如下**基本积分公式表**：

(1) $\int 0 \mathrm{d}x = C$，$\int \mathrm{d}x = x + C$，$\int a \mathrm{d}x = ax + C(a \text{ 为常数})$；

(2) $\int x^{\alpha} dx = \dfrac{1}{\alpha + 1} x^{\alpha+1} + C (\alpha \neq -1)$；

(3) $\int \dfrac{1}{x} dx = \ln |x| + C$；

(4) $\int a^x dx = \dfrac{a^x}{\ln a} + C (a > 0, \text{且} a \neq 1)$；

(5) $\int e^x dx = e^x + C$；

(6) $\int \sin x dx = -\cos x + C$；

(7) $\int \cos x dx = \sin x + C$；

(8) $\int \dfrac{1}{\sin^2 x} dx = \int \csc^2 x dx = -\cot x + C$；

(9) $\int \dfrac{1}{\cos^2 x} dx = \int \sec^2 x dx = \tan x + C$；

(10) $\int \dfrac{1}{\sqrt{1 - x^2}} dx = \arcsin x + C$；

(11) $\int \dfrac{1}{1 + x^2} dx = \arctan x + C$；

(12) $\int \sec x \tan x dx = \sec x + C$；

(13) $\int \csc x \cot x dx = -\csc x + C$.

以上公式是计算不定积分的基础，应熟记.

基本积分公式同样存在类似于基本求导公式的**"三元统一"原则**，即每一个公式中，只有被积函数中的变量全体（第一元）和积分变量（第二元）相同时，才能得到公式中等号后面对应的该变量（第三元）的表达式. 如

$$\int \cos \boxed{2x} d(\boxed{2x}) = \sin \boxed{2x} + C$$
第一元　　第二元　　　第三元

$$\int e^{\boxed{3x}} d(\boxed{3x}) = e^{\boxed{3x}} + C$$
第一元　　第二元　　　第三元

下面运用不定积分的性质和基本积分公式，求一些简单函数的不定积分.

例4 求 $\int x^2 \sqrt{x} dx$.

解 $\int x^2 \sqrt{x} dx = \int x^{\frac{5}{2}} dx = \dfrac{x^{\frac{5}{2}+1}}{\frac{5}{2} + 1} + C = \dfrac{2}{7} x^{\frac{7}{2}} + C$

例5 求 $\int \left(2x^2 - \sin x + \dfrac{1}{x} \right) dx$.

解

$$\int \left(2x^2 - \sin x + \frac{1}{x}\right)dx = 2\int x^2 dx - \int \sin x dx + \int \frac{1}{x}dx$$

$$= 2 \cdot \frac{x^{2+1}}{2+1} - (-\cos x) + \ln |x| + C$$

$$= \frac{2}{3}x^3 + \cos x + \ln |x| + C$$

其中，每一个不定积分都有一个常数，但常数之和仍为常数，故只用一个常数 C 表示即可.

例 6　求 $\int \frac{x^2}{1+x^2}dx.$

解　$\int \frac{x^2}{1+x^2}dx = \int \frac{1+x^2-1}{1+x^2}dx = \int \left(1 - \frac{1}{1+x^2}\right)dx$

$$= \int dx - \int \frac{1}{1+x^2}dx = x - \arctan x + C$$

例 7　求 $\int \cos^2 \frac{x}{2}dx.$

解　$\int \cos^2 \frac{x}{2}dx = \int \frac{1+\cos x}{2}dx = \frac{1}{2}\int dx + \frac{1}{2}\int \cos x dx = \frac{1}{2}x + \frac{1}{2}\sin x + C$

例 8　求 $\int \frac{dx}{\sin^2 x \cos^2 x}.$

解　$\int \frac{dx}{\sin^2 x \cos^2 x} = \int \frac{\sin^2 x + \cos^2 x}{\sin^2 x \cos^2 x}dx = \int \left(\frac{1}{\cos^2 x} + \frac{1}{\sin^2 x}\right)dx$

$$= \int \frac{1}{\cos^2 x}dx + \int \frac{1}{\sin^2 x}dx = \tan x - \cot x + C$$

像上述各例，利用恒等变形、积分性质及基本积分公式进行积分的方法，称为**直接积分法**. 但直接积分法可解决的问题十分有限，对稍为复杂的问题，就必须寻求其他的求积方法.

习题 6.1

1. 已知某曲线上任意一点处切线斜率等于 x，且曲线通过点 $(0，1)$，求该曲线方程.

2. 求下列不定积分：

(1) $\int \left(\sqrt{x} + \frac{1}{\sqrt{x}}\right)dx$;

(2) $\int (2^x + x^2)dx$;

(3) $\int 3^x e^x dx$;

(4) $\int \frac{1}{x^3}dx$;

(5) $\int \sin^2 \frac{x}{2}dx$;

(6) $\int \left(\frac{2}{\sqrt{1-x^2}} - \frac{3}{1+x^2}\right)dx$;

(7) $\int \frac{dx}{\sqrt{(1-x)(1+x)}}$;

(8) $\int \frac{dx}{1+\cos 2x}$.

§6.2 换元积分法

我们称利用变量代换使积分化为可利用基本积分公式求出积分的方法为换元积分法. 由复合函数的求导法可以导出换元积分法. 换元积分法分为第一换元积分法和第二换元积分法, 其中第一换元积分法是绝大部分求解复杂不定积分过程的基础.

一、第一换元积分法

问题: $\int \sin 2x \mathrm{d}x$ 是否等于 $-\cos 2x + C$?

答: 不等于. 因为不符合"三元统一"原则, 故不能直接利用基本积分公式 $\int \sin x \mathrm{d}x = -\cos x + C$.

解决方法: 改变积分变量 (第二元), 使之与被积函数变量 (第一元) 相同.

由于 $\mathrm{d}x = \dfrac{1}{2}\mathrm{d}(2x)$,

故 $\int \sin 2x \mathrm{d}x = \dfrac{1}{2}\int \sin 2x \mathrm{d}(2x) \xlongequal{2x=u} \dfrac{1}{2}\int \sin u \mathrm{d}u = -\dfrac{1}{2}\cos u + C$

$$\xlongequal{u=2x} -\dfrac{1}{2}\cos 2x + C$$

上述求不定积分的方法, 称为**第一换元积分法**, 其公式描述为

若 $f(x) = g[\varphi(x)]\varphi'(x)$, 且 $\int g(u)\mathrm{d}u = F(u) + C$,

则
$$\int f(x)\mathrm{d}x = \int g[\varphi(x)]\varphi'(x)\mathrm{d}x = \int g[\varphi(x)]\mathrm{d}[\varphi(x)]$$

$$\xlongequal{\varphi(x)=u} \int g(u)\mathrm{d}u = F(u) + C \xlongequal{u=\varphi(x)} F[\varphi(x)] + C \qquad (6-1)$$

使用第一换元法的关键在于将所求不定积分 $\int g[\varphi(x)] \cdot \varphi'(x)\mathrm{d}x$ 的被积表达式凑成 $g[\varphi(x)]\mathrm{d}\varphi(x)$ 的形式, 故通常也把第一换元积分法称为**凑微分法**. 其运算特征为: 通过微分运算, 将被积函数中显然或隐含的某因式或因子转入积分变量, 从而使积分变量和被积函数变量"二元统一", 然后通过换元使所求积分与基本积分公式一致, 故符合"三元统一"原则, 最后可应用基本积分公式求解. 具体做法可按如下步骤进行:

(1) 变换积分形式 (或称凑微分), 即

$$\int f(x)\mathrm{d}x = \int g[\varphi(x)] \cdot \varphi'(x)\mathrm{d}x = \int g[\varphi(x)]\mathrm{d}\varphi(x)$$

(2) 利用变量代换 $u = \varphi(x)$, 有 $\int f(x)\mathrm{d}x = \int g(u)\mathrm{d}u$;

(3) 利用基本积分公式, 求出 $\int g(u)\mathrm{d}u = F(u) + C$;

(4) 变量回代, 得 $\int f(x)\mathrm{d}x = F[\varphi(x)] + C$.

例 1　求 $\int 3\cos 3x\mathrm{d}x$.

解　由于 $3\mathrm{d}x = \mathrm{d}(3x)$，故

$$\int 3\cos 3x\mathrm{d}x = \int \cos 3x\mathrm{d}(3x) \xlongequal{3x = u} \int \cos u\mathrm{d}u = \sin u + C \xlongequal{u = 3x} \sin 3x + C$$

例 2　求 $\int (2x+1)^5\mathrm{d}x$.

解　由于 $\mathrm{d}x = \dfrac{1}{2}\mathrm{d}(2x+1)$，故

$$\int (2x+1)^5\mathrm{d}x = \frac{1}{2}\int (2x+1)^5\mathrm{d}(2x+1) \xlongequal{2x+1 = u} \frac{1}{2}\int u^5\mathrm{d}u = \frac{1}{2}\cdot\frac{1}{5+1}u^{5+1} + C$$

$$= \frac{1}{12}u^6 + C \xlongequal{u = 2x+1} \frac{1}{12}(2x+1)^6 + C$$

例 3　求 $\int \dfrac{\ln x}{x}\mathrm{d}x$.

解　由于 $\dfrac{1}{x}\mathrm{d}x = \mathrm{d}(\ln x)$，故

$$\int \frac{\ln x}{x}\mathrm{d}x = \int \ln x\mathrm{d}(\ln x) \xlongequal{\ln x = u} \int u\mathrm{d}u = \frac{1}{2}u^2 + C \xlongequal{u = \ln x} \frac{1}{2}(\ln x)^2 + C = \frac{1}{2}\ln^2 x + C$$

待方法熟练后，可省略换元的步骤，这样可使书写简化. 例 3 可直接写为

$$\int \frac{\ln x}{x}\mathrm{d}x = \int \ln x\mathrm{d}(\ln x) = \frac{1}{2}\ln^2 x + C$$

例 4　求 $\int \dfrac{\sin\sqrt{x}}{\sqrt{x}}\mathrm{d}x$.

解　由于 $\dfrac{1}{\sqrt{x}}\mathrm{d}x = 2\mathrm{d}(\sqrt{x})$，故

$$\int \frac{\sin\sqrt{x}}{\sqrt{x}}\mathrm{d}x = 2\int \sin\sqrt{x}\mathrm{d}(\sqrt{x}) = -2\cos\sqrt{x} + C$$

例 5　求 $\int \dfrac{\mathrm{d}x}{a^2 + x^2}$.

解　由于 $\dfrac{1}{a}\mathrm{d}x = \mathrm{d}\left(\dfrac{x}{a}\right)$，故

$$\int \frac{\mathrm{d}x}{a^2 + x^2} = \frac{1}{a^2}\int \frac{\mathrm{d}x}{1 + \left(\dfrac{x}{a}\right)^2} = \frac{1}{a}\int \frac{\dfrac{1}{a}\mathrm{d}x}{1 + \left(\dfrac{x}{a}\right)^2} = \frac{1}{a}\int \frac{\mathrm{d}\left(\dfrac{x}{a}\right)}{1 + \left(\dfrac{x}{a}\right)^2} = \frac{1}{a}\arctan\frac{x}{a} + C$$

例 6　求 $\int \dfrac{\mathrm{d}x}{\sqrt{a^2 - x^2}}(a > 0)$.

解　由于 $\dfrac{1}{a}\mathrm{d}x = \mathrm{d}\left(\dfrac{x}{a}\right)$，故

$$\int \frac{\mathrm{d}x}{\sqrt{a^2 - x^2}} = \int \frac{\frac{1}{a}\mathrm{d}x}{\sqrt{1 - \left(\frac{x}{a}\right)^2}} = \int \frac{\mathrm{d}\left(\frac{x}{a}\right)}{\sqrt{1 - \left(\frac{x}{a}\right)^2}} = \arcsin \frac{x}{a} + C$$

例 7 求 $\int \tan x \mathrm{d}x$.

解 因为 $\tan x = \dfrac{\sin x}{\cos x}$，且 $\sin x \mathrm{d}x = -\mathrm{d}(\cos x)$，故

$$\int \tan x \mathrm{d}x = \int \frac{\sin x}{\cos x}\mathrm{d}x = -\int \frac{\mathrm{d}(\cos x)}{\cos x} = -\ln |\cos x| + C$$

类似地，不难求得

$$\int \cot x \mathrm{d}x = \ln |\sin x| + C$$

例 8 求 $\int \sin^2 x \mathrm{d}x$.

解 因为 $\sin^2 x = \dfrac{1 - \cos 2x}{2}$，且 $\mathrm{d}x = \dfrac{1}{2}\mathrm{d}(2x)$，故

$$\int \sin^2 x \mathrm{d}x = \int \frac{1 - \cos 2x}{2}\mathrm{d}x = \frac{1}{2}\int \mathrm{d}x - \frac{1}{2}\int \cos 2x \mathrm{d}x$$

$$= \frac{1}{2}x - \frac{1}{4}\int \cos 2x \mathrm{d}(2x) = \frac{1}{2}x - \frac{1}{4}\sin 2x + C$$

例 9 求 $\int \sin x \cos x \mathrm{d}x$.

解 **方法一** 由于 $\cos x \mathrm{d}x = \mathrm{d}(\sin x)$，故

$$\int \sin x \cos x \mathrm{d}x = \int \sin x \mathrm{d}(\sin x) = \frac{1}{2}\sin^2 x + C$$

方法二 由于 $\sin x \mathrm{d}x = -\mathrm{d}(\cos x)$，故

$$\int \sin x \cos x \mathrm{d}x = -\int \cos x \mathrm{d}(\cos x) = -\frac{1}{2}\cos^2 x + C$$

方法三 由于 $\sin x \cos x = \dfrac{1}{2}\sin 2x$，且 $\mathrm{d}x = \dfrac{1}{2}\mathrm{d}(2x)$，故

$$\int \sin x \cos x \mathrm{d}x = \frac{1}{2}\int \sin 2x \mathrm{d}x = \frac{1}{4}\int \sin 2x \mathrm{d}(2x) = -\frac{1}{4}\cos 2x + C$$

由此例可看出，具体做法不同，可以得出形式上不同的结果.

例 10 求 $\int \sin 2x \sin 3x \mathrm{d}x$.

解 因为 $\sin 2x \sin 3x = -\dfrac{1}{2}(\cos 5x - \cos x)$，且 $\mathrm{d}x = \dfrac{1}{5}\mathrm{d}(5x)$，故

$$\int \sin 2x \sin 3x \mathrm{d}x = -\frac{1}{2}\int (\cos 5x - \cos x)\mathrm{d}x = -\frac{1}{2}\int \cos 5x \mathrm{d}x + \frac{1}{2}\int \cos x \mathrm{d}x$$

$$= -\frac{1}{10}\int \cos 5x \mathrm{d}(5x) + \frac{1}{2}\sin x = -\frac{1}{10}\sin 5x + \frac{1}{2}\sin x + C$$

例 11　求 $\int \dfrac{\mathrm{d}x}{x^2-1}$.

解　因为 $\dfrac{1}{x^2-1}=\dfrac{1}{(x+1)(x-1)}=\dfrac{1}{2}\dfrac{x+1-x+1}{(x+1)(x-1)}=\dfrac{1}{2}\left(\dfrac{1}{x-1}-\dfrac{1}{x+1}\right)$，故

$$\int \frac{\mathrm{d}x}{x^2-1}=\frac{1}{2}\int\left(\frac{1}{x-1}-\frac{1}{x+1}\right)\mathrm{d}x=\frac{1}{2}\left(\int\frac{\mathrm{d}x}{x-1}-\int\frac{\mathrm{d}x}{x+1}\right)$$

$$=\frac{1}{2}\left[\int\frac{\mathrm{d}(x-1)}{x-1}-\int\frac{\mathrm{d}(x+1)}{x+1}\right]$$

$$=\frac{1}{2}(\ln|x-1|-\ln|x+1|)+C$$

$$=\frac{1}{2}\ln\left|\frac{x-1}{x+1}\right|+C$$

* 例 12　求 $\int \csc x\,\mathrm{d}x$.

解　
$$\int\csc x\,\mathrm{d}x=\int\frac{\mathrm{d}x}{\sin x}=\int\frac{\sin x}{\sin^2 x}\mathrm{d}x=-\int\frac{\mathrm{d}(\cos x)}{1-\cos^2 x}$$

$$=-\frac{1}{2}\left[\int\frac{\mathrm{d}(\cos x)}{1-\cos x}+\int\frac{\mathrm{d}(\cos x)}{1+\cos x}\right]$$

$$=-\frac{1}{2}\left[-\int\frac{\mathrm{d}(1-\cos x)}{1-\cos x}+\int\frac{\mathrm{d}(1+\cos x)}{1+\cos x}\right]$$

$$=-\frac{1}{2}(-\ln|1-\cos x|+\ln|1+\cos x|)+C$$

$$=\frac{1}{2}(\ln|1-\cos x|-\ln|1+\cos x|)+C$$

$$=\frac{1}{2}\ln\left|\frac{1-\cos x}{1+\cos x}\right|+C=\ln\left|\frac{1-\cos x}{\sin x}\right|+C$$

$$=\ln|\csc x-\cot x|+C$$

同理可得

$$\int\sec x\,\mathrm{d}x=\ln|\sec x+\tan x|+C$$

凑微分法关键在于如何凑微分，而凑微分的形式变化多端，一般无规律可循，需要一定的经验积累以及技巧. 常见的凑微分形式有：

常见的凑微分形式

（1）$\mathrm{d}x=\mathrm{d}(x+b)=\dfrac{1}{a}\mathrm{d}(ax+b)$；　　　　　　（2）$x\mathrm{d}x=\dfrac{1}{2}\mathrm{d}(x^2)$；

（3）$x^2 \mathrm{d}x = \dfrac{1}{3}\mathrm{d}(x^3)$；

（4）$\dfrac{1}{x}\mathrm{d}x = \mathrm{d}(\ln x)$；

（5）$\mathrm{e}^x \mathrm{d}x = \mathrm{d}(\mathrm{e}^x)$；

（6）$\sin x\mathrm{d}x = -\mathrm{d}(\cos x)$；

（7）$\cos x\mathrm{d}x = \mathrm{d}(\sin x)$；

（8）$\dfrac{1}{x^2}\mathrm{d}x = -\mathrm{d}\left(\dfrac{1}{x}\right)$；

（9）$\dfrac{1}{\sqrt{x}}\mathrm{d}x = 2\mathrm{d}(\sqrt{x})$；

（10）$\dfrac{1}{1+x^2}\mathrm{d}x = \mathrm{d}(\arctan x)$；

（11）$\dfrac{1}{\sqrt{1-x^2}}\mathrm{d}x = \mathrm{d}(\arcsin x)$.

第一换元积分法

二、第二换元积分法

第一换元积分法通过变量代换 $u = \varphi(x)$ 将积分 $\int g[\varphi(x)] \cdot \varphi'(x)\mathrm{d}x$ 化为简单积分 $\int g(u)\mathrm{d}u$ 形式，但有时候会遇到相反的情形，所求的积分 $\int f(x)\mathrm{d}x$ 形式上简单但不易求，则需适当地选取代换 $x = \varphi(t)$，将积分 $\int f(x)\mathrm{d}x$ 化为易求的不定积分 $\int f[\varphi(t)] \cdot \varphi'(t)\mathrm{d}t$，这种方法称为第二换元积分法.

第二换元积分法：设 $x = \varphi(t)$ 是单调可导函数，且 $\varphi'(t) \neq 0$，$\int f[\varphi(t)] \cdot \varphi'(t)\mathrm{d}t$ 具有原函数 $F(t)$，则有换元公式

$$\int f(x)\mathrm{d}x \xlongequal{x = \varphi(t)} \int f[\varphi(t)] \cdot \varphi'(t)\mathrm{d}t = F(t) + C \xlongequal{t = \varphi^{-1}(x)} F[\varphi^{-1}(x)] + C \quad (6-2)$$

其中，$t = \varphi^{-1}(x)$ 是 $x = \varphi(t)$ 的反函数.

下面举例说明第二换元积分法的应用.

例 13 求 $\displaystyle\int \dfrac{\mathrm{d}x}{1+\sqrt{x}}$.

解 令 $\sqrt{x} = t$，即 $x = t^2$ $(t > 0)$ 单调可导，且 $\mathrm{d}x = 2t\mathrm{d}t$，故

$$\int \dfrac{\mathrm{d}x}{1+\sqrt{x}} = \int \dfrac{2t\mathrm{d}t}{1+t} = 2\int \dfrac{1+t-1}{1+t}\mathrm{d}t = 2\int \left(1 - \dfrac{1}{1+t}\right)\mathrm{d}t$$

$$= 2\left(\int \mathrm{d}t - \int \dfrac{1}{1+t}\mathrm{d}t\right) = 2\left[t - \int \dfrac{\mathrm{d}(t+1)}{t+1}\right]$$

$$= 2(t - \ln|t+1|) + C$$

$$= 2(\sqrt{x} - \ln|\sqrt{x}+1|) + C$$

例 14　求 $\int \dfrac{\mathrm{d}x}{\sqrt{x} + \sqrt[4]{x}}$.

解　令 $\sqrt[4]{x} = t$，即 $x = t^4$ $(t > 0)$ 单调可导，则 $\sqrt{x} = t^2$，$\mathrm{d}x = 4t^3\mathrm{d}t$，故

$$\int \frac{\mathrm{d}x}{\sqrt{x} + \sqrt[4]{x}} = \int \frac{4t^3}{t^2 + t}\mathrm{d}t = 4\int \frac{t^2}{t + 1}\mathrm{d}t$$

$$= 4\int \frac{t^2 - 1 + 1}{t + 1}\mathrm{d}t = 4\int \left(t - 1 + \frac{1}{t + 1}\right)\mathrm{d}t$$

$$= 4\left(\frac{1}{2}t^2 - t + \ln|t + 1|\right) + C$$

$$= 2\sqrt{x} - 4\sqrt[4]{x} + 4\ln(\sqrt[4]{x} + 1) + C$$

一般地，所求不定积分的被积函数含有根式时，可考虑用第二换元积分法，通过换元，把根式消去，从而使之变成容易计算的积分.

习题 6.2

求下列不定积分：

$(1)\ \displaystyle\int \mathrm{e}^{2x}\mathrm{d}x$；

$(2)\ \displaystyle\int (3x + 2)^7\mathrm{d}x$；

$(3)\ \displaystyle\int \frac{\mathrm{d}x}{1 - 2x}$；

$(4)\ \displaystyle\int \frac{\mathrm{d}x}{x\ln x}$；

$(5)\ \displaystyle\int \frac{\cos\sqrt{x}}{\sqrt{x}}\mathrm{d}x$；

$(6)\ \displaystyle\int \mathrm{e}^{\sin x}\cos x\mathrm{d}x$；

$(7)\ \displaystyle\int \cos^2 x\mathrm{d}x$；

$(8)\ \displaystyle\int \frac{\mathrm{d}x}{\arcsin^2 x\sqrt{1 - x^2}}$；

$(9)\ \displaystyle\int \frac{\sqrt{x - 1}}{x}\mathrm{d}x$；

$(10)\ \displaystyle\int x\mathrm{e}^{x^2}\mathrm{d}x$.

§6.3　分部积分法

换元积分法在计算不定积分时起了很重要的作用，但仍然有很多积分问题用换元积分法不能解决，本节介绍另一种常用的积分法——分部积分法.

设 $u = u(x)$，$v = v(x)$ 有连续的导函数，利用已知等式

$$(uv)' = u'v + uv'$$

对两边积分，得

$$\int (uv)'\mathrm{d}x = \int u'v\mathrm{d}x + \int uv'\mathrm{d}x$$

即

$$uv = \int u'v\mathrm{d}x + \int uv'\mathrm{d}x$$

移项，得

$$\int uv' \mathrm{d}x = uv - \int u'v \mathrm{d}x \qquad (6-3)$$

上式称为**分部积分公式**.

为应用和记忆方便, 常把分部积分公式改写为

$$\int u \mathrm{d}v = uv - \int v \mathrm{d}u \qquad (6-4)$$

分部积分公式把求积分 $\int u \mathrm{d}v$ (即 $\int uv' \mathrm{d}x$) 的问题转化为求积分 $\int v \mathrm{d}u$ (即 $\int u'v \mathrm{d}x$) 的问题,

因此若求 $\int u \mathrm{d}v$ 困难, 而求 $\int v \mathrm{d}u$ 较容易, 可采用分部积分法.

例1 求 $\int x \cos x \mathrm{d}x$.

解 设 $u = x$, $\mathrm{d}v = \cos x \mathrm{d}x$, 则 $\mathrm{d}u = \mathrm{d}x$, $v = \sin x$, 故

$$\int x \cos x \mathrm{d}x = \int x \mathrm{d}(\sin x) = x \sin x - \int \sin x \mathrm{d}x = x \sin x + \cos x + C$$

注: 此例若选 $u = \cos x$, $\mathrm{d}v = x \mathrm{d}x$, 则 $\mathrm{d}u = -\sin x \mathrm{d}x$, $v = \frac{1}{2} x^2$, 故

$$\int x \cos x \mathrm{d}x = \int \cos x \mathrm{d}\left(\frac{1}{2} x^2\right) = \frac{1}{2} x^2 \cos x + \int \frac{1}{2} x^2 \sin x \mathrm{d}x$$

此时不定积分 $\int \frac{1}{2} x^2 \sin x \mathrm{d}x$ 比 $\int x \cos x \mathrm{d}x$ 更难求. 由此可见, 正确选择 u 和 $\mathrm{d}v$ 是应用分部

积分法的关键. 选择 u 和 $\mathrm{d}v$ 一般要考虑两点:

(1) 由 $\mathrm{d}v$ 容易求得 v;

(2) $\int v \mathrm{d}u$ 要比 $\int u \mathrm{d}v$ 容易积分.

通常我们可按**"反对幂三指"**的顺序 (即反三角函数、对数函数、幂函数、三角函数、
指数函数的顺序), 排在前面的那类函数选作 u, 排在后面的与 $\mathrm{d}x$ 一起为 $\mathrm{d}v$.

例2 求 $\int x \ln x \mathrm{d}x$.

解 设 $u = \ln x$, $\mathrm{d}v = x \mathrm{d}x$, 则 $\mathrm{d}u = \mathrm{d}(\ln x) = \frac{1}{x} \mathrm{d}x$, $v = \frac{1}{2} x^2$, 故

$$\int x \ln x \mathrm{d}x = \int \ln x \mathrm{d}\left(\frac{1}{2} x^2\right) = \frac{1}{2} x^2 \ln x - \int \frac{1}{2} x^2 \cdot \frac{1}{x} \mathrm{d}x$$

$$= \frac{1}{2} x^2 \ln x - \frac{1}{2} \int x \mathrm{d}x = \frac{1}{2} x^2 \ln x - \frac{1}{4} x^2 + C$$

分部积分法

例 3 求 $\int x\arctan x\,\mathrm{d}x$.

解 设 $u = \arctan x$，$\mathrm{d}v = x\mathrm{d}x$，则 $\mathrm{d}u = \mathrm{d}(\arctan x) = \dfrac{1}{1+x^2}\mathrm{d}x$，$v = \dfrac{1}{2}x^2$，故

$$
\begin{aligned}
\int x\arctan x\,\mathrm{d}x &= \int \arctan x\,\mathrm{d}\left(\frac{1}{2}x^2\right)\\
&= \frac{1}{2}x^2\arctan x - \int \frac{1}{2}x^2\cdot\frac{1}{1+x^2}\mathrm{d}x\\
&= \frac{1}{2}x^2\arctan x - \frac{1}{2}\int \frac{x^2+1-1}{1+x^2}\mathrm{d}x\\
&= \frac{1}{2}x^2\arctan x - \frac{1}{2}\int\left(1-\frac{1}{1+x^2}\right)\mathrm{d}x\\
&= \frac{1}{2}x^2\arctan x - \frac{1}{2}\left(\int\mathrm{d}x - \int\frac{1}{1+x^2}\mathrm{d}x\right)\\
&= \frac{1}{2}x^2\arctan x - \frac{1}{2}(x-\arctan x) + C\\
&= \frac{1}{2}(x^2+1)\arctan x - \frac{1}{2}x + C
\end{aligned}
$$

对被积函数为一个函数的情形，有时也可用分部积分法，此时令该函数为 u，$\mathrm{d}v = \mathrm{d}x$ 即可.

例 4 求 $\int \arccos x\,\mathrm{d}x$.

解 设 $u = \arccos x$，$\mathrm{d}v = \mathrm{d}x$，则 $\mathrm{d}u = \mathrm{d}(\arccos x) = -\dfrac{1}{\sqrt{1-x^2}}\mathrm{d}x$，$v = x$，故

$$
\begin{aligned}
\int \arccos x\,\mathrm{d}x &= x\arccos x + \int \frac{x}{\sqrt{1-x^2}}\mathrm{d}x\\
&= x\arccos x - \frac{1}{2}\int (1-x^2)^{-\frac{1}{2}}\mathrm{d}(1-x^2)\\
&= x\arccos x - \frac{1}{2}\cdot\frac{(1-x^2)^{-\frac{1}{2}+1}}{-\frac{1}{2}+1} + C\\
&= x\arccos x - \sqrt{1-x^2} + C
\end{aligned}
$$

在使用分部积分公式熟练后，可不必写出 u、v，直接套用公式求解即可.

如例 4 可直接写为

$$
\begin{aligned}
\int \arccos x\,\mathrm{d}x &= x\arccos x - \int x\mathrm{d}(\arccos x)\\
&= x\arccos x + \int \frac{x}{\sqrt{1-x^2}}\mathrm{d}x\\
&= x\arccos x - \frac{1}{2}\int (1-x^2)^{-\frac{1}{2}}\mathrm{d}(1-x^2)
\end{aligned}
$$

$$= x \arccos x - \frac{1}{2} \cdot \frac{(1 - x^2)^{-\frac{1}{2}+1}}{-\frac{1}{2} + 1} + C$$

$$= x \arccos x - \sqrt{1 - x^2} + C$$

例 5 求 $\int x^2 e^x dx$.

解 $\int x^2 e^x dx = \int x^2 d(e^x) = x^2 e^x - \int e^x d(x^2)$

$$= x^2 e^x - \int e^x \cdot 2x dx = x^2 e^x - 2 \int x d(e^x)$$

$$= x^2 e^x - 2 \left(x e^x - \int e^x dx \right)$$

$$= x^2 e^x - 2(x e^x - e^x) + C$$

$$= (x^2 - 2x + 2) e^x + C$$

该例实际上用了两次分部积分公式. 对某些不定积分, 有的需要使用两次或两次以上的分部积分公式, 需要注意的是, 此时应选择同类型的函数作为 u.

例 6 求 $I = \int e^x \sin x dx$.

解 $I = \int e^x \sin x dx = \int \sin x d(e^x)$

$$= e^x \sin x - \int e^x d(\sin x) = e^x \sin x - \int e^x \cos x dx$$

$$= e^x \sin x - \int \cos x d(e^x)$$

$$= e^x \sin x - \left[e^x \cos x - \int e^x d(\cos x) \right]$$

$$= e^x \sin x - e^x \cos x - \int e^x \sin x dx$$

$$= e^x (\sin x - \cos x) - I$$

即 $\qquad\qquad\qquad\qquad I = e^x (\sin x - \cos x) - I$

移项得 $\qquad\qquad\qquad 2I = e^x (\sin x - \cos x) + C$

所以 $\qquad\qquad\qquad I = \frac{1}{2} e^x (\sin x - \cos x) + C$

用同样的方法可求得

$$\int e^x \cos x dx = \frac{1}{2} e^x (\sin x + \cos x) + C$$

本章介绍了求不定积分的几种基本方法. 从前面的例子可以看出, 求积分比较灵活、复杂, 在实际应用中, 可查积分表以便减少计算麻烦. 但要注意的是, 初等函数的原函数不一定都是初等函数, 因此不一定都能用初等函数表示, 此时我们说"积不出来". 例如下面这些积分都是"积不出来"的:

$$\int e^{-x^2} dx, \int \frac{\sin x}{x} dx, \int \frac{dx}{\ln x}, \int \frac{e^x}{x} dx$$

微积分发明权之争

习题 6.3

求下列不定积分：

(1) $\int \ln x\, \mathrm{d}x$；

(2) $\int x\mathrm{e}^x\, \mathrm{d}x$；

(3) $\int x^2 \ln x\, \mathrm{d}x$；

(4) $\int x^2 \sin x\, \mathrm{d}x$；

(5) $\int x \operatorname{arccot} x\, \mathrm{d}x$；

(6) $\int \arcsin x\, \mathrm{d}x$.

综合练习 6

一、选择题

1. 在区间 (a, b) 内，如果 $f'(x) = g'(x)$，则一定有 （　　）.

A. $f(x) = g(x)$

B. $f(x) = g(x) + c$

C. $f(x) = cg(x)$

D. $f(x) \cdot g(x) = c$

2. 若 $\int f(x)\mathrm{d}x = F(x) + C$，且 $x = t^2$，则 $\int f(t)\mathrm{d}t = $ （　　）.

A. $F(t) + C$

B. $F(t^2) + C$

C. $F(x) + C$

D. $2tF(t^2) + C$

3. 设 $F(x)$ 是 $f(x)$ 的一个原函数，则结论 （　　） 成立.

A. $\int F(x)\mathrm{d}x = f(x) + C$

B. $\int \mathrm{d}[f(x)] = F(x) + C$

C. $\left[\int f(x)\mathrm{d}x\right]' = F(x)$

D. $\int \mathrm{d}[F(x)] = F(x) + C$

4. 下列函数中，是 $\mathrm{e}^x - \mathrm{e}^{-x}$ 的原函数的是 （　　）.

A. $\mathrm{e}^x + \mathrm{e}^{-x}$

B. $\mathrm{e}^x - \mathrm{e}^{-x}$

C. $\dfrac{1}{2}(\mathrm{e}^x - \mathrm{e}^{-x})$

D. $\dfrac{1}{2}(\mathrm{e}^x + \mathrm{e}^{-x})$

5. 下列等式成立的是 （   ）.

A. $\dfrac{1}{\sqrt{x}}\mathrm{d}x = \mathrm{d}\sqrt{x}$

B. $\dfrac{1}{x^2}\mathrm{d}x = -\mathrm{d}\left(\dfrac{1}{x}\right)$

C. $\sin x \mathrm{d}x = \mathrm{d}(\cos x)$

D. $\mathrm{d}x = \mathrm{d}(2x + 1)$

6. $\displaystyle\int \dfrac{x^2}{1 + x^2}\mathrm{d}x = $ （   ）.

A. $x - \arctan x$

B. $x - \arctan x + C$

C. $x + \arctan x + C$

D. $x + \arctan x$

7. 若 $\displaystyle\int f(x)\mathrm{e}^{\frac{1}{x}}\mathrm{d}x = -\mathrm{e}^{\frac{1}{x}} + c$，则 $f(x) = $ （   ）.

A. $\dfrac{1}{x^2}$

B. $\dfrac{1}{x}$

C. $-\dfrac{1}{x^2}$

D. $-\dfrac{1}{x}$

8. $\displaystyle\int f'(2x)\mathrm{d}x = $ （   ）.

A. $f(2x) + C$

B. $2f(2x) + C$

C. $\dfrac{1}{2}f(2x) + C$

D. $2f(x) + C$

9. 若 $f(x)$ 的一个原函数为 $\sin x$，则 $\displaystyle\int f'(x)\mathrm{d}x = $ （   ）.

A. $\sin x + C$

B. $-\sin x + C$

C. $-\cos x + C$

D. $\cos x + C$

10. 若 $F'(x) = f(x)$，则 $\displaystyle\int \mathrm{e}^x f(\mathrm{e}^x)\mathrm{d}x = $ （   ）.

A. $F(\mathrm{e}^x) + C$

B. $\dfrac{1}{2}F(\mathrm{e}^x) + C$

C. $\mathrm{e}^x F(\mathrm{e}^x) + C$

D. $f(\mathrm{e}^x) + C$

二、填空题

1. $\mathrm{d}\displaystyle\int \sin \mathrm{e}^x \mathrm{d}x = $ _____.

2. $\dfrac{\mathrm{d}x}{x} = $ _____ $\mathrm{d}\,(3\ln x)$.

3. $\displaystyle\int \dfrac{\sin(\ln x)}{x}\mathrm{d}x = $ _____.

4. 若 $\displaystyle\int f(x)\mathrm{e}^{x^2}\mathrm{d}x = \mathrm{e}^{x^2} + C$，则 $f(x) = $ _____.

5. $\displaystyle\int \dfrac{\varphi'(x)}{1 + \varphi^2(x)}\mathrm{d}x = $ _____.

三、解答题

1. 若 $F'(x) = \dfrac{1}{1 + x^2}$，且 $F(0) = 0$，求 $F(x)$.

2. 某曲线过原点且在曲线上每点 (x , y) 处切线斜率都等于 x^3，求此曲线方程.

3. 求下列不定积分：

（1）$\int x\sin x^2 \mathrm{d}x$；

（2）$\int \dfrac{1}{x^2}\mathrm{e}^{\frac{1}{x}}\mathrm{d}x$；

（3）$\int \dfrac{\mathrm{d}x}{\mathrm{e}^x + \mathrm{e}^{-x}}$；

（4）$\int \mathrm{e}^{\sqrt{x}}\mathrm{d}x$；

（5）$\int \ln(1 + x)\mathrm{d}x$；

（6）$\int t\sin(2t + 3)\mathrm{d}t$.

第 7 章

定积分

在现实生活中，会经常遇到这样一些问题，例如，要计算一个由曲线围成的图形的面积，要计算一个质点在外力作用下移动所做的功，要计算一个密度不均匀的物体的质量等，这就会用到定积分的相关知识. 定积分是积分学的另一个基本概念，在现实生活和科研活动中，有着广泛的应用. 本章将从实际问题出发，引出定积分的概念，然后介绍定积分的性质与计算方法，最后介绍定积分在求平面图形面积方面的应用.

§7.1 定积分的概念

一、引例

先从一些典型的问题入手，从分析和解决问题的过程中了解定积分是怎样从现实原型问题中抽象出来的.

例 1 曲边梯形的面积.

如图 7-1 所示，所求面积为由曲线 $y = x^2$，直线 $x = 0$，$y = 0$ 和 $x = 1$ 所围成的面积.

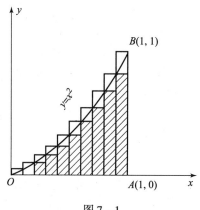

图 7-1

具体解决方法如下：

将这个曲边梯形分成多个小块，每一块都近似地看作一个小矩形，那么这些小矩形的面积之和就是所求的曲边梯形面积的近似值. 显然，分割得越细，近似程度就越高. 为了得到面积的精确值，就必须将小矩形的底边长度无限趋近于零，这就要利用极限这一数学工具了. 因此，计算曲边梯形的面积，就是计算一个和式的极限.

在上面的例子中，把区间 $[0,1]$ 分成 n 个相等的小段，即在区间 $[0,1]$ 中插入 $n-1$ 个点

$$0,\ \frac{1}{n},\ \frac{2}{n},\ \frac{3}{n},\ \cdots,\ \frac{n-1}{n},\ 1$$

则 n 个小矩形面积之和

$$S_n = 0 \cdot \frac{1}{n} + \left(\frac{1}{n}\right)^2 \cdot \frac{1}{n} + \left(\frac{2}{n}\right)^2 \cdot \frac{1}{n} + \cdots + \left(\frac{n-1}{n}\right)^2 \cdot \frac{1}{n}$$

$$= \frac{1}{n^3}\left[1^2 + 2^2 + \cdots + (n-1)^2\right]$$

利用公式

$$1^2 + 2^2 + \cdots + n^2 = \frac{1}{6}n(n+1)(2n+1)$$

可得

$$S_n = \frac{1}{n^3} \cdot \frac{1}{6}(n-1)n(2n-1) = \frac{(n-1)(2n-1)}{6n^2}$$

所以，这就是曲边形 OAB 面积的近似值，显然，n 越大，近似程度就越高. 当 $n\to\infty$ 时，其值就认为是曲边形 OAB 的实际的值，即

$$\lim_{n\to +\infty} S_n = \frac{1}{3}$$

例 2　变速直线运动的路程.

设某个物体做直线运动，已知速度 $V = V(t)$ 是时间 t 的连续函数，$t\in[a,b]$，且 $V(t) > 0$. 求物体在这段时间内所走的路程 S.

由于物体做变速直线运动，因此不能利用匀速直线运动公式：

$$路程 = 速度 \times 时间$$

但是我们利用求曲边梯形面积的思想方法，把时间区间 $[a,b]$ 分成 n 个小区间，当小区间分得很小的时候，就可近似地认为这小区间内物体的速度是"相同"的，就可以把物体在每个小区间上的速度用一个常量来近似代替，这样就可以利用"匀速"直线运动公式求得每个小区间上路程的近似值.

把这 n 个近似值相加得到一个和式，再令所有小区间的长度都趋向于零，则和式的极限就是路程的精确值.

下面给出求路程的具体步骤：

（1）**分割**. 在区间 $[a,b]$ 中插入 $n-1$ 个点

$$a = t_0 < t_1 < t_2 < \cdots < t_{n-1} < t_n = b$$

把区间 $[a,b]$ 分成 n 个小区间

$$[t_0,\ t_1],\ [t_1,\ t_2],\ \cdots,\ [t_{i-1},\ t_i],\ \cdots,\ [t_{n-1},\ t_n]$$

第 i 个小区间的长度记作 $\Delta t_i = t_i - t_{i-1}$ $(i = 1, 2, 3, \cdots, n)$.

（2）**近似代替**. 在第 i 个小区间 $[t_{i-1}, t_i]$ 上取任一点 ξ_i，将物体在 $[t_{i-1}, t_i]$ 上的变速运动近似地看成以 $V(\xi_i)$ 做匀速运动，于是可得物体在 $[t_{i-1}, t_i]$ 上所走的路程的近似值.

$$\Delta S_i \approx V(\xi_i) \cdot \Delta t_i \quad (i = 1, 2, \cdots, n)$$

（3）**求和**. 把这 n 个小区间内路程的近似值相加，得到整个区间上的路程 S 的近似值，即

$$S = \Delta S_1 + \Delta S_2 + \cdots + \Delta S_n = \sum_{i=1}^{n} \Delta S_i \approx \sum_{i=1}^{n} V(\xi_i) \cdot \Delta t_i$$

（4）**取极限**. 取这些小区间长度的最大值 λ，即

$$\lambda = \max\{\Delta t_1, \Delta t_2, \cdots, \Delta t_n\}$$

当 λ 趋向于零（$\lambda \to 0$）时，分点个数一定无限增大，这时和式 $\sum_{i=1}^{n} V(\xi_i) \cdot \Delta t_i$ 的极限就是物体所走过的路程，即

$$S = \lim_{\lambda \to 0} \sum_{i=1}^{n} V(\xi_i) \cdot \Delta t_i$$

可见，做变速直线运动的物体所走过的路程与曲边梯形的面积一样，都归结为求一个和式的极限，如图 7-2 所示.

在上述两个问题的求解过程中，都进行了分割、近似代替、求和、取极限等四个步骤，其所蕴含的思想方法，概括说来就是：

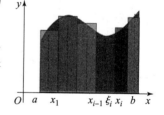

图 7-2

（1）分割：化整为零，把整体的问题分成局部的问题.

（2）近似代替：以直代曲，局部上以小矩形面积代替曲边梯形面积，得到局部近似值.

（3）求和：积零为整，将部分近似值求和得到整体的近似值.

（4）取极限：极限方法，由近似值变成为精确值，得到问题的求解.

二、定积分的定义

对上述问题，可以撇开其问题的物理意义，其解决问题的思想和方法的共性，可归结为数学的一般问题来解决，由此，可引出定积分的概念.

定义 设 $f(x)$ 是定义在 $[a, b]$ 上的函数，在 $[a, b]$ 上任意插入 $n-1$ 个分点

$$a = x_0 < x_1 < x_2 < \cdots < x_{n-1} < x_n = b$$

把区间 $[a, b]$ 分成 n 个小区间

$$[x_0, x_1], [x_1, x_2], \cdots, [x_{i-1}, x_i], \cdots, [x_{n-1}, x_n]$$

各小区间的长度记为

$$\Delta x_i = x_i - x_{i-1} \quad (i = 1, 2, \cdots, n)$$

在第 i 个小窄曲边梯形上任取一点

$$\xi_i \in [x_{i-1}, x_i]$$

小矩形底 $[x_{i-1}, x_i]$, 高 $f(\xi_i)$, 其乘积
$$f(\xi_i)\Delta x_i \quad (i = 1,2,\cdots,n)$$

就是第 i 个小矩形面积. 将 n 个小矩形面积求和 (称为**积分和式**), 即 $\sum\limits_{i=1}^{n} f(\xi_i)\Delta x_i$.

若无论对 $[a, b]$ 如何分割, 在 $[x_{i-1}, x_i]$ 上对 ξ_i 如何选取, 令 $\lambda = \max\limits_{1 \le i \le n}\{\Delta x_i\}$, 当 $\lambda \to 0$ 时, 极限都存在, 且极限值相等, 则称该极限值为 $f(x)$ 在 $[a, b]$ 上的**定积分**. 记为 $\int_a^b f(x)\,\mathrm{d}x$, 即

$$\int_a^b f(x)\,\mathrm{d}x = \lim_{\lambda \to 0} \sum_{i=1}^{n} f(\xi_i)\Delta x_i \tag{7-1}$$

其中, x 称为**积分变量**; $[a, b]$ 称为**积分区间**; a 称为**积分下限**; b 称为**积分上限**; $f(x)$ 称为**被积函数**; $f(x)\mathrm{d}x$ **积分表达式**.

如果 $f(x)$ 在 $[a, b]$ 上的定积分存在, 我们就说 $f(x)$ 在 $[a, b]$ 上可积, 否则说 $f(x)$ 在 $[a, b]$ 上不可积.

由此可见:

(1) 定积分是特殊乘积和式的极限;

(2) 定义中区间的分法以及 ξ_i 的选取是任意的;

(3) 定积分仅与被积函数及积分区间有关, 而与积分变量用什么字母表示无关, 即

$$\int_a^b f(x)\,\mathrm{d}x = \int_a^b f(t)\,\mathrm{d}t = \int_a^b f(u)\,\mathrm{d}u$$

由定积分定义, 例 1 中所求曲边梯形的面积 S 可表示为

$$S = \int_0^1 x^2\,\mathrm{d}x = \frac{1}{3}$$

例 2 中所求变速直线运动的路程 S 可表示为

$$S = \int_a^b V(t)\,\mathrm{d}t$$

三、定积分的几何意义

由前面的讨论可知, 当 $f(x) \ge 0$ 时, $\int_a^b f(x)\,\mathrm{d}x$ 在几何上表示由曲线 $y = f(x)$ 与直线 $x = a$, $x = b$, $y = 0$ 所围成的曲边梯形的面积 (注意 $a < b$); 当 $f(x) \le 0$ 时, $-f(x) \ge 0$, 这时由曲线 $y = f(x)$ 与直线 $x = a$, $x = b$, $y = 0$ 所围成的曲边梯形面积为

定积分的概念

$$A = \lim_{\lambda \to 0} \sum_{i=1}^{n} [-f(\xi_i)]\Delta x_i = -\lim_{\lambda \to 0} \sum_{i=1}^{n} f(\xi_i)\Delta x_i = -\int_a^b f(x)\,\mathrm{d}x$$

因此当 $f(x) \le 0$ 时

$$\int_a^b f(x)\,\mathrm{d}x = -A$$

也就是说, 当 $f(x) \le 0$ 时, $\int_a^b f(x)\,\mathrm{d}x$ 在几何上表示曲边梯形面积的相反数 (见图 7-3), 若

$f(x)$ 在 $[a, b]$ 上有时取正值，有时取负值（见图 7 - 4），则有

$$\int_a^b f(x)\,\mathrm{d}x = A_1 - A_2 + A_3$$

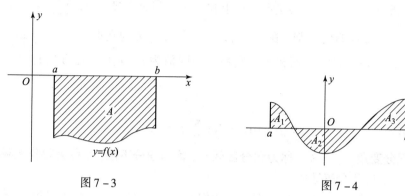

图 7 - 3　　　　　　　　　　图 7 - 4

因此，对一般函数 $f(x)$ 而言，$\int_a^b f(x)\,\mathrm{d}x$ 在几何上表示由曲线 $y = f(x)$ 与直线 $x = a$，$x = b$，$y = 0$ 所围成的曲边梯形各部分面积的代数和.

下面两个定理给出函数 $f(x)$ 在区间 $[a, b]$ 上可积的条件.

定理 1　若 $f(x)$ 在 $[a, b]$ 上连续，则 $f(x)$ 在 $[a, b]$ 上可积.

定理 2　若 $f(x)$ 在 $[a, b]$ 上有界，且只有有限个间断点，则 $f(x)$ 在 $[a, b]$ 上可积.

习题 7.1

1. 判断下列命题的真假：

（1）不定积分和定积分都简称积分，因此它们没有本质上的区别，实际上是同一个概念.
　　　　　　　　　　　　　　　　　　　　　　　　　　　　　（　　）

（2）在定积分的定义中，可以把 $\lim\limits_{n\to 0}\sum\limits_{i=1}^n f(\xi_i)\Delta x_i$ 改变为 $\lim\limits_{n\to\infty}\sum\limits_{i=1}^n f(\xi_i)\Delta x_i$.　　（　　）

2. 利用定积分的几何意义，求下列各式的值：

（1）$\int_{-1}^2 3\,\mathrm{d}x$；

（2）$\int_{-a}^a \sqrt{a^2 - x^2}\,\mathrm{d}x\,(a > 0)$；

（3）$\int_{-2}^4 x\,\mathrm{d}x$；

（4）$\int_{-\frac{\pi}{2}}^{\frac{\pi}{2}} \sin x\,\mathrm{d}x$.

3. 填空：

（1）由曲线 $y = \mathrm{e}^x$ 与直线 $x = -1$，$x = 2$ 及 x 轴所围成的曲边梯形面积，用定积分表示为_____；

（2）由曲线 $y = x^2\,(x \geqslant 0)$ 与直线 $y = 1$，$y = 3$ 及 y 轴所围成的曲边梯形面积，用定积分表示为_____；

（3）$\int_1^1 \dfrac{\sin x}{x}\,\mathrm{d}x = $_____.

§7.2　定积分的基本性质

根据定积分的定义及其几何意义，我们现在来讨论定积分的基本性质. 在没有特别说明的情况下，对定积分上下限的大小均不加以限制，并认为所列出的定积分都是存在的.

性质 1　规定交换积分的上下限后，所得的积分值与原积分值互为相反数，即

$$\int_a^b f(x)\,\mathrm{d}x = - \int_b^a f(x)\,\mathrm{d}x \tag{7-2}$$

特别地，有

$$\int_a^a f(x)\,\mathrm{d}x = 0$$

性质 2　若 $f(x)$ 在 $[a, b]$ 上可积，k 为一实数，则 $kf(x)$ 在 $[a, b]$ 上也可积，且有

$$\int_a^b kf(x)\,\mathrm{d}x = k \int_a^b f(x)\,\mathrm{d}x \tag{7-3}$$

性质 3　若 $f(x)$，$g(x)$ 在 $[a, b]$ 上可积，则 $f(x) \pm g(x)$ 在 $[a, b]$ 上也可积，且

$$\int_a^b [f(x) \pm g(x)]\,\mathrm{d}x = \int_a^b f(x)\,\mathrm{d}x \pm \int_a^b g(x)\,\mathrm{d}x \tag{7-4}$$

注：性质 2、性质 3 可推广到有限个函数的情形，即如果 $f_1(x)$，$f_2(x)$，$\cdots$，$f_n(x)$ 都在 $[a, b]$ 上可积，k_1，k_2，$\cdots$，k_n 是实数，那么有

$$\int_a^b [k_1 f_1(x) + k_2 f_2(x) + \cdots + k_n f_n(x)]\,\mathrm{d}x$$

$$= k_1 \int_a^b f_1(x)\,\mathrm{d}x + k_2 \int_a^b f_2(x)\,\mathrm{d}x + \cdots + k_n \int_a^b f_n(x)\,\mathrm{d}x$$

性质 4　设 $f(x)$ 在所讨论的区间上都是可积的，对于任意的三个数 a，b，c，总有

$$\int_a^b f(x)\,\mathrm{d}x = \int_a^c f(x)\,\mathrm{d}x + \int_c^b f(x)\,\mathrm{d}x \tag{7-5}$$

下面利用定积分的几何意义对该性质加以说明.

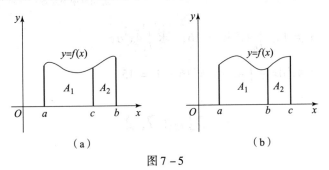

图 7-5

在图 7-5（a）中，$a < c < b$，这时

$$\int_a^b f(x)\,\mathrm{d}x = A_1 + A_2 = \int_a^c f(x)\,\mathrm{d}x + \int_c^b f(x)\,\mathrm{d}x$$

在图 7-5（b）中，$a < b < c$，这时

$$\int_a^b f(x)\,\mathrm{d}x = \int_a^c f(x)\,\mathrm{d}x - A_2 = \int_a^c f(x)\,\mathrm{d}x - \int_b^c f(x)\,\mathrm{d}x$$

$$= \int_a^c f(x)\,dx + \int_c^b f(x)\,dx$$

性质5 （保序性）设 $f(x)$, $g(x)$ 在 $[a, b]$ 上可积，且有 $f(x) \leqslant g(x)$，则有

$$\int_a^b f(x)\,dx \leqslant \int_a^b g(x)\,dx \qquad (7-6)$$

推论1 （保号性）若 $f(x) \geqslant 0$ 对 $x \in [a, b]$ 成立，则有

$$\int_a^b f(x)\,dx \geqslant 0 \qquad (7-7)$$

推论2 （有界性）若在 $[a, b]$ 上有 $m \leqslant f(x) \leqslant M$，$m$, M 是两个实数，则有

$$m(b-a) \leqslant \int_a^b f(x)\,dx \leqslant M(b-a) \qquad (7-8)$$

推论3 （定积分的绝对值不等式）若 $f(x)$ 在 $[a, b]$ 上可积，则有

$$\left| \int_a^b f(x)\,dx \right| \leqslant \int_a^b |f(x)|\,dx \qquad (7-9)$$

性质6 （定积分中值定理）

如果函数 $f(x)$ 在闭区间 $[a, b]$ 上连续，则在 $[a, b]$ 上至少存在一点 ξ（见图 7-6），使得

$$\int_a^b f(x)\,dx = f(\xi)(b-a) \quad (a \leqslant \xi \leqslant b) \qquad (7-10)$$

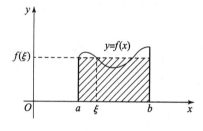

图 7-6

定积分中值定理的证明

例 已知 $\int_0^1 4x^3\,dx = 1$，$\int_0^2 4x^3\,dx = 16$，求 $\int_1^2 4x^3\,dx$.

解 $\int_1^2 4x^3\,dx = \int_0^2 4x^3\,dx - \int_0^1 4x^3\,dx = 16 - 1 = 15$

习题 7.2

1. $\int_1^1 \dfrac{\sin x}{x}\,dx = $ _____ .

2. 已知 $\int_0^2 f(x)\,dx = A$，$\int_0^2 g(x)\,dx = B$，求下列各式的值：

(1) $\int_0^2 [2f(x) - 3g(x)]\,dx$；   (2) $\int_0^2 [3f(x) + 5g(x)]\,dx$.

3. 若已知 $\int_{-1}^0 x^2\,dx = \dfrac{1}{3}$，$\int_{-1}^0 x\,dx = -\dfrac{1}{2}$，那么

$$\int_{-1}^{0} (2x^2 - 3x)\,\mathrm{d}x = \underline{\hspace{2cm}};\qquad\qquad \int_{0}^{-1} (3x^2 + x)\,\mathrm{d}x = \underline{\hspace{2cm}}.$$

4. 比较下列各组积分大小：

（1）$\displaystyle\int_{0}^{1} x\,\mathrm{d}x$ 与 $\displaystyle\int_{0}^{1} x^2\,\mathrm{d}x$；

（2）$\displaystyle\int_{0}^{\frac{\pi}{2}} x\,\mathrm{d}x$ 与 $\displaystyle\int_{0}^{\frac{\pi}{2}} \sin x\,\mathrm{d}x$；

（3）$\displaystyle\int_{0}^{1} \mathrm{e}^x\,\mathrm{d}x$ 与 $\displaystyle\int_{0}^{1} \ln(1 + x)\,\mathrm{d}x$.

5. 利用 $\displaystyle\int_{0}^{2} 1\,\mathrm{d}x = 2$，$\displaystyle\int_{0}^{2} x\,\mathrm{d}x = 2$，验证下面的等式是否成立：

$$\int_{a}^{b} f(x) \cdot g(x)\,\mathrm{d}x = \left[\int_{a}^{b} f(x)\,\mathrm{d}x\right] \cdot \left[\int_{a}^{b} g(x)\,\mathrm{d}x\right]$$

§7.3　微积分基本定理

本节所介绍的微积分基本定理，揭示了定积分与不定积分之间的内在联系，简化了定积分的计算，从而扩大了定积分的使用价值.

一、积分上限函数

设函数 $f(x)$ 在 $[a, b]$ 上连续，$x \in [a, b]$，则 $f(t)$ 在区间 $[a, x]$ 上也连续，因此定积分

$$\int_{a}^{x} f(t)\,\mathrm{d}t$$

一定存在，当 x 在 $[a, b]$ 上任意给定一个值时，定积分 $\displaystyle\int_{a}^{x} f(t)\,\mathrm{d}t$ 都有唯一确定的值与它相对应，因此 $\displaystyle\int_{a}^{x} f(t)\,\mathrm{d}t$ 是 x 的函数，称为**积分上限函数**，记作 $\Phi(x)$，即

$$\Phi(x) = \int_{a}^{x} f(t)\,\mathrm{d}t, \ x \in [a,b]$$

注意到 $\Phi(x)$ 的自变量 x 出现在积分上限的位置，且在区间 $[a, b]$ 上任意取值，这是它的名称的来历，而积分变量 t 的取值范围是 $[a, x]$. 根据定积分的几何意义，在图 7-7 中，$\Phi(x)$ 表示阴影部分的面积. 下面研究函数 $\Phi(x)$ 的导数.

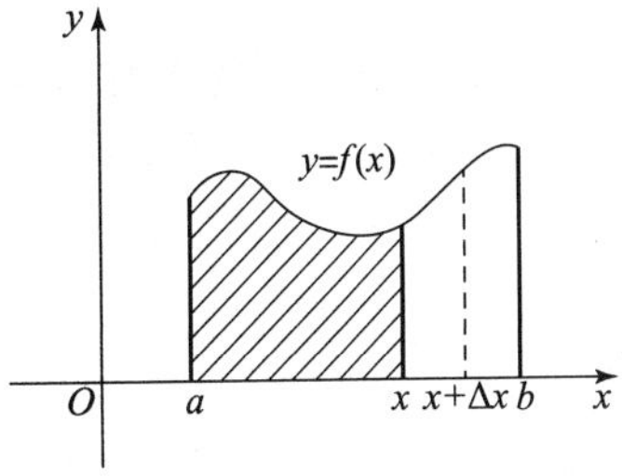

定理 1　若函数 $f(x)$ 在 $[a, b]$ 上连续，则积分上限函数

图 7-7

$$\Phi(x) = \int_{a}^{x} f(t)\,\mathrm{d}t, \ x \in [a, b]$$

在 $[a, b]$ 上可导，且 $\Phi'(x) = f(x)$. 即函数 $\Phi(x)$ 是被积函数 $f(x)$ 在 $[a, b]$ 上的一个原

函数，并且 $\Phi(x)$ 在 $[a, b]$ 上连续.

例1 求导数 $\Phi'(x)$.

(1) $\Phi(x) = \int_1^x \sin t \mathrm{d}t$;

(2) $\Phi(x) = \int_x^a t^3 \mathrm{d}t$.

解 (1) 利用公式

$$\left(\int_a^x f(t) \mathrm{d}t\right)'_x = f(x)$$

得

$$\Phi'(x) = \left(\int_1^x \sin t \mathrm{d}t\right)'_x = \sin x$$

(2) 因为

$$\Phi(x) = \int_x^a t^3 \mathrm{d}t = -\int_a^x t^3 \mathrm{d}t$$

所以

$$\Phi'(x) = \left(-\int_a^x t^3 \mathrm{d}t\right)'_x = -x^3$$

二、牛顿 – 莱布尼兹公式

定理1揭示了微分（或导数）与定积分这两个不相干的概念之间的内在联系，因而又称为**微积分基本定理**. 它同时把定积分与被积函数的原函数两者互相联系了起来，为寻找定积分的简便计算方法指示了光明大道.

定理2 设 $f(x)$ 在 $[a, b]$ 上连续，$F(x)$ 是 $f(x)$ 的一个原函数，即 $F'(x) = f(x)$，则有

$$\int_a^b F'(x) \mathrm{d}x = \int_a^b f(x) \mathrm{d}x = F(b) - F(a)$$

证 由定理1可知，$\Phi(x) = \int_a^x f(t) \mathrm{d}t$ 是 $f(x)$ 的一个原函数，又 $F'(x) = f(x)$，由于同一函数的任何两个原函数只能相差一个常数，因此

$$F(x) = \Phi(x) + C$$

即

$$F(x) = \int_a^x f(t) \mathrm{d}t + C$$

其中，C 是一个待定的常数. 由于

$$\Phi(a) = \int_a^a f(t) \mathrm{d}t = 0$$

因此

$$F(a) = \Phi(a) + C = C$$

即得

$$F(x) = \Phi(x) + F(a)$$

也就是

$$\int_a^x f(t) \mathrm{d}t = \Phi(x) = F(x) - F(a)$$

从而

$$\int_a^b f(t) \mathrm{d}t = \Phi(b) = F(b) - F(a)$$

即

$$\int_a^b f(t)\mathrm{d}t = F(b) - F(a)$$

或

$$\int_a^b f(x)\mathrm{d}x = F(b) - F(a)$$

为了方便起见，也可以写成：

$$\int_a^b f(x)\mathrm{d}x = F(b) - F(a) = F(x)\Big|_a^b \text{ 或 } \int_a^b F'(x)\mathrm{d}x = F(x)\Big|_a^b$$

这个公式称为**牛顿（Newton）—莱布尼兹（Leibniz）公式，**也叫作**微积分基本公式.**历史上，英国和德国为谁最先发现这个公式引发过两国人民的激烈争论，最终认定为牛顿和莱布尼兹是各自独立发现的，成为数学史上的一件趣事.

由牛顿—莱布尼兹公式可知，求连续函数 $f(x)$ 在 $[a, b]$ 上的定积分，只需要找到 $f(x)$ 的任意一个原函数 $F(x)$，并计算出差 $F(b) - F(a)$ 即可.

由于 $f(x)$ 的原函数 $F(x)$ 一般可由求不定积分的方法求得，因此牛顿—莱布尼兹公式巧妙地把定积分的计算问题与不定积分联系起来，把定积分的计算转化为求被积函数的一个原函数的上、下限之差的问题.

例2 计算 $\int_0^2 x^2 \mathrm{d}x$.

解 $\int_0^2 x^2 \mathrm{d}x = \left[\dfrac{1}{3}x^3\right]_0^2 = \dfrac{1}{3}(2^3 - 0^3) = \dfrac{8}{3}$

例3 求 $\int_0^{\frac{\pi}{2}} (2\cos x + \sin x - 1)\mathrm{d}x$.

解 $\int_0^{\frac{\pi}{2}} (2\cos x + \sin x - 1)\mathrm{d}x$

$= \left[2\sin x - \cos x - x\right]_0^{\frac{\pi}{2}}$

$= 3 - \dfrac{\pi}{2}$

例4 设 $f(x) = \begin{cases} 2x, & 0 \leqslant x \leqslant 1 \\ 5, & 1 < x \leqslant 2 \end{cases}$，求 $\int_0^2 f(x)\mathrm{d}x$.

解

$$\int_0^2 f(x)\mathrm{d}x = \int_0^1 f(x)\mathrm{d}x + \int_1^2 f(x)\mathrm{d}x$$

$$= \int_0^1 2x\mathrm{d}x + \int_1^2 5\mathrm{d}x$$

$$= 6$$

习题 7.3

1. 求下列各函数的导数：

(1) $F(x) = \int_0^x t e^t \mathrm{d}t$；

(2) $F(x) = \int_1^x \ln t \mathrm{d}t$；

（3）$\Phi(x) = \int_x^1 \dfrac{1}{1 + t^2}\mathrm{d}t$；

（4）$\Phi(x) = \int_x^{x^2} \mathrm{e}^t \mathrm{d}t$.

2. 设 $F(x) = \int_0^x (1 - t^2)\sin t\,\mathrm{d}t$，求 $F'(x)$，$F'(1)$.

3. 求下列定积分：

（1）$\int_0^2 (x^3 - 2x + 1)\mathrm{d}x$；

（2）$\int_0^2 (\mathrm{e}^t - t)\,\mathrm{d}t$；

（3）$\int_0^\pi (3\cos x - \sin x)\mathrm{d}x$；

（4）$\int_0^{2\pi} |\cos x|\,\mathrm{d}x$；

（5）$\int_0^1 \dfrac{1}{1 + x^2}\mathrm{d}x$；

（6）$\int_0^{\frac{x}{4}} \tan^2\theta\,\mathrm{d}\theta$；

（7）$\int_1^2 \dfrac{1}{1 + x}\mathrm{d}x$；

（8）$\int_{-\frac{1}{2}}^{\frac{1}{2}} \dfrac{1}{\sqrt{1 - t^2}}\mathrm{d}t$.

§7.4 定积分的计算

牛顿—莱布尼兹公式告诉我们，求定积分的问题一般可归结为求原函数，从而可以把求不定积分的方法移到定积分计算中. 从上一节的例子中，我们看到，若被积函数的原函数可直接用不定积分的第一换元法和基本公式求出，则可直接应用牛顿—莱布尼兹公式求解. 当然，用第二换元法与分部积分法求出定积分中被积函数的原函数之后，再用牛顿—莱布尼兹公式求解该定积分无疑也是正确的.

一、定积分的换元积分法

定理1 设 $f(x)$ 在 $[a, b]$ 上连续，令 $x = \varphi(t)$，且满足：

（1）$\varphi(\alpha) = a$，$\varphi(\beta) = b$；

（2）当 t 从 α 变化到 β 时，$\varphi(t)$ 单调地从 a 变化到 b；

（3）$\varphi'(t)$ 在 $[\alpha, \beta]$（或 $[\beta, \alpha]$）上连续. 则有

$$\int_a^b f(x)\mathrm{d}x = \int_\alpha^\beta f[\varphi(t)]\,\varphi'(t)\mathrm{d}t \tag{7-11}$$

例1 计算 $\int_0^{\frac{1}{3}} \mathrm{e}^{3x}\mathrm{d}x$.

解 设 $u = 3x$，则当 $x = 0$ 时，$u = 0$，当 $x = \dfrac{1}{3}$ 时，$u = 1$，所以

$$\int_0^{\frac{1}{3}} \mathrm{e}^{3x}\mathrm{d}x = \frac{1}{3}\int_0^{\frac{1}{3}} \mathrm{e}^{3x}\mathrm{d}(3x)$$

$$= \frac{1}{3}\int_0^1 \mathrm{e}^u\mathrm{d}u$$

$$= \left[\frac{1}{3}\mathrm{e}^u\right]_0^1$$

$$= \frac{1}{3}(e^1 - e^0)$$

$$= \frac{1}{3}(e - 1)$$

例 2　计算 $\int_0^4 \frac{x + 2}{\sqrt{1 + 2x}}dx.$

解　令 $\sqrt{1 + 2x} = t$，则 $x = \frac{t^2 - 1}{2}$，$t \geq 0$，$dx = tdt.$

当 $x = 0$ 时，$t = 1$；当 $x = 4$ 时，$t = 3$，则

$$\int_0^4 \frac{x + 2}{\sqrt{1 + 2x}}dx = \int_1^3 \frac{\frac{t^2 - 1}{2} + 2}{t}tdt$$

$$= \frac{1}{2}\int_1^3 (t^2 + 3)dt$$

$$= \frac{1}{2}\left[\frac{1}{3}t^3 + 3t\right]_1^3$$

$$= \frac{1}{2}\left[\left(\frac{1}{3} \times 3^3 + 3 \times 3\right) - \left(\frac{1}{3} \times 1^3 + 3 \times 1\right)\right]$$

$$= \frac{22}{3}$$

二、定积分的分部积分法

定理 2　设 $u = u(x)$ 与 $v = v(x)$ 在 $[a, b]$ 上都有连续的导数，则

$$\int_a^b u(x)v'(x)dx = u(x)v(x)\ \big|_a^b - \int_a^b v(x)u'(x)dx$$

或简写为

$$\int_a^b uv'dx = uv\ \big|_a^b - \int_a^b vu'dx$$

证　因为　$(uv)' = u'v + uv'$

对上式两端分别在 $[a, b]$ 上求关于积分变量 x 的定积分，得

$$\int_a^b (uv)'dx = \int_a^b u'vdx + \int_a^b uv'dx$$

所以

$$\int_a^b uv'dx = uv\ \big|_a^b - \int_a^b u'vdx$$

例 3　计算 $\int_1^e \ln x dx.$

解　设 $u = \ln x$，$v = x$，则

$$\int_1^e \ln x dx = [x\ln x]_1^e - \int_1^e xd(\ln x)$$

$$= [x\ln x]_1^e - \int_1^e x \cdot \frac{1}{x}dx$$

$$= \left[x\ln x \right]_1^e - \left[x \right]_1^e$$

$$= (e - 0) - (e - 1)$$

$$= 1$$

例4 求 $\int_0^{\frac{\pi}{2}} x\cos x \mathrm{d}x$.

解 $\int_0^{\frac{\pi}{2}} x\cos x \mathrm{d}x = \int_0^{\frac{\pi}{2}} x \mathrm{d}\sin x$

$$= (x\sin x) \Big|_0^{\frac{\pi}{2}} - \int_0^{\frac{\pi}{2}} \sin x \mathrm{d}x$$

$$= (x\sin x) \Big|_0^1 + \cos x \Big|_0^{\frac{\pi}{2}}$$

$$= \left(\frac{\pi}{2} \cdot 1 - 0 \right) + (0 - 1)$$

$$= \frac{\pi}{2} - 1$$

例5 求 $\int_1^4 \mathrm{e}^{\sqrt{x}} \mathrm{d}x$.

解 令 $\sqrt{x} = t$，则 $x = t^2$，$\mathrm{d}x = 2t\mathrm{d}t$.

所以 $\int \mathrm{e}^{\sqrt{x}} \mathrm{d}x = 2\int t\mathrm{e}^t \mathrm{d}t$

当 $x = 1$ 时，$t = 1$；当 $x = 4$ 时，$t = 2$

$$\int_1^4 \mathrm{e}^{\sqrt{x}} \mathrm{d}x = 2\int_1^2 t\mathrm{e}^t \mathrm{d}t = 2\int_1^2 t\mathrm{d}\mathrm{e}^t$$

$$= 2\left(\left[t\mathrm{e}^t \right]_1^2 - \int_1^2 \mathrm{e}^t \mathrm{d}t \right)$$

$$= 2\left(\left[t\mathrm{e}^t \right]_1^2 - \left[\mathrm{e}^t \right]_1^2 \right)$$

$$= 2\left[(2\mathrm{e}^2 - \mathrm{e}) - (\mathrm{e}^2 - 1) \right]$$

$$= 2(\mathrm{e}^2 - \mathrm{e} + 1)$$

习题 7.4

1. 计算下列定积分：

(1) $\int_0^1 \dfrac{\mathrm{e}^x}{1 + \mathrm{e}^x} \mathrm{d}x$；

(2) $\int_0^{\frac{\pi}{2}} \cos^4 x \sin x \mathrm{d}x$；

(3) $\int_1^4 \dfrac{1}{1 + \sqrt{x}} \mathrm{d}x$；

(4) $\int_0^{\ln 2} \sqrt{\mathrm{e}^x - 1} \mathrm{d}x$；

(5) $\int_0^a x^2 \sqrt{a^2 - x^2} \mathrm{d}x (a > 0)$；

(6) $\int_{-1}^1 \dfrac{x\mathrm{d}x}{\sqrt{5 - 4x}}$；

(7) $\int_c^s \dfrac{1}{x\ln x}\mathrm{d}x$;

(8) $\int_0^1 \dfrac{1}{\mathrm{e}^x + \mathrm{e}^{-x}}\mathrm{d}x$.

2. 求下列定积分的值:

(1) $\int_1^{\mathrm{e}^2} x\ln x\,\mathrm{d}x$;

(2) $\int_0^1 x\mathrm{e}^{-x}\mathrm{d}x$;

(3) $\int_0^{\frac{\pi}{2}} x\sin x\,\mathrm{d}x$;

(4) $\int_0^1 x\arctan x\,\mathrm{d}x$;

(5) $\int_0^{\frac{\sqrt{2}}{2}} \arcsin x\,\mathrm{d}x$;

(6) $\int_0^{\frac{x}{2}} \mathrm{e}^t\cos t\,\mathrm{d}t$;

(7) $\int_{-3}^3 \dfrac{\mathrm{e}^{|x|}\sin x}{1 + x^2}\mathrm{d}x$;

(8) $\int_{-1}^1 (\mathrm{e}^{|x|} - x^2\sin x)\,\mathrm{d}x$.

§7.5 利用定积分求平面图形的面积

利用定积分求平面图形的面积,是定积分应用的一个方面,常见的有下面几种情况:

(1) 由连续曲线 $y = f(x)$ 与直线 $x = a$,$x = b$,$y = 0$ 所围成的平面图形的面积.

根据定积分的几何意义,若在 $[a, b]$ 上 $f(x) \geqslant 0$,则所求的面积为

$$A = \int_a^b f(x)\,\mathrm{d}x$$

若在 $[a, b]$ 上 $f(x) \leqslant 0$,则所求的面积为

$$A = -\int_a^b f(x)\,\mathrm{d}x$$

在一般情况下 (见图 7 - 8),所求的面积为

$$A = \int_a^b |f(x)|\,\mathrm{d}x = \int_a^c f(x)\,\mathrm{d}x - \int_c^d f(x)\,\mathrm{d}x + \int_d^b f(x)\,\mathrm{d}x \tag{7 - 12}$$

(2) 由曲线 $y = f(x)$,$y = g(x)$ 与直线 $x = a$,$x = b$ 所围成的平面图形的面积.

若 $f(x) \geqslant g(x) \geqslant 0$ (见图 7 - 9),则所求的面积为

$$A = \int_a^b f(x)\,\mathrm{d}x - \int_a^b g(x)\,\mathrm{d}x = \int_a^b [f(x) - g(x)]\,\mathrm{d}x \tag{7 - 13}$$

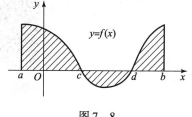

图 7 - 8

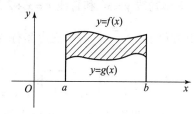

图 7 - 9

(3) 由曲线 $x = \varphi(y)$ 与直线 $y = a$,$y = b$,$x = 0$ 所围成的平面图形的面积,如图 7 - 10 所示,这和第 (1) 种情形类似,只不过将积分变量由 x 换成 y,故所求的面积为

$$A = \int_a^b |\varphi(y)|\,\mathrm{d}y$$

（4）由曲线 $x = \varphi(y)$，$x = \Psi(y)$ 与直线 $y = a$，$y = b$ 所围成的平面图形的面积，如图 7 − 11 所示，这和第（2）种情形类似，但积分变量由 x 换成了 y，故所求的面积为

$$A = \int_a^b |\varphi(y) - \Psi(y)| \mathrm{d}y$$

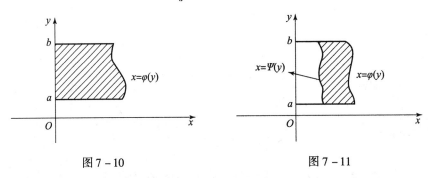

图 7 − 10　　　　　　　　　　　图 7 − 11

例 1　计算曲线 $y = \sin x$ 在 $[0, \pi]$ 上与 x 轴围成的平面图形面积.

解　如图 7 − 12 所示，所求面积为 A，则

$$A = \int_0^\pi \sin x \mathrm{d}x = [-\cos x]_0^\pi = -(-1 - 1) = 2$$

例 2　求由曲线 $y = \sin x$ 和直线 $x = 0$，$x = 2\pi$，$y = 0$ 所围成的平面图形的面积（见图 7 − 13）.

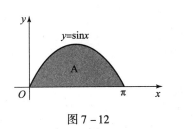

图 7 − 12　　　　　　　　　　　图 7 − 13

解　所求的面积为

$$A = \int_0^{2\pi} |\sin x| \ \mathrm{d}x = \int_0^\pi \sin x \mathrm{d}x - \int_\pi^{2\pi} \sin x \mathrm{d}x = [-\cos x]_0^\pi + [\cos x]_\pi^{2\pi} = 4$$

例 3　求抛物线 $y = x^2$ 和直线 $y = x + 2$ 所围成的图形的面积.

解　由方程组 $\begin{cases} y = x^2 \\ y = x + 2 \end{cases}$ 解得交点坐标为

$$\begin{cases} x_1 = -1 \\ y_1 = 1 \end{cases} 和 \begin{cases} x_2 = 2 \\ y_2 = 4 \end{cases}$$

平面图形的面积

作出示意图（见图 7 − 14）. 故所求的面积为

$$A = \int_{-1}^2 [(x + 2) - x^2] \mathrm{d}x$$

$$= \left[\frac{x^2}{2} + 2x - \frac{x^3}{3} \right]_{-1}^2 = \frac{9}{2}$$

例 4　求曲线 $xy = 1$ 和直线 $y = x$，$y = 3$ 所围成的图形的面积.

解　作出示意图（见图 7-15）. 若以 x 为积分变量, 应先求出相应的交点坐标:

$$由\begin{cases} xy = 1 \\ y = 3 \end{cases} 得 \begin{cases} x = \dfrac{1}{3} \\ y = 3 \end{cases}$$

$$由\begin{cases} xy = 1 \\ y = x \end{cases} 得 \begin{cases} x_1 = 1 \\ y_1 = 1 \end{cases} 和 \begin{cases} x_2 = -1 \\ y_2 = -1 \end{cases}$$

$$由\begin{cases} y = 3 \\ y = x \end{cases} 得 \begin{cases} x = 3 \\ y = 3 \end{cases}$$

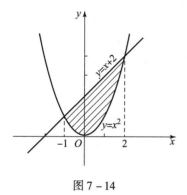

图 7-14　　　　　　　　图 7-15

故所求的面积为

$$A = \int_{\frac{1}{3}}^{1} \left(3 - \frac{1}{x}\right) \mathrm{d}x + \int_{1}^{3} (3 - x)\, \mathrm{d}x$$

$$= \left[3x - \ln x\right]_{\frac{1}{3}}^{1} + \left[3x - \frac{x^2}{2}\right]_{1}^{3} = 4 - \ln 3$$

若以 y 为积分变量, 则所求的面积为

$$A = \int_{1}^{3} \left(y - \frac{1}{y}\right) \mathrm{d}y$$

$$= \left[\frac{y^2}{2} - \ln y\right]_{1}^{3} = 4 - \ln 3$$

两种思路, 答案相同, 而解题的难易差别, 读者易知. 由此可见, 在求平面图形的面积时, 应注意对公式的适当选择.

黎曼与黎曼积分

习题 7.5

求由下列各曲线所围成的图形的面积:

(1) $y = x^3$, $y = x$;

(2) $y = \cos x$, $x = 0$, $x = 2\pi$, $y = 0$;

(3) $y = \ln x$, $y = \ln 2$, $y = \ln 8$, $x = 0$;

(4) $y = x^3$, $y = x^2$;

(5) $y = x^2 - 2x + 3$, $y = x + 3$.

综合练习 7

一、选择题

1. 下列各式不成立的是 (   ).

A. $\int_x^1 \dfrac{1}{1 + t^2} = -\int_1^x \dfrac{\mathrm{d}t}{1 + t^2}(x > 0)$

B. $\int_0^1 x^m (1 - x)^n \mathrm{d}x = \int_0^1 x^n (1 - x)^m \mathrm{d}x$

C. $\int_0^{\frac{\pi}{2}} \dfrac{\sin x}{\sin x + \cos x}\mathrm{d}x = \int_0^{\frac{\pi}{2}} \dfrac{\cos \theta}{\sin \theta + \cos \theta}\mathrm{d}\theta$

D. $\int_0^2 \dfrac{1}{(x - 1)^2}\mathrm{d}x = -2$

2. 若 $\int_0^1 (2x + b)\mathrm{d}x = 2$, 则 $b = $ (   ).

A. 0   B. -1 C. 1   D. 2

3. 曲线 $y = \sin 2x$, $y = \cos x$ 与直线 $x = 0$, $x = \pi$ 所围成的平面图形的面积等于 (   ).

A. 1   B. $\dfrac{1 - \sqrt{3}}{2}$ C. 1   D. 2

4. 若积分 $\int_a^{2\ln 2} \dfrac{\mathrm{d}x}{\sqrt{\mathrm{e}^x - 1}} = \dfrac{\pi}{6}$, 则 $a = $ (   ).

A. 0   B. 1   C. e   D. ln2

5. 设函数 $y = \int_0^x (t - 1)\mathrm{e}^{t^2}\mathrm{d}x$, 则函数的极值点为 (   ).

A. $x = 0$ B. $x = 1$ C. $x = 2$ D. $x = e$

6. $f(x)$ 在 $[a, b]$ 上连续是 $\int_a^b f(x)\mathrm{d}x$ 存在的 (   ).

A. 必要条件   B. 充要条件

C. 充分条件   D. 不充分也不必要条件

7. 下列各式不等于零的是 (   ).

A. $\int_{\frac{1}{2}}^{\frac{1}{2}} \ln \frac{1-x}{1+x} \mathrm{d}x$ B. $\int_{-3}^{3} \frac{x^5 \cos x}{3x^2+2} \mathrm{d}x$

C. $\int_{\frac{\pi}{2}}^{\frac{3\pi}{2}} \frac{\sin x}{\sqrt{1-\cos 2x}} \mathrm{d}x$ D. $\int_{1}^{3} \frac{1}{(x-1)(x-3)} \mathrm{d}x$

8. 若 $f(\pi) = 2$, 且 $\int_{0}^{\pi} [f(x) + f''(x)] \sin x \mathrm{d}x = 5$, 则 $f(0) = ($ $)$.

A. 1   B. 2   C. 3   D. 4

9. 设 $f(x) = \begin{cases} x^2, & 1 \leqslant x \leqslant 2 \\ x, & 0 \leqslant x < 1 \end{cases}$, 则 $\varPhi(x) = \int_{0}^{x} f(t) \mathrm{d}t$ 在区间 $(0, 2)$ 内 $($ $)$.

A. 有可去间断点   B. 有第一类间断点

C. 有第二类间断点   D. 是连续的

10. 设 $f(x) = \dfrac{\mathrm{d}}{\mathrm{d}x} \int_{0}^{x} \sin(t - x) \mathrm{d}t$, 则 $f(x) = ($ $)$.

A. $\sin x$ B. $-\sin x$ C. $1 - \sin x$ D. $-1 + \cos x$

二、填空题

1. $\int_{-1}^{1} \sin x \mathrm{d}x =$ _____.

2. 已知 $f(x)$ 是 **R** 上的连续函数, 若 $f(-x) = f(x)$, 则 $\varphi(x) = \int_{1}^{x} f(t) \mathrm{d}t$ 的奇偶性是_____.

3. 设 $f(x) = \begin{cases} \mathrm{e}^x, & x \geqslant 0 \\ 1 + x^2, & x < 0 \end{cases}$, 则 $\int_{\frac{1}{2}}^{2} f(1-x) \mathrm{d}x =$ _____.

4. $F(x) = \int_{0}^{x} f(2t + 1) \mathrm{d}t$ 的导数是_____.

5. 若 $f(x)$ 是奇函数, 则 $\int_{0}^{x} f(t) \mathrm{d}t$ 是_____函数.

6. 若 $f(x)$ 是偶函数, 则 $\int_{0}^{x} f(t) \mathrm{d}t$ 是_____函数.

7. $f(x) = \cos x$, 则 $\int_{0}^{\frac{\pi}{2}} \mathrm{d}f(2x) =$ _____.

8. $\int_{-\pi}^{\pi} \cos 2x \cos 5x \mathrm{d}x =$ _____.

9. 设 $f(x)$ 在 $(-\infty, +\infty)$ 内连续, 且 $f(0) = 2$, 则函数 $y = -\int_{0}^{\sin x} f(t) \mathrm{d}t$ 在 $x = 0$ 处的导数是_____.

10. 已知 $a = \int_{x}^{\frac{\pi}{2}} \sin t \mathrm{d}t$, $F(x) = \int_{-1}^{a} \frac{\mathrm{d}t}{1 + \arccos t}$, 则 $F'(x) =$ _____.

三、计算下列定积分

1. $\int_{\frac{\pi}{3}}^{\pi} \sin\left(x + \frac{\pi}{3}\right) \mathrm{d}x$;   2. $\int_{1}^{0} \frac{1}{\sqrt{4 - x^2}} \mathrm{d}x$;

3. $\int_0^1 x^2 (x^3 - 1)^4 \mathrm{d}x$;

4. $\int_{-1}^0 \mathrm{e}^x \sqrt{1 - \mathrm{e}^x} \mathrm{d}x$;

5. $\int_0^1 \dfrac{x\mathrm{d}x}{1 + x^4}$;

6. $\int_{-1}^3 x \mid x \mid \mathrm{d}x$.

四、计算下列定积分

1. $\int_1^{\mathrm{e}} x\ln x\mathrm{d}x$;

2. $\int_0^{\frac{1}{2}} x\arcsin x\mathrm{d}x$;

3. $\int_0^{\frac{\pi}{2}} x^2 \sin x\mathrm{d}x$;

4. $\int_0^{\ln 2} x^2 \mathrm{e}^{-x}\mathrm{d}x$.

五、求由下列曲线围成的平面图形的面积

1. $y = 2x^2$，$y = x^2$ 和 $x = 1$；

2. $y = \sqrt{25 - x^2}$，$x = -3$，$x = 4$ 和 $y = 0$.

第 8 章

微积分与数学作文

将数学作文与微积分思想方法相结合，开展数学作文训练，对学习掌握微积分思想方法及其渗透的数学文化有很大帮助. 以此为基础开展民族数学文化的调研与写作，能更好地学习鉴赏、传承民族数学文化，加深对中华民族文化的认同感和自豪感，有利于我们的综合素质提升.

§8.1 数学思想的作文训练

一、数学作文

我们的数学作文训练，最初从"数学思想方法的领会"开始. 早在 2000 年，在中央民族大学出版社出版的《相思湖文龙》丛书中的预科分册《数学作文实验》一书中，我国著名数学教育家张奠宙教授的序言充分肯定了数学作文教学模式："做数学题是天经地义，写语文作文也是普遍共识，怎么能把二者扯在一起？其实，如从数学文化的角度来观察，这就是自然而然的结果了.""数学作文开启了学生自由思考的空间."

数学作文是在数学教学活动中借助写作形式进行综合训练的一种教学模式. 数学作文要求紧密地结合数学的学科性，它的内容主要包括：对数学知识、数学思想方法、数学策略的领悟、理解、应用和推广；对数学现象和数学价值的认识与陈述；探索、研究数学问题，并公布自己进行数学探究的结果与存在的问题；欣赏数学的美与理；反思自身的数学学习思维过程等. 就文体而言，数学作文可以写成很多形式：记叙式的、说明式的、抒情式的、思辨式的，或者是小论文、微型课题研究、数学社会调查报告等，如果感兴趣，甚至可以写成小说、故事、童话、猜想、诗歌、口诀、对联以及其他奇趣文体.

数学作文提供了一座沟通文科的桥梁，使数学教与学的活动能够获得文理双修的效果. 通过数学作文训练，学生学到的数学不再是一些由符号组成的枯燥的思维代码，而是有情有趣有血有肉的鲜活的知识体系.

二、数学思想与数学方法

数学思想是人们对数学规律的理性认识，是对数学知识与方法的本质特征的高度抽象概括. 它是从某些具体数学认识过程中被提炼和概括的, 在后继的认识活动中被反复证实其正确性, 带有相对稳定的特征, 具有指导思想和普遍适用的重要意义. 微积分思想就是预科阶段要学习的重点内容.

数学方法是以数学为工具进行科学研究的方法, 即用数学的语言表达事物的状态、关系和过程, 数学地提出问题、研究问题和解决问题所采用的各种手段或途径.

数学思想与数学方法相辅相成, 统称为数学思想方法. 数学思想具有概括性和普遍性, 直接支配着数学的实践活动. 数学方法是数学思想具体化的反映, 具有操作性和具体性. 数学思想比数学方法更深刻、更抽象地反映数学对象间的内在关系, 是数学方法的进一步的概括和升华, 因而是内隐的, 而数学方法是外显的. 简言之, 数学思想是灵魂, 数学方法是行为, 数学思想对数学方法起指导作用.

三、数学思想方法作文辅导

(一) 明确写作目的, 树立必胜信心

数学思想方法作文是围绕学习过程中接触的数学思想方法撰写的体会文章, 对于教材中的各种数学思想方法, 能叙述正确、清楚; 在举例论证、解答数学问题的时候, 还能揭示问题中所蕴含的数学思想方法及其价值. 自觉运用数学思想方法去探索、解决其他学科中涉及的相关问题. 这种作文基本上属于数学领域的论说文, 但又不是严格意义上的数学论文. 它要讲清的是前人早已发现的数学思想方法, 因而其意义在于以数学思想方法为中心的基础训练, 在于提高习作者的数学素质和综合素质.

数学作为预科阶段的一门主干学科, 无论文科同学还是理科、医科同学, 都必须学好. 但是, 多数同学的数学基础比较薄弱, 尤其是数学思想方法不明确, 不成体系, 这就需要大力加强这方面的培养与训练. 数学思想方法作文正是一种切合预科教学实际需要的训练方法. 通过这项训练, 可以避免传统的高中数学补习和大学数学预习中难免的 "炒旧饭" 现象, 从而让我们在由高中向大学过渡的这段特殊的学习期间, 收到应有的成效. 让文科的同学在发展写作能力的同时, 理科素养得到培养; 让理科、医科的同学在培养数学素质的同时, 文化素养和写作能力也得到提高.

数学思想方法作文是一种新颖的作业方式, 比平常的数学作业要求高, 难度较大. 一些同学本来数学基础就薄弱, 对数学思想方法的理解和认识也比较模糊, 直接用数学语言表达自己的数学思维都成问题. 一些同学虽然对数学思想方法有一些初步的认识, 但尚未构成体系, 难以深刻理解、灵活运用. 即使少数同学数学基础较好, 已经能够理解和运用相关数学思想方法, 然而也只是习惯于使用数学语言的表达形式, 规定用作文的形式则未必能够顺畅表达. 因此, 面对这种作业方式, 出现一些畏难情绪是可以理解的.

但是, 自古道: "学海无涯苦作舟". 由牙牙学语、跟跄学步, 到启蒙认字、考试升级, 这期间的母语外语、文理百科, 哪一样知识、哪一种技能不是经过艰苦的学习和训练得来的? 既然已经成为高等学府的预备生, 为了适应并顺利通过大学的学习, 我们不能对自身的不足视而不见. 必须从自身的薄弱环节入手, 增强我们的数学思想方法内存, 锻炼我们对数学的领会和表达能力, 提高我们的文化水平, 由此优化我们的素质结构. 况且, 同学们都是经十年寒窗苦读过来的, 虽然不一定写过数学作文, 但必然写过不少作文, 有的还光荣地获

得过不同级别的作文奖. 数学作文与普通作文虽然有所不同，但写作规律是一致的. 十年寒窗的其他内容的作文训练，已帮我们打下了掌握作文一般规律的基础；同样长期的数学学习，也为我们打下了必要的数学知识基础. 在这两大基础的平台上，我们进行数学思想方法作文训练，只要把数学思想的脉络厘清，再结合作文训练的一般方法，勇于实践，大胆创新，就可以实现文理兼修的目的. 因此，我们应该树立信心，克服困难，充分利用大学的有利条件，努力锻炼自身的学习毅力，培养勇于探索的精神和实事求是的科学态度. 只要同学们肯钻研，勤思考，积极调动各种智力因素和非智力因素，一定能够很好地完成任务，写出优秀的数学思想方法作文.

（二）联系学习实际，注重平时积累

数学思想方法作文的写作，要注意从平时开始积累.

首先，课堂和教材是我们的主阵地. 同学们在课堂中，要特别注重老师是如何分析知识的来龙去脉，从而了解知识的发生、发展过程的；注重分析具体的数学知识中所渗透的数学思想方法，体会解题的策略是如何根据概念、公式、定理中蕴涵的数学思想方法推理出来的. 只要同学们在课堂上抓住这些关键，课后熟读教材，继续认真反思、探究这些问题，结合实例自己分析，独立思考，完成老师布置的常规作业，就可以掌握其中的数学思想方法了.

同时，还要尽可能在课堂与教材之外扩展信息渠道，广泛搜集资料，不仅可以从过去的中学数学课本里寻找材料，还可以从现在读着的其他学科的课本里寻找材料；不仅可以阅读有关数学的学习经验和解题经验，也可以阅读有关数学思想方法、数学学习方面的辅导材料；不仅可以阅读关于数学文化或者数学教育的研究文献，也可以阅读有关数学的趣题、游戏、谜语、故事等逸品小品. 从搜集资料的方向来看，除了学校图书馆藏书之外，还可以查阅各种学报和数学教学期刊. 查阅期刊不仅是到现刊阅览室，更多的资料在过刊库. 一般人读刊物追求新的，往往忽略过期的刊物. 其实，各种刊物都有自己的传统和主题范围，我们查阅资料也有自己的主题和范围. 资料的价值并非取决于它的载体的新旧，而取决于主题和范围是否对路，只要找对了路子，就可以获得很有价值的或者很丰富的资料. 除了在图书馆借阅或查阅各种书刊之外，也可以到书店购买，向老师或者大学部的同学借阅等. 此外，一个不容忽视的渠道是通过各种教育网站，运用计算机的检索功能来搜集. 现在，相当一部分同学喜欢上网，都知道网上信息十分丰富. 只要我们以预科数学思想方法为中心，课堂、教材、课后三结合，立体式展开，自然就会发现更多的可积累的作文材料.

在广泛查阅资料的过程中，同学们要特别注重作文材料的积累. 积累资料的方式，除了购买、复制之外主要是作读书学习笔记. 读书学习笔记可以有多种形式，比较常见的有以下三种：精彩片段摘录、文献内容概要、心得体会记录. 摘录的片段可以是一些论断，也可以是一些例子. 论断可以是大师的名言，也可以是某些不算出名的人的某种独特的体会；例子可以是一道趣题，也可以是一个故事. 内容概要可以写成提纲笔记，也可以画成思维导图，还可以缩写成精练的微篇. 提纲笔记是经过分析综合，把文献内容的要点提纲挈领地分条列出来，简明扼要. "思维导图"则是把提纲用略图的方式勾画出来，更是一目了然. 缩写的微篇自然比原文简要，但比提纲详细，更有利于对文献全貌的把握. 与摘录和概述比起来，心得体会或许更能代表数学学习在自己心中留下的痕迹. 这种痕迹可以是书中随笔批注的一两句话，甚至一两个标点符号（前提是该书的所有权属于自己），当然也可以是在卡片上写

的一个片段，可以是在专用笔记簿或者数学作业本上写的随笔. 这种体会笔记无论长短，记的都是学习中体会较深的思想火花. 及时用自己的笔触把这些思想火花保存下来，对锻炼我们的数学语言表达能力、综合概括的能力，加深对所学内容的记忆和理解，从而对后来正式撰写数学思想方法作文，都有着十分重要的意义. 只要坚持在广泛阅读的基础上勤于思考、勤于记录，真正做到"不动笔墨不看书"，并且坚持不懈、持之以恒，就能做到不仅学会了知识，并能从知识的获得中培养能力，优化思维，提高数学素质和综合素质. 如此积累到一定的程度，再把自己对所学内容形成的系统认识整理成为数学思想方法作文，就水到渠成，自然接近了我们的预定目标.

（三）谋篇胸有成竹，行文顺理成章

平时的阅读思考积累，多是为最后的写作奠定基础. 真正意义上的写作阶段，必须遵循谋篇布局、草拟修饰等规律，做到胸有成竹、顺理成章.

首先选定一个适当的题目，这是关键. 为此我们有必要了解预科数学体系中常用的、基本的数学思想方法. 这些数学思想方法就像一张网络中的结点，根据这些网点的提示，我们可以大致明确预科数学思想方法作文的选题范围. 当然，在具体选题的时候，要从自己的实际出发，哪些数学问题是自己学得比较好的，哪些是比较有兴趣的，哪些是有较深体会的，应以这些长处作为首选的对象. 如果把写数学思想方法作文比作建造房屋，确定选题比作选择施工场地，那么构思就是决定布局和规程的设计图纸. 构思的好坏，直接影响作文质量. 构思好，作文就合情合理、引人入胜；构思不好，作文就可能情理不通、索然无味. 而对于初学撰写数学思想方法作文的同学来说，构思的主要问题是如何打开思路.

我们可以选取一种数学思想方法谈自己的学习体会，谈这种数学思想方法的功能和作用，甚至联系语文、化学、物理等学科的学习. 如数形结合思想，可以结合不同知识点来谈谈解题的策略，还可以谈谈这种数学思想方法的美学意义，也可以探讨这种数学思想方法在化学、物理学习中的运用，或者分析这种数学思想方法对培养能力、优化思维品质的作用，或者把这种思想方法作为一种科学素养来讨论，阐述它对我们今后的学习和工作有哪些重要性等.

我们也可以选取其中的两种数学思想方法，谈它们的相互联系、相互影响，对解决数学问题所起的作用等. 由数学思想方法的学习和运用，还可以联系到数学哲学、数学文化，联系到数学的研究对象、内容、价值、数学的真善美观念，联系到数学在生活、社会、其他科学等方面运用的实例. 总之，只要开动脑筋，我们就会有所创新和开拓. 我们完全可以在数学常识、数学趣闻，以及一切观察到的数学现象之间启动数学思维，展开数学联想，从而像神龙游海那样，展开数学作文的思路.

一旦我们的思路打开，就可以根据题意构思撰写提纲. 提纲在筛选材料、突出结构、进一步明确思路方面有很大作用. 如果说谋篇布局的构思是建筑工程的设计图纸，那么撰写提纲就是根据图纸掘地奠基. 建筑物质量如何，基础是否坚实至关重要. 建造高楼需要深挖浮泥，直至本土老底，而后用钢筋水泥浇注石基，使之固若金汤. 如果在这个环节偷工减料，必定种下"豆腐渣工程"的祸根. 撰写提纲同样不可掉以轻心. 必须"搜尽奇峰打草稿"，将所有资料根据题意构思进行清理，而后挑选最合适者，安排在最合适的位置. 这个挑选和

安排的过程，就是提纲的反复修改琢磨过程. 修改琢磨出来的提纲，就像挖地筑成的屋基，哪里是柱、哪里是墙、哪里是门、哪里是窗、哪里是楼梯、哪里是厅堂，什么地方挖多深、什么地方挖多宽、什么地方放多少多粗的钢筋、放多少公斤多少标号的水泥……都必须落到实处. 只有这样，才能保障数学思想方法作文中心突出，结构合理，层次清楚，论述周密；或者有理有据，翔实具体；或者有情有趣，生动活泼. 否则，写出来的作文就会因为思路不具体、不明确而显得条理不清晰，布局不和谐，或者头重脚轻，或者尾大不掉，或者挺着个"将军肚"，或者扭着个"蜜蜂腰".

有了精细翔实的提纲，加上收集整理资料的功夫扎实，所作的摘录、提要、心得、体会等均已根据提纲筛选排列，就像堆放整齐的砖石水泥、钢材木料，有的甚至早已制作成为板、条、管、线，直接安上就行. 正式行文就会随着起承转合的思路，启得好，承得上，转得出，合得拢，"下笔如有神"了. 一旦进入这种状态，就应当奋笔疾书、一气呵成.

当我们笔遂心愿完成了起承转合的基本任务，就像房屋封顶，往往会有一种大功告成的感觉. 然而，刚刚建成的房屋砖石框架还需要进行装修，草草拟就的初稿，必须多次反复修改. 古人早有"文章不厌千遍改"的说法. 我们没有条件改上千遍，那么，改它三遍、五遍也是应该的. 我们写的是数学思想方法作文，修改时首先需要注意的是文中所述的数学思想方法是否准确. 如果数学思想方法都搞错了，那么这篇数学思想方法作文就不合格. 如果对所写的数学思想方法表述得不明确、不生动、不具体，让人读了似懂非懂，就算勉强了解，印象也不深，这也不是好的数学作文. 只有超越了前面两种状况，既能准确地把握所写数学思想方法的理论体系，又能把抽象的数学思想方法描述得具体翔实，把深奥的数学思想方法解释得浅显易懂，把枯燥的数学思想方法演绎得有趣动人，才算是优秀的数学思想方法作文. 因此修改数学思想方法作文既需要大处着眼，又需要小处着手. 既需要注意数学思想方法作文整体的结构，又需要注意数学思想方法作文词句的搭配. 通篇结构讲究匀称连贯、顺理成章，既要力戒文脉不通、文理不顺，又要纠正详略失当、避免杂乱无章. 遣词造句讲究准确朴素、简洁流畅，既要克服模糊含混、艰涩拗口，又要清除错字别字、修改病句残句. 这些都不是一下子就可以完成的，需要投入足够的时间和精力，需要在反复审视的基础上，下一番精雕细刻、字斟句酌的功夫. 有道是："只要功夫深，铁棒磨成针."只要大家明确了目的，树立了信心，做好了准备，下足了功夫，通过深思熟虑下笔行文，而后又精益求精修改润色，最后得出的数学思想方法作文，定不只是以往未曾写过的一种新作文，而且将会是我们大家都为之自豪的好作文. 只要我们写出了令人自豪的数学思想方法作文！我们的数学思维系统、数学素质系统，乃至整个综合素质系统都将得到不同程度的优化，我们这一年预科数学学习就获得了不同寻常的成功.

§8.2　微积分思想作文举例

为了更好地学习并掌握微积分学中常用的思想方法，结合预科的有关内容，本节着重介绍三种数学思想：极限思想、恒等变换思想、化归思想.

一、极限思想作文

（一）极限思想

所谓极限思想，是指用极限概念分析问题和解决问题的一种数学思想. 极限概念的本质，是用联系变动的观点，把所考查的对象看作某对象在无限变化过程中变化的结果. 它是微积分学中的一种重要数学思想.

极限思想贯穿微积分学的始终，通过这些内容的学习，同学们对极限思想一定会有很多自己的理解和认识. 如极限概念的实际背景、形成过程、概念的本质属性、在解题中的运用，以及它在其他学科中如何解决实际问题等，都可以归纳总结；也可以由此及彼，展开联想与想象，实虚结合，谈谈自己学习极限思想方法的过程和情感体验，并用数学作文表达出来.

（二）习作举例之一

极限思想与数学能力的提高

极限概念源于希腊的穷竭法，它最初产生于求曲边形面积以及求曲线在某一点处的切线斜率这两个基本问题. 我国古代数学家刘徽（公元 3 世纪）利用圆的内接正多边形来推算圆面积的方法——割圆术，就是运用了极限思想. 刘徽说："割之弥细，所失弥少，割之又割，以至于不可割，则与圆周合体而无所失矣." 他的这段话对极限思想进行了生动的描述. 我们再来看看法国著名数学家柯西给极限下的定义："若代表某变量的一串数值无限地趋向于某一个固定数值，则该固定值称为这一串数值的极限." 后来，维尔斯拉斯把柯西这一对极限的定性描述改成定量描述，即"$\varepsilon-\delta$"语言，其实质是一种"邻域"观点.

极限概念是微积分最基本的概念，微积分的其他基本概念都用极限概念来表达；极限方法是微积分的最基本的方法，微分法与积分法都借助于极限方法来描述. 比如我们预科教材中所涉及的"微积分"，其内容都是围绕"极限"这一核心内容来展开的.

从极限的本质思想出发给数列极限和函数极限下精确定义，进一步研究与数列理论相应的级数理论. 利用极限

$$\lim_{x \to x_0} f(x) \text{ 与 } f(x_0)$$

的关系确定函数连续与否，在本章中我们还规定极限值为零的变量是无穷小量. 无穷小量引出了极限方法，因为极限方法的实质就是对无穷小量的分析. 第二章利用极限去解决几何学中的切线问题及力学中的速度问题，引出导数概念. 导数研究的是一种变化率，它的前提条件是当 $\Delta x \to 0$ 时，$\dfrac{\Delta y}{\Delta x}$ 的极限是否存在.

由此可见，导数问题还是极限问题. 微分可以说是导数的进一步扩展，它把函数的改变量与导数的内在联系结合起来. 导数考查的是函数在点 x_0 的变化率，而函数在点 x_0 的微分是 Δy 的线性主部，函数可微与可导是等价的. 但是不管怎样，它们都涉及一种重要的方法——极限方法. 第三章进一步深化导数思想，使之得到广泛的应用. 微分定义及表达式虽然给出了函数改变量与导数的内在联系，但仅是在一点邻近的局部性质，且是近似的. 若要揭示在一个区间上函数与导数的内在联系，还得依靠微分学的中值定理来解决. 中值定理是

微分学中一个很重要的定理，其证明方法也是要求我们掌握的，极限思想给这个证明带来不少便利，特别是左右极限概念的作用更大. 本章还包括了关于无穷小量的运算，其实是极限的运算——不定式的极限，最有效的解题方法是运用洛必达法则. 第四章不定积分，实质上是微分的逆运算. 第五章定积分，重点是定积分的概念及运算. 其中，定积分的概念实质上是一个特殊类型的和式的极限. 定积分的计算关键是通过牛顿—莱布尼兹公式建立不定积分与定积分的关系.

由此可见，从函数的连续性、级数、导数、微分、定积分等概念中可以发现，它们都是借助于极限才得以抽象化、严密化. 这不仅体现在我们的预科教材中，在我们以后将要学到的多元函数的偏导数、重积分等概念中，甚至整个高等数学的内容，极限自始至终都贯穿其中.

通过对它的学习与运用，我们可以从中感觉到：我们的思想已经从客观变量中的常量进入了变量，从有限跨到了无限，也就是说我们的能力不断地得到提高，从初等数学过渡到了高等数学. 极限思想深化了我们对客观世界的认识，它使我们明白：研究物质运动，仅仅知道有关函数在变化过程中单个的取值如何，往往是不够的. 我们还得弄清楚，函数变化时总的变化趋势，以及是否隐含某种"相对稳定"的性质等问题. 更具体地说，极限思想在应用于其他方面的知识时，一般都有这么一个前提条件：当 $x \to x_0$（或 ∞）时，函数的极限是否存在？若该极限不存在又会是怎么样的呢？我们每次都带着这种思维去考虑问题，这就加强了我们思考问题的周密性与全面性. 同时，在检验极限是否存在时，我们的运算能力也得到了提高. 除此之外，通过对极限的学习与运用，我们还认识到极限本身是高等数学中的一个核心内容，同时它又是解决其他问题所运用的工具，这使我们对数学的认识提高到一个更高的层次，对我们今后从事高等数学的学习和工作都有很大的帮助.

极限思想是微积分的基础，是高等数学中的基本推理工具，它在数学分析发展的历史长河中，扮演着十分重要的角色. 我们可以毫不夸张地说，没有极限思想就没有高等数学的严密结构，我们应该掌握好极限这一重要概念及其思想.

习作举例之二

浅谈高等数学问题中求极限的若干种方法

现行高等数学的课程主线，可归纳为：函数极限→连续→微积分应用→常微积分方程→无穷级数. 除了第一部分作为最简单的基础内容外，其余教学内容的核心思想就是围绕极限这一概念展开的. 极限的方法是人们从有限中认识无限，从近似中认识精确，从量变中认识质变的一种数学方法. 同时，极限也是微积分中最基本最重要的概念，是研究微积分学的重要工具. 极限思想也是研究高等数学的重要思想. 因此，掌握极限的思想与方法是非常重要的，它是学好微积分学的前提条件. 以下是关于求极限的七种方法，这些方法有助于高等数学中微积分的学习.

（一）用定义求极限

极限直观性定义：设函数 $f(x)$ 在点 x_0 附近有定义，如果在 $x \to x_0$ 的过程中，对应的 $f(x)$ 无限趋近于确定的数值 A，那么就说 A 是函数 $f(x)$ 当 $x \to x_0$ 时的极限. 记为 $\lim\limits_{x \to x_0} f(x) = A$.

对于一些简单的、能够从图像上直接看出的极限，即可用极限直观性定义快速求出.

例如：当 $x \to 1$ 时，$f(x) = 3x - 1$ 无限接近于 2，则 $\lim\limits_{x \to 1}(3x - 1) = 2$.

（二）用极限四则运算法则求极限

如果 $\lim f(x) = A$，$\lim g(x) = B$，

（1）$\lim[f(x) \pm g(x)] = \lim f(x) \pm \lim g(x) = A \pm B$；

（2）$\lim[f(x)g(x)] = \lim f(x) \lim g(x) = AB$；

（3）若有 $B \neq 0$，$\lim\dfrac{f(x)}{g(x)} = \dfrac{\lim f(x)}{\lim g(x)} = \dfrac{A}{B}$.

注： 以上运算法则成立的前提是 $\lim f(x)$ 和 $\lim g(x)$ 存在.

极限的四则运算法则主要应用于求一些简单的和、差、积、商的极限. 在实际求极限过程中，还可具体运用直接代入法、消去零因子法、同除法等进行化简计算.

例如：（1）求 $\lim\limits_{x \to 2}(3x^2 - 2x + 3)$.

解 $\lim\limits_{x \to 2}(3x^2 - 2x + 3) = \lim\limits_{x \to 2}3x^2 - \lim\limits_{x \to 2}2x + 3 = 11$（直接代入法）

（2）$\lim\limits_{x \to \infty}\dfrac{3x^2 - x + 2}{4x^3 - x + 1}$.

解 当 $x \to \infty$ 时，分子、分母都趋于无穷大，故分子、分母可同除以 x^3，然后取极限，得

$$\lim_{x \to \infty}\frac{3x^2 - x + 2}{4x^3 - x + 1} = \lim_{x \to \infty}\frac{\dfrac{3}{x} - \dfrac{1}{x^2} + \dfrac{2}{x^3}}{4 - \dfrac{1}{x^2} + \dfrac{1}{x^3}} = \frac{0 - 0 + 0}{4 - 0 - 0} = 0(\text{同除法})$$

在计算函数极限时，单单运用极限的四则运算法则还不能够达到求结果的目的，需要在这个基础上运用其他的方法来辅助计算. 如：换元法、取倒数法、取对数法等. 下面一一举例说明：

（1）换元法：求 $\lim\limits_{x \to 1}\dfrac{\sqrt[n]{x} - 1}{x - 1}$.

解 令 $u = \sqrt[n]{x}$，则当 $x \to 1$ 时，有 $u \to 1$，且 $x = u^n$，

$$x - 1 = u^n - 1 = (u - 1)(u^{n-1} + u^{n-2} + \cdots + u + 1)$$

所以
$$\lim_{x \to 1}\frac{\sqrt[n]{x} - 1}{x - 1} = \lim_{u \to 1}\frac{u - 1}{u^n - 1}$$

$$= \lim_{u \to 1}\frac{u - 1}{(u - 1)(u^{n-1} + u^{n-2} + \cdots + u + 1)}$$

$$= \lim_{u \to 1}\frac{1}{u^{n-1} + u^{n-2} + \cdots + u + 1} = \frac{1}{n}$$

（2）取倒数法：求 $\lim\limits_{x \to \infty}\dfrac{x^3}{4x + 1}$.

解 我们先求 $\lim\limits_{x \to \infty}\dfrac{4x + 1}{x^3} = \lim\limits_{x \to \infty}\left(\dfrac{4}{x^2} + \dfrac{1}{x^3}\right) = 0$，

根据无穷大与无穷小的关系，所以 $\lim\limits_{x \to \infty}\dfrac{x^3}{4x + 1} = \infty$.

（3）取对数法（适用于幂指函数求极限）：求 $\lim\limits_{x \to 0} x^{2x}$.

解

$$\lim_{x \to 0} x^{2x} = \lim_{x \to 0} e^{\ln x^{2x}} = e^{\lim\limits_{x \to 0} 2x\ln x} = e^{\lim\limits_{x \to 0} \frac{\ln x}{\frac{1}{2x}}} = e^{\lim\limits_{x \to 0} \frac{\frac{1}{x}}{\frac{-1}{(2x)^2} \cdot 2}} = e^{\lim\limits_{x \to 0} (-2x)} = e^0 = 1$$

（三）用等价无穷小的性质求极限

定理 1 设 $f(x)$、$g(x)$ 为同一变化过程中的无穷小，且 $f(x) \sim f_1(x)$，$g(x) \sim g_1(x)$，$\lim \dfrac{f_1(x)}{g_1(x)}$ 存在，则 $\lim \dfrac{f(x)}{g(x)} = \lim \dfrac{f_1(x)}{g_1(x)}$.

利用无穷小的等价替换来计算极限是一种非常有效且简便的方法. 它可使有些极限的计算变得简单. 以下是无穷小等价的一些常用公式：

当 $x \to 0$ 时，$\sin x \sim x$，$\arcsin x \sim x$，$\tan x \sim x$，$e^x - 1 \sim x$，$a^x - 1 \sim x\ln a$，

$1 - \cos x \sim \dfrac{1}{2}x^2$，$\ln(1+x) \sim x$，$\sqrt[n]{1+x} - 1 \sim \dfrac{x}{n}$.

例如：求 $\lim\limits_{x \to 0} \dfrac{\tan x}{\sqrt[3]{1+x} - 1}$.

解 当 $x \to 0$ 时，$\tan x \sim x$，$\sqrt[3]{1+x} - 1 \sim \dfrac{x}{3}$.

$$\lim_{x \to 0} \frac{\tan x}{\sqrt[3]{1+x} - 1} = \lim_{x \to 0} \frac{x}{\frac{x}{3}} = 3$$

值得一提的是，在无穷小量的乘、除运算时可使用等价替换，在无穷小量的加、减运算时尽量不要使用，否则可能会得到错误的答案.

例如：求 $\lim\limits_{x \to 0} \dfrac{\tan x - \sin x}{2x^3}$.

错解 当 $x \to 0$ 时，$\tan x \sim x$，$\sin x \sim x$，

$$\lim_{x \to 0} \frac{\tan x - \sin x}{2x^3} = \lim_{x \to 0} \frac{x - x}{2x^3} = 0$$

正解 $\lim\limits_{x \to 0} \dfrac{\tan x - \sin x}{2x^3} = \lim\limits_{x \to 0} \dfrac{\tan x (1 - \cos x)}{2x^3} = \lim\limits_{x \to 0} \dfrac{x \cdot \frac{x^2}{2}}{2x^3} = \dfrac{1}{4}$

同理，无穷小与有界量的乘积是无穷小，经常用到. 例如：

（1）$\lim\limits_{x \to 0} x\sin \dfrac{1}{x} = 0$；　　　　　　（2）$\lim\limits_{x \to \infty} \dfrac{\sin x}{x} = 0$.

（四）用两个重要极限求极限

第一个重要极限：$\lim\limits_{x \to 0} \dfrac{\sin x}{x} = 1 \left(\text{或} \lim\limits_{x \to 0} \dfrac{x}{\sin x} = 1 \right)$.

此重要极限的应用要求较高，必须同时满足：

（1）分子、分母为无穷小，即极限为 0；

（2）分了正弦的角必须与分母一样.

第二重要极限：$\lim\limits_{x\to\infty}\left(1+\dfrac{1}{x}\right)^x=\mathrm{e}$（或$\lim\limits_{x\to0}(1+x)^{\frac{1}{x}}=\mathrm{e}$）.

此重要极限的应用要求较高，须同时满足：

（1）幂底数带有"1"；

（2）幂底数是"+"号；

（3）"+"号后面是无穷小量；

（4）幂指数和幂底数"+"号后面的项要互为倒数.

例如：（1）求$\lim\limits_{x\to0}\dfrac{\sin3x}{x}$.

解 $\lim\limits_{x\to0}\dfrac{\sin3x}{x}=3\lim\limits_{x\to0}\dfrac{\sin3x}{3x}=3$

（2）求$\lim\limits_{x\to\infty}\left(1+\dfrac{1}{x}\right)^{3x}$.

解 $\lim\limits_{x\to\infty}\left(1+\dfrac{1}{x}\right)^{3x}=\lim\limits_{x\to\infty}\left[\left(1+\dfrac{1}{x}\right)^x\right]^3=\mathrm{e}^3$

（五）用洛必达法则求极限

定理2 （1）当$x\to a$时，函数$f(x)$及$F(x)$都趋于零（或无穷大）；

（2）在点a的某去心领域内，$f'(x)$及$F'(x)$都存在且$F'(x)\neq0$；

（3）$\lim\limits_{x\to a}\dfrac{f'(x)}{F'(x)}$存在（或为无穷大），则

$$\lim\limits_{x\to a}\dfrac{f(x)}{F(x)}=\lim\limits_{x\to a}\dfrac{f'(x)}{F'(x)}$$

例如：求$\lim\limits_{x\to0}\dfrac{3-3\cos x}{x^2}$.

解

$$\lim\limits_{x\to0}\dfrac{3-3\cos x}{x^2}=\lim\limits_{x\to0}\dfrac{(3-3\cos x)'}{(x^2)'}=\lim\limits_{x\to0}\dfrac{3\sin x}{2x}=\lim\limits_{x\to0}\dfrac{(3\sin x)'}{(2x)'}=\lim\limits_{x\to0}\dfrac{3\cos x}{2}=\dfrac{3}{2}$$

洛必达法则虽然是求未定式极限的一种有效方法，但若能与其他求极限的方法结合使用，效果更好. 如结合使用等价无穷小替换或重要极限.

例如：求$\lim\limits_{x\to0}\dfrac{\mathrm{e}^x+\sin x-1}{\ln(1+\sin x)}$.

解 当$x\to0$时，$\mathrm{e}^x-1\sim x$，$\sin x\sim x$，$\ln(1+\sin x)\sim\sin x$，
所以

$$\lim\limits_{x\to0}\dfrac{\mathrm{e}^x+\sin x-1}{\ln(1+\sin x)}=\lim\limits_{x\to0}\dfrac{\mathrm{e}^x-1}{\ln(1+\sin x)}+\lim\limits_{x\to0}\dfrac{\sin x}{\ln(1+\sin x)}=\lim\limits_{x\to0}\dfrac{x}{\sin x}+\lim\limits_{x\to0}\dfrac{x}{\sin x}=2$$

但运用洛必达法则求极限的函数必须是未定式$\left(\dfrac{0}{0}型或\dfrac{\infty}{\infty}型\right)$，否则不能用洛必达法则求解.

同时，形如$0\cdot\infty$型、$\infty-\infty$型、0^0型、1^∞型、∞^0型均可转化为$\dfrac{0}{0}$型或$\dfrac{\infty}{\infty}$型使用洛必

达法则求解.

（六）用微分中值定理求极限

拉格朗日中值定理：如果函数 $y = f(x)$ 满足：

（1）在闭区间 $[a, b]$ 上连续；

（2）在开区间 (a, b) 内可导.

则在 (a, b) 内至少存在一点 $\xi(a < \xi < b)$，使得

$$f(b) - f(a) = f'(\xi)(b - a)$$

即

$$f'(\xi) = \frac{f(b) - f(a)}{b - a}$$

例如：求 $\lim\limits_{x \to 0} \dfrac{1}{x}\left[\tan\left(\dfrac{\pi}{4} + 3x\right) - \tan\left(\dfrac{\pi}{4} + x\right)\right]$.

解　设 $f(t) = \tan t$，$f(t)$ 在 $\dfrac{\pi}{4} + 3x$ 与 $\dfrac{\pi}{4} + x$ 所构成的区间上应用拉格朗日中值定理，有

$$\lim_{x \to 0} \frac{1}{x}\left[\tan\left(\frac{\pi}{4} + 3x\right) - \tan\left(\frac{\pi}{4} + x\right)\right]$$

$$= \lim_{x \to 0}\left[\left(\frac{\pi}{4} + 3x\right) - \left(\frac{\pi}{4} + x\right)\right] \cdot (\tan t)'\big|_{t = \xi}\left(\xi \text{ 介于 } \frac{\pi}{4} + 3x \text{ 与 } \frac{\pi}{4} + x \text{ 之间}\right)$$

$$= \lim_{x \to 0} 2\sec^2\xi = 2$$

（七）用导数定义求极限

定义　设函数 $y = f(x)$ 在点 x_0 的某个邻域内有定义，如果极限 $\lim\limits_{\Delta x \to 0} \dfrac{\Delta y}{\Delta x} = \lim\limits_{x \to x_0} \dfrac{f(x) - f(x_0)}{x - x_0}$

存在，则称 $f(x)$ 在点 x_0 处可导，称该极限为函数 $f(x)$ 在点 x_0 处的导数，记为 $f'(x_0) = $
$\lim\limits_{\Delta x \to 0} \dfrac{\Delta y}{\Delta x} = \lim\limits_{\Delta x \to 0} \dfrac{f(x_0 + \Delta x) - f(x_0)}{\Delta x}$ 或 $f'(x_0) = \lim\limits_{x \to x_0} \dfrac{f(x) - f(x_0)}{x - x_0}$. 否则称 $f(x)$ 在点 x_0 处不可导.

例如：已知函数 $f(x)$ 在点 $x = 2$ 处可导，且 $f'(2) = 1$，$f(2) = 5$，求 $\lim\limits_{x \to 2} \dfrac{f(x)}{x}$.

解　因为 $f'(2) = \lim\limits_{x \to 2} \dfrac{f(x) - f(2)}{x - 2} = \lim\limits_{x \to 2} \dfrac{f(x) - 5}{x - 2} = 1$，

所以 $\lim\limits_{x \to 2}[f(x) - 5] = 0$，即 $\lim\limits_{x \to 2} f(x) = 5$，则

$$\lim_{x \to 2} \frac{f(x)}{x} = \frac{\lim\limits_{x \to 2} f(x)}{\lim\limits_{x \to 2} x} = \frac{5}{2}$$

总结：以上介绍了我们在学习中求极限常用到的七种方法，但求极限的方法还有很多，而大多数的题目也要结合多种方法进行求解，由于文章限制，在此就不将所有方法逐一举例了，有兴趣的同学可以一一探讨归纳.

在微积分求极限中，要具体问题具体分析，认真审题，灵活多变地运用各种解题技巧，才能很好地处理极限的求解.

二、恒等变换思想作文

（一）恒等变换思想

通过运算，把一个数学式子换成另一个与它恒等的数学式子，叫作恒等变换．恒等变换思想就是运用恒等变换的思路去解决数学问题的一种数学思想．

对于解析式，恒等变换思想通常有两种表现方式：（1）组合变换，就是利用恒等变换，把几个解析式变换为一个解析式；（2）分解变换，就是利用恒等变换，把一个解析式分解为几个解析式（和或者积）．

待定系数法、配方法、裂项法、因式分解、部分分式、变量代换的精神实质和理论根据都是恒等变换思想的体现．

（二）习作举例之一

浅谈恒等变换思想在微积分中的作用

所谓恒等变换，就是把一个式子变换成另一个与它恒等的式子．例如，从 $a^2 + 2ab + b^2$ 变形 $(a+b)^2$，或者反过来，由 $(a+b)^2$ 变为 $a^2 + 2ab + b^2$，都是恒等变换．值得注意的是所谓的"恒等"即无论在什么情况下等式都成立．如 $x + 2 = 10$ 就不能称为恒等式，因为只有当 $x = 8$ 时等式才能成立．

当我们在解题中遇到一些不能直接入手、很难的题目时，我们不妨运用恒等变换思想，或许可以轻而易举地解决．如：

求 $\lim\limits_{x \to 0} \dfrac{\tan x}{x}$．

解　原式 $= \lim\limits_{x \to 0} \dfrac{\sin x}{x \cos x} = \lim\limits_{x \to 0} \dfrac{\sin x}{x} \cdot \dfrac{1}{\cos x}$（恒等变换）

$$= \lim\limits_{x \to 0} \dfrac{\sin x}{x} \cdot \lim\limits_{x \to 0} \dfrac{1}{\cos x} = 1$$

有时候，为了套用某种模式或引用某个固定的结论，我们也常把一些较难的题目通过恒等变换，化为与模式相同或相似的问题，以方便计算．

例如：求 $\lim\limits_{x \to \infty} \left(1 + \dfrac{m}{x}\right)^x$ $(m \neq 0)$．

解　原式 $= \lim\limits_{x \to \infty} \left[\left(1 + \dfrac{m}{x}\right)^{\frac{x}{m}}\right]^m$（恒等变换）

$$= \lim\limits_{y \to \infty} \left[\left(1 + \dfrac{1}{y}\right)^y\right]^m \left(\diamondsuit\ y = \dfrac{x}{m}\right)$$

$$= e^m$$

上题是用了恒等变换的思想，把 $\lim\limits_{x \to \infty} \left(1 + \dfrac{m}{x}\right)^x$ 化为形如 $\lim\limits_{y \to \infty} \left(1 + \dfrac{1}{y}\right)^y$ 的模式，以求得解，灵活方便．

下面再用这一思想方法来解一个较为复杂的题目．

求 $\lim\limits_{x\to 0}\left(\dfrac{1+x\cdot 2^x}{1+x\cdot 3^x}\right)^{\frac{1}{x^2}}$.

解　原式 $=\lim\limits_{x\to 0}\dfrac{\left[\,(1+x\cdot 2^x)^{\frac{1}{x\cdot 2^x}}\,\right]^{\frac{x\cdot 2^x}{x^2}}}{\left[\,(1+x\cdot 3^x)^{\frac{1}{x\cdot 3^x}}\,\right]^{\frac{x\cdot 3^x}{x^2}}}$（恒等变换）

$=\lim\limits_{x\to 0}e^{\frac{2^x-3^x}{x}}=\lim\limits_{x\to 0}e^{\left(\frac{2^x-1}{x}-\frac{3^x-1}{x}\right)}$（恒等变换）

$=e^{\lim\limits_{x\to 0}\frac{2^x-1}{x}-\lim\limits_{x\to 0}\frac{3^x-1}{x}}=e^{\ln 2-\ln 3}=\dfrac{2}{3}$

由此可见，用恒等变换的思想方法可以提高解题速度，特别是在解比较复杂的题目时更显得灵活. 这种数学思想运用广泛，几乎贯穿着整个预科数学教材.

在用洛必达法则求函数极限时，有很多题目是必须通过恒等变形后才符合运算法则的条件的.

例如：求极限 $\lim\limits_{x\to 0}x\ln x$（$x>0$）.

分析：因为当 $x\to 0$ 时，$\ln x\to\infty$，所以这是 $0\cdot\infty$ 型不定式，不符合洛必达定理的条件 $\left(\text{必须是}\dfrac{0}{0}\text{或}\dfrac{\infty}{\infty}\text{型}\right)$，故必须进行恒等变换.

解　$\lim\limits_{x\to 0}x\ln x=\lim\limits_{x\to 0}\dfrac{\ln x}{\dfrac{1}{x}}$（恒等变换）

$=\lim\limits_{x\to 0}\dfrac{\dfrac{1}{x}}{-\dfrac{1}{x^2}}$（洛必达法则）

$=\lim\limits_{x\to 0}(-x)=0$

恒等变换思想在求不定积分方面更能大显身手，如：计算 $\displaystyle\int\dfrac{x^4+1}{x^2+1}\mathrm{d}x$，因为不能直接用不定积分基本公式，故我们必须对被积函数 $\dfrac{x^4+1}{x^2+1}$ 进行恒等变换.

解　$\displaystyle\int\dfrac{x^4+1}{x^2+1}\mathrm{d}x=\int\dfrac{x^4-1+2}{x^2+1}\mathrm{d}x=\int\left[(x^2-1)+\dfrac{2}{x^2+1}\right]\mathrm{d}x=\dfrac{1}{3}x^3-x+2\arctan x+C$

在上例的解题过程中，如果没有运用恒等变换思想，我们是无法下手的.

综上所述，恒等变换思想在数学解题中占有举足轻重的地位，它广泛地运用于数学解题之中，认真学习和灵活地运用这种数学思想对培养我们的数学思维能力很有帮助.

解数学题时，常会遇到一些很繁杂的题目，通过恒等变形后，把之变为一种可以一目了然的形式，这也是我们变形的最终目的和解题时所希望的. 想方设法地把繁杂的题目转化为简单容易的题目，这一过程离不开数学思维. 数学思维能力的高低直接影响着解题的关键. 那么怎样才能提高自己的数学思维能力呢？当然，影响思维能力的因素是多方面的，就从掌握和运用恒等变换思想对培养思维能力做起吧.

我们一贯的解题原则是：难化易，复杂化简单. 我们知道所谓"化"即转化，最普遍及最常用的方法就是恒等变换. 因为是"恒等"变换，所以无论怎样变换，它仍等于原式，直到变换至可以解出答案为止. 熟练地掌握恒等变换思想，灵活地运用各种公式模式，以达到解题的效果，这是思维能力的体现. 比如看到一道题，我们立刻能想到将它变成某种模式，然后再运用公式，立即确定好变换的方向. 这是一个快速思维过程，只有熟练地掌握基础知识以及变换的方法，才能有如此"一眼定乾坤"的思维能力. 由此可见，学习和运用恒等变换对于培养我们的数学思维能力很有帮助. 我们要认真学好这样一种数学思维方法，以适应千变万化的数学题型.

习作举例之二

浅谈变量代换思想

在高等数学的学习过程中，我们常常会感觉到一些公式、等式的变化很难理解，一些习题的数学表达式也比较繁杂，在解题时往往感到难以下笔. 这时，我们除了要掌握必要的数学思维方法和解题技巧外，还可以考虑，试着使用变量代换法去求解，变量代换法是众多数学方法中比较易于掌握而又行之有效的一种解题方法.

所谓变量代换法，是指某些变量的表达式用另一些新的变量来代换，从而使原有的问题化难为易的一种方法. 变量代换法不仅是一种重要的解题技巧，也是一种重要的数学思维方式. 其主要目的是通过代换使问题化繁为简，将不易解决的问题转化为容易解决的问题.

由于变量代换法具灵活性和多样性的特点，因此这种方法在计算极限、导数、积分等中用得很多，几乎贯穿了高等数学的全部内容.

1. 在极限中的应用

在求函数极限的问题中，经常用到两个重要极限，即 $\lim\limits_{x \to 0}\dfrac{\sin x}{x} = 1$ 和 $\lim\limits_{x \to \infty}\left(1 + \dfrac{1}{x}\right)^x = \mathrm{e}$.

很多函数都可通过变量代换转换成以上两个重要极限的形式，从而求出极限值.

例1 计算 $\lim\limits_{x \to 0}\dfrac{\sin 5x}{3x}$.

解 令 $5x = u$，当 $x \to 0$ 时 $u \to 0$，因此有

$$\lim_{x \to 0}\frac{\sin 5x}{3x} = \lim_{u \to 0}\frac{\sin u}{\dfrac{3}{5}u} = \frac{5}{3}\lim_{u \to 0}\frac{\sin u}{u} = \frac{5}{3}$$

例2 计算 $\lim\limits_{x \to \infty}\left(1 - \dfrac{1}{x}\right)^{2x}$.

解 令 $x = -u$，当 $x \to \infty$ 时 $u \to \infty$，于是有

$$\lim_{x \to \infty}\left(1 - \frac{1}{x}\right)^{2x} = \lim_{u \to \infty}\left(1 + \frac{1}{u}\right)^{-2u} = \lim_{u \to \infty}\left[\left(1 + \frac{1}{u}\right)^{u}\right]^{-2} = \mathrm{e}^{-2}$$

有时候，对于某些无理根式，可以利用变量代换将其转换成有理式的形式，再求出它的极限.

例3 计算 $\lim\limits_{x \to 0}\dfrac{\sqrt{1 + x} - 1}{x}$.

解 令 $\sqrt{1 + x} - 1 = u$，则 $x = u^2 + 2u$，当 $x \to 0$ 时 $u \to 0$，于是有

$$\lim_{x \to 0} \frac{\sqrt{1+x}-1}{x} = \lim_{u \to 0} \frac{u}{u^2+2u} = \lim_{u \to 0} \frac{1}{u+2} = \frac{1}{2}$$

2. 在导数中的应用

（1）设 $u = \varphi(x)$ 在点 x 可导，$y = f(u)$ 在对应点 u 可导，则复合函数 $y = f[\varphi(x)]$ 在点 x 可导，且有

$$\frac{dy}{dx} = \frac{dy}{du} \cdot \frac{du}{dx} = f'(u)\varphi'(x)$$

例 4　求 $y = \arctan \dfrac{1}{x}$ 的导数.

解　令 $u = \dfrac{1}{x}$，则 $y = \arctan \dfrac{1}{x}$ 可看成 $\arctan u$ 与 $u = \dfrac{1}{x}$ 的复合，

而 $(\arctan u)'_u = \dfrac{1}{1+u^2}$，$u'_x = \left(\dfrac{1}{x}\right)' = -\dfrac{1}{x^2}$

于是有　　　$y' = \dfrac{1}{1+u^2} \cdot \left(-\dfrac{1}{x^2}\right) = \dfrac{1}{1+\left(\dfrac{1}{x}\right)^2} \cdot \left(-\dfrac{1}{x^2}\right) = -\dfrac{1}{1+x^2}$

（2）变量代换法在隐函数求导中的应用.

例 5　设方程 $x - y + \dfrac{1}{2}\sin y = 0$ 所确定的函数为 $y = y(x)$，求 $\dfrac{dy}{dx}$.

解　将方程两端同时对 x 求导，得到

$$\left(x - y + \frac{1}{2}\sin y\right)'_x = (0)'_x$$

有　　　　　　　　　　$$1 - \frac{dy}{dx} + \frac{1}{2}\cos y \cdot \frac{dy}{dx} = 0$$

由此得　　　　　　　　$$\frac{dy}{dx} = \frac{2}{2 - \cos y}$$

由此可见，用变量代换法可以提高解题速度，简化解题过程，看起来简单易懂. 变量代换法除了应用在求极限、导数之外，还可应用于积分学中，称为换元积分法.

3. 在积分中的应用

（1）第一类换元法.

例 6　计算不定积分 $\displaystyle\int \sin x \cos x\, dx$.

解　$\displaystyle\int \sin x \cos x\, dx = \int \sin x\, d\sin x$，令 $u = \sin x$，则有

$$原式 = \int u\, du = \frac{1}{2}u^2 + C = \frac{1}{2}\sin^2 x + C$$

（2）三角代换法.

例 7　求 $\displaystyle\int \sqrt{a^2 - x^2}\, dx\,(a > 0)$.

解　令 $x = a\sin u$，$u \in \left[-\dfrac{\pi}{2}, \dfrac{\pi}{2}\right]$，则有 $u = \arcsin \dfrac{x}{a}$，$dx = a\cos u\, du$

$$原式 = \int \sqrt{a^2 - a^2\sin^2u} \cdot a\cos u du = \frac{a^2}{2}(u + \sin u\cos u) + C$$

$$= \frac{a^2}{2}\arcsin\frac{x}{a} + \frac{x}{2}\sqrt{a^2 - a^2} + C$$

通过以上众多例子的求解我们可以看出，变量代换法在高等数学的解题中应用得非常广泛，几乎贯穿了高等数学. 它作为一种基本的解题技巧，对于解决问题有很重要的意义. 在高等数学中很多看似复杂的困难的问题，通过变量代换进行求解，就使问题简洁而易求. 当然，使用变量代换法去解决数学问题时，所用变量代换常常不是唯一的，因此要注意选择.

总之，学会理解、掌握变量代换思想的特点和技巧，就可以提高我们的解题能力.

三、化归思想作文

（一）化归思想

"化归"是转化和归结的简称. 这种思想提供的通用方法是：将一个待解决的问题通过某种转化手段，使之归结为另一个相对较易解决的问题或规范化的问题，即模式化的、已能解决的问题，既然转化后的问题已可解决，那么原问题也就解决了. 其主要特点是它的灵活性和多样性. 如复杂问题化归为简单问题、抽象问题化归为具体问题、从特殊对象中归结出一般规律、高次数的问题化归为低次数的问题来解决等. 化归思想不仅是公式与定理的推证及数学解决问题的基本原则和方法，而且是重要的数学解题策略，并体现在所有的数学内容中. 因而化归思想也是数学思想方法的核心，那么其他的数学思想方法则可以看成化归的手段或策略.

在预科阶段的微积分解题中，常见的化归思想有：计算函数的极限，借助两个重要极限、洛必达法则、函数的连续性、变量代换等方式转化从而求出极限；求某曲线在一点处的切线问题化归为求在该点处的函数的导数来解决；在不定积分的计算中，通过凑微分法、代数恒等变形、三角恒等变形、换元、分部积分法等将被积函数转化为可以运用基本积分公式来解决的函数，进而解决定积分的运算问题；由微积分基本定理把计算定积分的问题转化为计算不定积分的问题；求某些平面图形面积、立体图形体积的问题化归为定积分问题来解决等.

（二）习作举例之一

化归思想

化归思想就是运用某种方法和手段，把有待解决的较为生疏或较为复杂的问题转化为所熟悉的规范性问题来解决的思想方法. 化归思想是数学中最基本的思想方法，在数学问题解决中应用十分广泛.

人们在研究和运用数学的长期实践中，获得了大量的成果，也积累了丰富的经验，许多问题的解决已经形成了固定的方法模式和约定俗成的步骤. 人们把这种有既定解决方法和程序的问题叫作规范问题. 而把一个生疏或复杂的问题转化为规范问题的过程称为问题的规范化，或称为化归.

例如对于一元二次方程，人们已经掌握了求根公式和韦达定理等理论，因此求解一元二次方程的问题是规范问题，而把分式方程、无理方程等通过换元等方法转化为一元二次方程的过程，就是问题的规范化，其中，换元法是实现规范化的手段，具有转化归结的作用，可以称之为化归的方法.

使用化归思想的基本原则是化难为易、化繁为简、化未知为已知.

唯物辩证法指出，发展变化的不同事物间存在着种种联系，各种矛盾无不在一定的条件下互相转化. 化归思想正是人们对这种联系和转化的一种能动的反映，从哲学的高度来看，化归思想着眼于提示矛盾，实现转化，在迁移转换中达到问题的规范化. 因此，化归思想实质上是转化矛盾思想，它的运动—转化—解决矛盾的基本思想具有深刻的辩证性质.

在化归思想中，实现化归的方法是多种多样的，按照应用范围的广度来划分，可以分为三类：

（1）多维化归方法. 这是指跨越多种数学分支，广泛适用于数学各学科的化归方法.

例如，换元法、恒等变换、反证、构造等，它们既适用于代数、几何、三角等数学分支，又适用于高等数学.

（2）二维化归方法. 它是指能沟通两个不同数学分支学科的化归方法，是两个分支学科之间的转化. 例如，解析法、三角代换法等.

（3）单维化归方法. 这是只适合于某一学科的化归方法，是本学科系统内部的转化.

例如，判别式法、代入法等.

通过学习，我们不难发现，化归思想在预科教材中经常用到. 多项式的恒等变换、待定系数法、不定积分、定积分的换元法和分部积分法等，都渗透着化归的思想.

例如：计算 $\int (2x+3)^5 \mathrm{d}x$.

显然这个题目不能直接利用不定积分基本公式表来计算. 教材首先通过转化实现问题的规范化，即 $\dfrac{1}{2} \int (2x+3)^5 \mathrm{d}(2x+3) \xrightarrow{2x+3=u} \dfrac{1}{2} \int u^5 \mathrm{d}u$.

到了这一步，就可以利用不定积分基本公式表计算了.

诸如此类的许多题目，都可以把它归纳

$$\int f(ax+b)\mathrm{d}x = \frac{1}{a}\int f(ax+b)\mathrm{d}(ax+b) \xrightarrow{\text{令} ax+b=u} \frac{1}{a}\int f(u)\mathrm{d}u$$

这一类问题来进行计算；进一步归纳，可得出更一般的公式

$$\int f[\varphi(x)]\mathrm{d}[\varphi(x)] \xrightarrow{\text{令} \varphi(x)=u} \int f(u)\mathrm{d}u(\text{其中 } u = \varphi(x) \text{ 有连续导数})$$

再如教材中的定积分，是在"以直代曲"思想和极限思想的基础上，利用化归思想定义出来的. 然而，利用定积分的定义计算曲边围成的平面图形的面积时，要经历四个步骤：分割、近似代替、求和、取极限，计算过程非常复杂. 运用化归思想，就可以把复杂的问题简单化. 这种具体的化归方法，是通过引进积分上限函数，寻找这个函数与被积函数的内在联系，将定积分的计算转化为求被积函数的原函数在积分上、下限的函数值之差，即牛顿—莱布尼兹公式：

$$\int_a^b f(x)\mathrm{d}x = F(b) - F(a)$$

这样，就可以把定积分的计算化为不定积分的计算来解决.

如果我们在平常解题时仔细领会教材的化归思想，并掌握多种化归的方法，灵活运用于相关问题的解决过程，这对于提高我们的思维能力、分析问题和解决问题的能力是很有成效的.

习作举例之二

浅谈转化思想在微积分中的重要作用

在数学思想方法中存在着各种辩证思想，"转化"就是其中一种最重要、最基本的辩证思想. 所谓转化思想，即把一些难以解决或陌生的问题，通过某种手段转化为容易解决的或我们熟悉的问题来解决.

转化思想方法的特点是实现问题的规范化、模式化，以便应用已知的理论、方法和技巧达到解决问题的目的. 其解题思路为将问题转化为规范问题，即已知的理论、方法和技巧，然后将其解答，再还原为原问题的解答.

在预科阶段微积分学习的过程中，转化的思想在解决问题上的应用数不胜数. 不论是开始的求极限、连续函数闭区间性质的应用、导数的应用，还是后阶段的求不定积分的问题中，转化思想都起着举足轻重的作用. 所以说在微积分的学习过程中，甚至是数学的学习过程中转化思想都是不可或缺的.

转化思想在求极限问题中处处存在. 在求极限的问题中，在根式的替换、分子和分母有理化、同除法、两个重要极限、无穷小量的等价替换的方法中，都体现了转化的思想. 下面介绍一些具体例子的应用.

例 8 $\lim\limits_{x \to \infty} \dfrac{2x^3 - x^2 + 1}{x^3 - x + 1}$.

分析 当 $x \to \infty$ 时，分子、分母趋于无穷大，又因为

$$\lim_{x \to \infty} \frac{a}{x^n} = 0, \quad \lim_{x \to \infty} \frac{1}{x^n} = 0, \quad \left(\lim_{x \to \infty} \frac{1}{x} \right)^n = 0$$

所以先用 x^3 去除分母及分子，然后取极限求解.

解 $\lim\limits_{x \to \infty} \dfrac{2x^3 - x^2 + 1}{x^3 - x + 1} = \lim\limits_{x \to \infty} \dfrac{2 - \dfrac{1}{x} + \dfrac{1}{x^3}}{1 - \dfrac{1}{x^2} + \dfrac{1}{x^3}} = \dfrac{2 - 0 - 0}{1 - 0 - 0} = 2$

例 9 $\lim\limits_{x \to \infty} \dfrac{\sqrt[3]{x^2} \sin 2x}{x + 1}$.

分析 当 $x \to \infty$ 时，$\dfrac{\sqrt[3]{x^2}}{x + 1}$ 为 $\dfrac{\infty}{\infty}$ 型未定式，而 $\sin 2x$ 在 $x \to \infty$ 时极限不存在，但是有界函数，故考虑利用无穷小量的性质求解.

解 $\lim\limits_{x \to \infty} \dfrac{\sqrt[3]{x^2}}{x + 1} = \lim\limits_{x \to \infty} \dfrac{\sqrt[3]{\dfrac{1}{x}}}{1 + \dfrac{1}{x}} = 0$，故原式 $= \lim\limits_{x \to \infty} \dfrac{\sqrt[3]{x^2}}{x + 1} \cdot \sin 2x = 0$.

例 10 $\lim\limits_{x\to\infty}\left(\dfrac{2-x}{3-x}\right)^x$.

分析 该题是 1^∞ 型未定式,应利用第二个重要极限求解,通常需要将底数分离出 1,并将函数向 $\lim\limits_{\diamond\to 0}(1+\diamond)^{\frac{1}{\diamond}}$ 或 $\lim\limits_{\diamond\to\infty}\left(1+\dfrac{1}{\diamond}\right)^{\diamond}$ 的形式转化,其中常用到指数的运算法则.

解 $\lim\limits_{x\to\infty}\left(\dfrac{2-x}{3-x}\right)^x=\lim\limits_{x\to\infty}\left(\dfrac{x-2}{x-3}\right)^x=\lim\limits_{x\to\infty}\left[\dfrac{1-\dfrac{2}{x}}{1-\dfrac{3}{x}}\right]^x=\lim\limits_{x\to\infty}\dfrac{\left(1-\dfrac{2}{x}\right)^x}{\left(1-\dfrac{3}{x}\right)^x}=\dfrac{e^{-2}}{e^{-3}}=e$

由以上例子可看出,转化思想在求极限问题中的重要作用. 然而转化思想在闭区间连续函数的性质、导数应用的问题上,也有其独特的作用. 在涉及根的存在性、证明恒等式、不等式、求最值等问题上都涉及了转化思想. 下面以例子来说明.

例 11 设 $f(x)$ 在 $[0,1]$ 上连续,且 $f(0)=f(1)$,证明:一定存在 $x_0\in\left[0,\dfrac{1}{2}\right]$,使得

$$f(x_0)=f\left(x_0+\dfrac{1}{2}\right)$$

分析 命题等价于 $f(x)-f\left(x+\dfrac{1}{2}\right)=0$ 在 $\left[0,\dfrac{1}{2}\right]$ 上有零点. 将其转化为零点问题.

证 构造辅助函数

$$F(x)=f(x)-f\left(x+\dfrac{1}{2}\right)$$

则 $F(x)$ 在 $\left[0,\dfrac{1}{2}\right]$ 上连续,并且

$$F(0)=f(0)-f\left(\dfrac{1}{2}\right),\ F\left(\dfrac{1}{2}\right)=f\left(\dfrac{1}{2}\right)-f(1)=-F(0)$$

若 $F(0)=0$,则 $x_0=0\in\left[0,\dfrac{1}{2}\right]$,使得 $f(x_0)=f\left(x_0+\dfrac{1}{2}\right)$ 成立.

若 $F(0)\neq 0$,则 $F(0)F\left(\dfrac{1}{2}\right)=-[F(0)]^2<0$.

由闭区间上连续函数的零点定理知道,一定存在 $x_0\in\left(0,\dfrac{1}{2}\right)$ 使得

$$F(x_0)=0$$

即

$$f(x_0)=f\left(x_0+\dfrac{1}{2}\right)$$

综上所述,一定存在 $x_0\in\left[0,\dfrac{1}{2}\right]$,使得 $f(x_0)=f\left(x_0+\dfrac{1}{2}\right)$.

例 12 证明 $\arcsin x+\arccos x=\dfrac{\pi}{2}(-1\leqslant x\leqslant 1)$.

分析 要证明 $\arcsin x+\arccos x=\dfrac{\pi}{2}(-1\leqslant x\leqslant 1)$,只要证 $\arcsin x+\arccos x$ 是一个常数,

该常数为 $\dfrac{\pi}{2}$.

证 设 $f(x) = \arcsin x + \arccos x$，$x \in [-1, 1]$，

当 $x = -1$ 或 $x = 1$ 时，$f(x) = \arcsin x + \arccos x = \dfrac{\pi}{2}$，得证.

当 $x \in (-1, 1)$ 时，$f'(x) = (\arcsin x)' + (\arccos x)' = 0$，所以 $f(x) = C$.

又因为 $f(0) = \arcsin 0 + \arccos 0 = 0 + \dfrac{\pi}{2} = \dfrac{\pi}{2}$，故 $C = \dfrac{\pi}{2}$，

从而当 $-1 \leqslant x \leqslant 1$ 时，$\arcsin x + \arccos x = \dfrac{\pi}{2}$.

由以上两例可知，转化思想在闭区间连续函数的应用和中值定理的应用中，都是先把问题转化为符合定理的形式，或把等式问题转化为求导问题，从而大大地减小了解题的难度，实现快速的解题，使我们的解题思路更加具有多样性，解决问题的路子更多.

转化思想不仅在解决以上提到的问题中起着重要的作用，同时在求不定积分中也发挥巨大作用. 在求不定积分中，除了少数可以直接积分外，其他大多数的积分都要运用到换元积分法和分部积分法，而这两种方法正好体现了转化的思想. 第一换元积分法，通过凑积分的方法把式子转化为常用的基本积分公式. 第二换元积分法通过引入新的积分变量 t，令 $x = \varphi(t)$，把原积分化成容易积分的形式：

$$\int f(x)\mathrm{d}x \xrightarrow{x = \varphi(t)} \int f[\varphi(t)]\varphi'(t)\mathrm{d}t = F(t) + C \xrightarrow{t = \varphi^{-1}(x)} F[\varphi^{-1}(x)] + C$$

从而计算出所求积分.

分部积分法是通过公式：$\int uv'\mathrm{d}x = uv - \int u'v\mathrm{d}x$，即 $\int u\mathrm{d}v = uv - \int v\mathrm{d}u$，将难求的 $\int u\mathrm{d}v$ 转化为容易求的 $\int v\mathrm{d}u$，再运用公式即可求出. 下面以具体例子来说明.

例 13 计算 $\displaystyle\int \dfrac{\cos(\ln x)}{x}\mathrm{d}x$.

分析 设法把被积表达式 $\int f[\varphi(t)]\varphi'(t)\mathrm{d}t$ 凑成 $\int f[\varphi(t)]\mathrm{d}\varphi(t)$.

解 $\displaystyle\int \dfrac{\cos(\ln x)}{x}\mathrm{d}x = \int \cos(\ln x) \cdot (\ln x)'\mathrm{d}x = \int \cos(\ln x)\mathrm{d}(\ln x) = \sin(\ln x) + C$

例 14 计算 $\displaystyle\int \dfrac{1}{\sqrt{1 + \mathrm{e}^x}}\mathrm{d}x$.

分析 变换 $\sqrt{1 + \mathrm{e}^x} = t$，就可使被积表达式不含根式，再由不定积分的性质和积分表便可求出该不定积分.

解 令 $\sqrt{1 + \mathrm{e}^x} = t$，则 $1 + \mathrm{e}^x = t^2$，$\mathrm{d}x = \dfrac{2t}{t^2 - 1}\mathrm{d}t$，

于是 $\displaystyle\int \dfrac{1}{\sqrt{1 + \mathrm{e}^x}}\mathrm{d}x = \int \dfrac{2t}{t(t^2 - 1)}\mathrm{d}t = 2\int \dfrac{1}{(t - 1)(t + 1)}\mathrm{d}t = \int \left(\dfrac{1}{t - 1} - \dfrac{1}{t + 1}\right)\mathrm{d}t$

$$= \ln|t - 1| - \ln|t + 1| + C = \ln\left|\dfrac{t - 1}{t + 1}\right| + C = \ln\dfrac{\sqrt{1 + \mathrm{e}^x} - 1}{\sqrt{1 + \mathrm{e}^x} + 1} + C$$

例 15　计算 $\int x\mathrm{e}^{-x}\mathrm{d}x$.

分析　解题的关键在于 u 和 $\mathrm{d}v$ 的选择.

解　令 $u = x$，$\mathrm{d}v = \mathrm{e}^{-x}\mathrm{d}x$，则 $\mathrm{d}u = \mathrm{d}x$，$v = -\mathrm{e}^{-x}$，

于是 $\int x\mathrm{e}^{-x}\mathrm{d}x = -x\mathrm{e}^{-x} + \int \mathrm{e}^{-x}\mathrm{d}x = -x\mathrm{e}^{-x} - \mathrm{e}^{-x} + C$

综上所述，在解决一些比较难的证明题或求不定积分、求极限中，我们可以通过构造辅助函数，运用已学的公式、公理、定理，或通分、有理化等手段达到化难为易、化繁为简的目的，从而解决问题.

学习数学的目的，不仅要掌握数学的知识和技能，同时也要运用所学到的思想来塑造自身的品德、性格. 在日常生活中，我们也可以借鉴数学的转化思想，把问题简单化，使自己具有更强的逻辑思维和创新思维，形成良好的认识结构，从而有利于优化我们的思维品质，使我们做起事情来事半功倍.

§8.3　数学作文的自由拓展

2012 年，由数学思想方法作文进一步拓宽为数学作文，由此引入建导方法[1]，"建设性地引导学生积极参与"成为数学作文教学的一种特殊教学理念和微观操作技术，大大增强了数学作文教学的互动性和趣味性. 例如，通过做"莫比乌斯带"的游戏，让学生体会"数学奇巧环扣环，作文美妙难又难；奇巧美妙一扭通，数学作文都好玩"的意境.

结合语文作文的写作方法，研究数学作文构思要领，通过思维导图图示，以主题为中心，向外发散思维，从多维度、多层次展开，如可分别从数学题材、文章结构、文章体裁、写作技法四个方面进行构思，数学题材可以从以下多个维度进行选取：数学概念、数学思想方法、数学公式、数学学习、数学美、生活中的数学知识、数学应用或跨学科的数学应用等；每个维度又可分为不同的层次，如数学概念可分为概念的实际背景、形成过程、本质属性、名称符号、实际运用等层次，再如数学学习可分为学习心得、体会、反思、教训等层次. 文章结构大致分为开头、主干、过渡、结尾，写法可以是焦点辐射、直线延伸、山回路转、螺旋扩展等. 文章体裁也是多样的，可以是记叙文、说明文、议论文，或者是数学学习总结、数学日记、童话故事、诗歌、相声小品、趣题等. 写作技法有描写、叙述、说明、抒情、议论，或者比喻、双关、夸张、拟人等.

数学作文写作的策略：一是"设定目标—树立理念—学习思维导图和建导理念—阅读理解—小组讨论—写作—反馈交流与演展—总结体会"；二是"确定数学作文主题—思考与交流—谋篇布局（思维导图）—写作". 实现的途径又是多种多样的：

一是数学思想方法作文. 精心设计并以建导理念积极参与，独立思考，从而撰写以预科数学思想方法为题材的命题或非命题数学作文，领会应用各种数学思想方法. 思考如何理解数学思想方法并将之用准确的数学语言来表达. 分析和论述数学思想方法的功能和作用，还要运用和发挥语文的写作技法，注重文理的有机结合.

---

① 有效的建导（Facilitation）是指通过创造他人积极参与、形成和谐氛围，从而达成预期成果的过程.

二是以数学文化欣赏联通语文作文．数学文化和语文都是人类文化的重要组成部分．数学是一门工具学科，任何学科的发展都离不开数学．在这个意义上，语文也是一门工具学科，任何学科的发展也离不开语文．因此，数学需要语文的帮助，语文也需要数学的扶持，就像著名画家埃塞尔描绘的一双不可思议的手，那双手一左一右，互相描绘．把数学和语文这两门工具学科看成这两双手，借此艺术作品比喻为："左手"是作文，"右手"是数学，不仅可以左手画右手，也可以右手画左手．掌握了左手如何画右手，数学学习不仅富有情趣，还会使原来印象中死板的符号和枯燥的公式，变得瑰丽多姿、生动活泼，构成一个精彩纷呈、趣味盎然的全新天地．

三是把数学美学、数学哲学、数学语言符号等与人文科学相结合，开展学习、研究、小组讨论，形成"两两互动、层层协作、推优展示、激励创新"的机制，使用思维导图构思作文，最后完成数学作文创作．

四是借鉴"习—研—演—练，情—趣—励—合"建导模式，形成具有民族预科特色的"数学作文自驭舟"．该自驭舟是基于多媒体教育技术和网络环境，充分利用数学实验室设备和网上数学教学资源，扩大数学视野，开展混合式学习．

课外积极参加数学作文竞赛、数学实践教学、探究性课题、数学社会调查、专题讲座等活动．

数学作文经过二十年的拓展，已成为多形态的训练体系．其中的自由作文，是指教师不出具体的题目，而由学生自己拟题、选材、定体的数学作文训练方式．

习作举例之一

究其本，以明其身
——学习微积分的一则感悟

在很早以前，就从政治课本里学到了所谓本质的定义——事物本身所固有的根本属性，以及它一系列晦涩难懂的意义，可真正地明白掌握事物本质的重要，却是在深入地学习研究微积分之后．在学习微积分伊始，觉得它是个抽象复杂的知识系统，对所学内容似懂非懂，觉得杂乱无章、毫无条理可言．在经过一段时间的学习后深刻体会到，在学习微积分时，掌握每个知识的本质，从本质入手，有助于我们更好地学习微积分．

（1）在学习时，掌握本质，有助于理解基本概念．

关于导数，导数概念在微分学中具有重要地位，通过对它的深入分析和运用，可以理解和发展更多的微分学理论知识．要想深入分析导数，就必须了解导数的本质，函数在某点处导数的本质是该点函数平均变化率的极限，即

$$f'(a) = \lim_{\Delta x \to 0} \frac{\Delta y}{\Delta x}$$

当我们了解导数的本质，便可理解其定义式

$$f'(a) = \lim_{x \to a} \frac{f(x) - f(a)}{x - a}$$

同时，还能由此变形出其他形式

$$f'(a) = \lim_{\Delta x \to 0} \frac{\Delta y}{\Delta x} = \lim_{h \to 0} \frac{f(a + h) - f(a)}{h}$$

这样一来，方便我们厘清知识脉络，充分认识到导数的概念及其相关知识. 同时，掌握了导数的本质，有利于我们接下来对微分概念的理解，以及厘清导数与微分的联系与区别.

（2）在学习时，掌握本质，有利于知识点的记忆.

在这一点上，体现得最淋漓尽致的便是两个重要极限，第一个重要极限

$$\lim_{x\to 0}\frac{\sin x}{x}=1$$

在做题时，常常会记错"$x\to 0$"这一条件，然而，当我们掌握了它的本质是$\frac{0}{0}$型，便不会弄混了，因为只有当$x\to 0$，"$\frac{\sin x}{x}$"才能是$\frac{0}{0}$.

第二个重要极限的记忆更是令很多同学头疼，然而同样的，只要掌握了它的本质是1^∞型，一切问题便可迎刃而解. 在记忆时，不论

$$\lim\left(1+\frac{1}{\diamond}\right)^{\diamond}=\mathrm{e}\ (\diamond\to\infty) \qquad\qquad ①$$

或

$$\lim(1+\diamond)^{\frac{1}{\diamond}}=\mathrm{e}(\diamond\to 0) \qquad\qquad ②$$

都是形如 $(1+无穷小量)^{\frac{1}{无穷小量}}$的$1^\infty$型极限，如式①中，要确定$\diamond\to$？，只要明确式①的本质是 $(1+无穷小量)^{无穷大量}$，即可得知$\frac{1}{\diamond}\to 0$，则$\diamond\to\infty$；同理，式②中，要确定$\diamond\to$？，只要明确式②的本质是 $(1+无穷小量)^{无穷大量}$，即可得知$\diamond\to 0$，则$\frac{1}{\diamond}\to\infty$. 所以，无论它的形式怎样变化，只要牢记本质，便可轻松记忆，这就是我们常说的"七十二变，本相难变".

（3）在学习时，掌握本质，有助于活用解题技巧.

这里我们用求函数极限的常用方法之一"消去零因子法"来举例说明.

例 1　$\lim\limits_{x\to 2}\dfrac{x^2-x-2}{x^3-3x^2+3x-2}$.

解　原式 $=\lim\limits_{x\to 2}\dfrac{(x-2)(x+1)}{(x-2)(x^2-x+1)}=\lim\limits_{x\to 2}\dfrac{x+1}{x^2-x+1}=1$

该题中，当$x\to 2$时，函数极限为$\frac{0}{0}$型未定式，因式分解消去零因子 $(x-2)$，从中我们可以看到，消去零因子法的本质是将$\frac{0}{0}$型未定式极限化为可以直接运用函数极限的商运算法则，从而求出极限，所以"消去零因子法"便可在其他同类型的题型中灵活应用.

例 2　$\lim\limits_{x\to -1}\left(\dfrac{2x-1}{x+1}+\dfrac{x-2}{x^2+x}\right)$.

解　原式 $=\lim\limits_{x\to -1}\dfrac{(2x-1)x+(x-2)}{x(x+1)}=\lim\limits_{x\to -1}\dfrac{2(x-1)(x+1)}{x(x+1)}=\lim\limits_{x\to -1}\dfrac{2(x-1)}{x}=4$

题目中，当$x\to -1$时，函数极限是$\infty+\infty$型未定式，用通分法，将其转化为$\frac{0}{0}$型未定式，可设法找到并消去零因子 $(x+1)$，此题里，题目看似复杂，只要我们掌握了消去零因

子法的本质，稍稍通分变形，便可运用消去零因子法来解题.

类似的还有"同除法"，当我们掌握了它的本质是消去无穷因子时，做起题，便可灵活运用此法.

从上述可以看到，掌握一类解题技巧的本质，便可灵活运用它. 无论题目如何百变都能轻松解答.

理解和认识本质，不仅有助于微积分的学习，也对其他学科适用. 例如英语，单词的记忆是学习英语的根本，同时也是学习英语的一个难题，然而从本质入手，加强对单词词根的记忆和归纳，将有助于我们记忆单词，比如词根 scrib 是"写"的意义，由此延伸出的单词很多. Describ—描写，scribble—乱写；再如 sec 是"割"的意思，由此词根延伸出的有 dissection—分割，section—部分、横切面，这里对单词词根的重视，便是掌握本质的体现.

关于掌握本质的意义，它还渗透于生活中的点点滴滴. 小的方面来说，在日常生活的识人辨物中，对人和物的评价，更重要的是掌握他们的本质、本性，而不能仅评表象. 如英国戏剧作家莎士比亚所说："闪光的东西并不都是金子，动听的语言并不都是好话." 还有中国古语所说的那样："金玉其外，败絮其中." 这些都是告诉我们，只有掌握本质，才能看清事物，才能避免上当受骗. 从大的方面来说，人类在现实生活中会遇到各种各样的事物及问题，当人们在不能够认识这些事物或问题的本质时，这些问题或事物就必然要为他带来迷惑和困顿，乃至是痛苦和恐惧. 如，当人们在认识到生活的本质是创造和奉献时，他就不会为自己个人的得失而烦恼，更不会感到生活的无奈和无聊了，因为创造和奉献的动力就已能够让他觉得人生无处不充满活力和干劲，因此，人在认识事物本质和理解事物意义时，就能够活得不惑，轻松自然面对一切，使人生过得有意义了.

习作举例之二

微积分中的数学美

如果说数学是自然科学的皇冠，那么微积分就是皇冠上一颗璀璨夺目的明珠，从极限思想的产生，到微积分理论的最终创立，无不体现出社会发展的需求与人们追求真理、积极探索的精神. 而微积分也具有数学理论中那些美的因素. 学习微积分，如同饮醇珍美酒，越品越醇，越学越醉，使人因此陶醉在数学美思想中，感知着数学美的存在，进而激发人的数学热情，启迪人的思维活动，提高人的审美观及文化素养. 下面就从微积分中的统一美、对称美、简洁美、奇异美四个方面来解析.

1. 统一美——万流奔腾同入海

极限思想早在古代就开始萌芽，三国时期的刘徽在《割圆术》中提出"割之弥细，所失弥小，割之又割，以至于不可割，则与圆周合体无异矣." 而古希腊哲学家芝诺提出的"阿基里斯悖论和飞矢不动的悖论"中也蕴含着古朴的极限思想与微分思想. 早在公元前三世纪，古希腊的阿基米德就采用类似于近代积分学思想去解决抛物弓形面积、旋转双曲体的体积等问题；到了 17 世纪下半叶，牛顿与莱布尼兹相继从不同的角度完成了微积分的创立工作，这其中虽然有误会与争吵，但两人的工作，使微分思想与积分思想统一在微积分的基本定理中

$$\int_a^b f(x)\,\mathrm{d}x = F(b) - F(a) \quad （牛顿 — 莱布尼兹公式）$$

两者的相互转化并不是某人的规定，而是它们之间存在着必然的共同性、联系性和一致性，使它们达到一种整体和谐的美感，这种美就是统一美. 微分学中的罗尔中值定理、拉格朗日中值定理、柯西中值定理之间的关系是层层包含，与李白诗中"欲穷千里目，更上一层楼"的意境有相通之处，而洛必达法则将求极限与微分学知识联系起来，形成一类统一的求极限的方法，又会使人产生"山复水重疑无路，柳暗花明又一村"的感觉.

例如：$\lim\limits_{x\to\infty}\dfrac{e^{ax}}{x^{10}}=?\ (a>0)$

对于这个问题，我们无法使用普通求极限的方法去求解，这时就联想到另一种求极限的方法——洛必达法则，以统一美思想为标准，在洛必达法则统一的形式下解题.

观察极限，当 $x\to\infty$ 时，题型属于 $\dfrac{\infty}{\infty}$ 型未定式，则运用洛必达法则

$$\lim_{x\to\infty}\frac{e^{ax}}{x^{10}}=\lim_{x\to\infty}\frac{ae^{ax}}{10x^{9}}=\lim_{x\to\infty}\frac{a^{2}e^{ax}}{90x^{8}}=\cdots=\lim_{x\to\infty}\frac{a^{10}e^{ax}}{10!}=\infty$$

由此可见，微积分中的统一美体现在多种层次的知识中，都表现为高度的协调，将问题在统一的思想下转化、解决.

2. 对称美——"境转心行心转境"

李政道曾说："艺术与科学，都是对称与不对称的组合."对称美的身影无处不在，它体现于我国首都北京的城市设计中，也体现在马来西亚的双子塔上，出现于俄国作曲家穆索尔斯基的名曲《牛车》中，也蕴含在埃舍尔的《骑士图》里；而微积分的对称美就直接出现在函数的左极限、右极限与函数的左导数、右导数这些概念中，关于函数的左极限、右极限是这样定义的：当函数 $f(x)$ 的自变量 x 从 x_0 左（右）侧无限趋近 x_0 时，如果 $f(x)$ 的值无限趋近于常数 A，就称 A 为 $x\to x_0^-$（$x\to x_0^+$）时，函数 $f(x)$ 的左（右）极限.

而函数在点 x_0 有极限并等于 A 的充要条件是 $\lim\limits_{x\to x_0^-}f(x)=A=\lim\limits_{x\to x_0^+}f(x)$，这不仅从形式上，更是从含义上渗透出浓厚的对称美思想；我们更可以广泛应用"对称美"思想，发展其精髓. 例如下面一道有关"对称美"的经典例题.

求 $\displaystyle\int\frac{\sin x}{\sin x+\cos x}dx.$

观察被积函数，发现这样一个有趣的现象：

$$\frac{\sin x}{\sin x+\cos x}+\frac{\cos x}{\sin x+\cos x}=1$$

因此不妨令　　　　$s_1=\displaystyle\int\frac{\sin x}{\sin x+\cos x}dx,\quad s_2=\int\frac{\cos x}{\sin x+\cos x}dx$

则　　　　　　　　$s_1+s_2=\displaystyle\int\frac{\sin x}{\sin x+\cos x}dx+\int\frac{\cos x}{\sin x+\cos x}dx=x+C_1$　　　①

$$s_1-s_2=\int\frac{\sin x}{\sin x+\cos x}dx-\int\frac{\cos x}{\sin x+\cos x}dx$$

$$=-\int\frac{d(\sin x+\cos x)}{\sin x+\cos x}=-\ln|\sin x+\cos x|+C_2 \qquad ②$$

①+②得

$$2s_1 = x - \ln|\sin x + \cos x| + C_1 + C_2$$

故 $\qquad s_1 = \int \frac{\sin x}{\sin x + \cos x}dx = \frac{1}{2}(x - \ln|\sin x + \cos x|) + C$

由此，充分认识并运用"对称美"思想，将会是我们提升自身数学素质的重要一步.

3. 简洁美——"一语究及尽真理"

达·芬奇的名言："终极的复杂即为简洁." 简洁美作为数学形态美的基本内容，通常被用于考量思维方法之优劣. 对于许多微积分中的问题，表面看似复杂，但本质上往往存在简单的一面，这时就需要我们运用简洁美的观点去观察、去解决，捅破在中间的那层窗户纸，就会看到另一个神奇的世界. 例如，微积分中关于数列极限的定义，如用文字来表达就显得十分烦琐，若用逻辑符号整合而成的 $\varepsilon - N$ 语言就十分简洁明了. 如

$\forall \varepsilon > 0$，$\exists N > 0$，当 $n > N$ 时，恒有 $|a_n - A| < \varepsilon$，则 $\lim\limits_{n \to \infty} a_n = A$

寥寥数语，道破"天机"；当然我们可以化复杂为简单，于解题中应用简洁美思想. 下面结合一道例题来解析：

求 $\int \frac{x^4 - 1}{x(x^4 - 5)(x^5 - 5x + 1)}dx.$

首先进行观察，发现分母的因式之间隐含着联系，即

$$(x^5 - 5x + 1) - x(x^4 - 5) = 1$$

"1"的作用不可小觑，在数学运算中，用"1"进行加减乘除，都是最为简便的，对于这道题目，我们可在被积函数的分子上乘以"1"而不改变其大小，再考虑利用约分、分项等方法去寻求一个简单的解答.

$$\begin{aligned}
原式 &= \int \frac{1 \cdot (x^4 - 1)}{x(x^4 - 5)(x^5 - 5x + 1)}dx = \int \frac{(x^5 - 5x + 1 - x^5 + 5x)(x^4 - 1)}{(x^5 - 5x)(x^5 - 5x + 1)}dx \\
&= \int \frac{(x^5 - 5x)(x^4 - 1) - (x^5 - 5x + 1)(x^4 - 1)}{(x^5 - 5x)(x^5 - 5x + 1)}dx \\
&= \int \frac{x^4 - 1}{x^5 - 5x + 1}dx - \int \frac{x^4 - 1}{x^5 - 5x}dx \\
&= \frac{1}{5}\int \frac{d(x^5 - 5x + 1)}{x^5 - 5x + 1} - \frac{1}{5}\int \frac{d(x^5 - 5x)}{x^5 - 5x} \\
&= \frac{1}{5}\ln|x^5 - 5x + 1| - \frac{1}{5}\ln|x^5 - 5x| + C \\
&= \frac{1}{5}\ln\left|\frac{x^5 - 5x + 1}{x^5 - 5x}\right| + C
\end{aligned}$$

以上只是茫茫题海中一例，对分部积分法中 u、v 的选择，对平面图形面积计算时积分变量的选择，都存在着简单与复杂的辩证关系，通常我们会在碰上复杂问题时又将其复杂化，却没想过可能存在的简单关系及其应用方法，最后在复杂的问题面前束手无策，这在很大程度上是没能深刻理解简洁美的思想方法.

4. 奇异美——"一枝红杏出墙来"

对称美与奇异美正如王塑笔下的那一半海水与那一半火焰，两者具有截然不同的美的属

性. 奇异美属于那种惊世骇俗, 与众不同的美, 如同柯南道尔笔下的福尔摩斯, 鹤立鸡群, 桀骜不驯. 奇异美作为一种不寻常的美, 体现在微积分中的函数的间断与连续等内容上, 但又不仅限于这一小部分知识, 往往贯穿于整个微积分的学习过程中, 例如, 设 $f(x) = 3x^2 + g(x) - \int_0^1 f(x)\,dx$, $g(x) = 4x - f(x) + 2\int_0^1 g(x)\,dx$, 求 $f(x)$, $g(x)$.

这道题奇妙之处在于将函数知识与定积分知识有机结合, 给人一股耳目一新之感, 乍一看无从下手, 实则可以分而治之, 各个击破, 这正是奇异美思想的精华所在.

不妨设 $K_1 = \int_0^1 f(x)\,dx$, $K_2 = \int_0^1 g(x)\,dx$, 则

$$\begin{cases} \int_0^1 f(x)\,dx = \int_0^1 [3x^2 + g(x) - K_1]\,dx \\ \int_0^1 g(x)\,dx = \int_0^1 [4x - f(x) + 2K_2]\,dx \end{cases}$$

所以 $\begin{cases} K_1 = 1 + K_2 - K_1 \\ K_2 = 2 - K_1 + 2K_2 \end{cases}$, 解得 $K_1 = -1$, $K_2 = -3$.

代入原式 $\begin{cases} f(x) = 3x^2 + g(x) - K_1 \\ g(x) = 4x - f(x) + 2K_2 \end{cases}$

解得 $\begin{cases} f(x) = \dfrac{3}{2}x^2 + 2x - \dfrac{5}{2} \\ g(x) = 2x - \dfrac{3}{2}x^2 - \dfrac{7}{2} \end{cases}$

一般来说, 只要抓住奇异美思想的实质, 解决类似问题就不在话下了.

著名的雕塑家罗丹曾说:"生活中不是缺少美, 而是缺少发现美的眼睛." 对于微积分也是如此, 从总体上说, 对称美、奇异美、简洁美的最高层次是统一美, 简洁美是对称美、奇异美的共通之处, 对称美、奇异美互不可缺. 因此, 今后我们在学习微积分时, 如果能从微积分中的四个数学美思想出发, 将对我们掌握数学知识, 培养数学能力, 增强数学修养大有裨益.

习作举例之三

深入数学, 潜达境界

数学是一门特殊的学科, 它具有抽象性、逻辑严密性、广泛应用性、精确性、模式性、实用性等特点. 这一切是每一个学过数学的人都能感觉到的. 然而, 数学的高远境界才是我们追求数学独特美的境界.

课堂上, 感受数学的奇妙与美丽, 是我们最大的享受. 若要感受的话, 我带你到因式分解的境界中去.

别急着马上进入最佳境界, 我先给你介绍因式分解这个数学术语. 因式分解的过程又叫作分解因式. 因式分解是恒等变形的一种形式, 因此它具备了恒等变形的那种"形变而值不变"的特点, 这犹如优美散文那种"形散而神不散"的独特韵味.

你喜欢散文的意境美吗? 你感受过散文的艺术魅力吗? 告诉你, 因式分解的魅力境界也

不亚于此. 我初学因式分解是在初中的时候, 那时所要分解的因式结构简单且思维模式性强, 更重要的是所要分解的因式有一个特点, 那就是多项式的各项都有一个共同的因式, 即公因式. 分解这种因式只要把公因式提出来即可. 这种方法叫作提取公因式法. 这种解法的简单朴实, 将我带入因式分解的最初境界. 也就是从那时起, 我感受到了因式分解最初的朦胧境界之美. 数学的模式性往往集中在数学公式上, 因式分解当然也不乏数学的模式美, 那就是因式分解的第二种解法——公式法. 分解任何一个二次三项式 $ax^2 + bx + c$, 只要用一元二次方程的求根公式即可, 这是学生们最乐意接受的一种数学方法. 因为, 这种方法技巧简捷、明快, 特别美! 怎么样, 你到达过因式分解的这种境界吗?

更精彩的还在后头呢! 因式分解的第三层境界是十字相乘法, 这种因式分解的方法会带你去领略十字交叉的对称美, 让你在享受数学的对称美的同时轻松获得因式分解结果的成就感. 因式分解的这种境界足以让你尝到甜头了吧, 那就让我们继续探究……

以上三种境界一般只适用于三项或少于三项的多项式的因式分解, 但这并不意味着含有更多项数的多项式就无法因式分解. 伴随着因式分解的这种困惑, 我们来到了因式分解的另一境界. 在这种境界里, 心急是没有用的. 我们必须学会观察和发现这种多项式中的规律性, 然后才能进入角色去感受因式分解的那种神秘境界. 就好像驾着小船在溪谷中游玩一样, 我们是不能心急的. 只有慢慢飘渡, 才能欣赏到谷中的神秘景色.

这到底是一种什么境界呢? 就是因式分解的分组分解法以及添补项分组分解法. 利用因式分解的这一方法, 我们应该先观察因式有何规律, 是适合用分组分解法还是先添补再分组, 否则是很难保证万无一失的, 只能落下后遗症了. 所以说, 你在探寻因式分解的神秘境界时, 还是保持警惕为妙.

虽然如此, 但这点困难是无法令我们驻足的, 数学的境界美永远领着我们前进. "深入数学, 潜达境界"是我们的口号, 也是我们的目标, 更高的境界在等着我们. 因式分解的另一境界——待定系数法更值得我们去尝试. 综合因式分解的各种方法中, 待定系数法是具有普遍意义的. 这种方法可以用于任意一种多项式的因式分解, 只要根据多项式的具体特点假设一个含有待定系数的等式, 再利用多项式恒等的定理, 列出方程组, 求出方程组的解, 也就求得了待定的系数, 即可求得多项式的因式分解. 用待定系数法进行因式分解, 代表了数学方法中的一种特定的美, 这是数学中的更高级别的境界.

与我一同感受了因式分解的这些层层深入的境界, 你的遐思肯定被因式分解占据了吧? 看你一双期待的眼神, 我忍不住要带你去享受我所知道的因式分解的另一种独特境界. 说它独特, 是因为它往往用于高次多项式的因式分解中, 且是在复数集 C 中的分解. 这种方法是先列出所要分解的多项式的可能的一次因式, 然后再用综合除法判断, 求出符合的因式即可, 与其他的因式分解的方法相比, 这种方法更具有广泛性, 让我们在更高的数学境界时展翅翱翔……

朋友们, 别忘了我们的口号——深入数学, 潜达境界, 在享受前人开创的境界的同时, 我们更需要开创数学的更高境界.

习作举例之四

音乐拥有矫健的翅膀——数学

音乐和数学, 两者都博大精深, 却又非常抽象. 可以说, 音乐和数学是人类所创造的最了不起的文化. 在这里，让我们来谈一谈音乐与数学的奇妙联系. 一直以来，都鲜少有确切的数据证明学习钢琴对大脑开发有益，但是近日，美国加州大学的研究人员进行的一项研究表明：弹钢琴能提高学生学习复杂的数学理论的能力. 然后研究人员对学生们的数学能力进行测试. 结果发现，既弹钢琴又玩电脑游戏的学生的成绩比另一组只玩电脑游戏不弹钢琴的学生高 27%，比其他学生高 100%. 数学在音乐中的运用是非常广泛的，历史上有许多实例，足以证明音乐与数学的关系.

一、浅谈音乐与数学的密切关系

在我们的日常生活中，音乐随处可见. 作为人类精神文化艺术之一的音乐，它是感性的，音乐的魅力在于它能给多彩的感觉、多样的效果，甚至是人类精神的寄托. 而数学则是理性的. 在感性的音乐与理性的数学间是否存在联系？答案不可置疑，甚至说音乐与数学是相互渗透、互相促进的.

数学是研究现实世界空间形式的数量关系的一门科学. 而音乐则是研究现实世界音响形式及对其控制的艺术. 这两者通过对符号的使用而展现出同样的特点——抽象. 古今中外，爱因斯坦曾风趣地说："我们这个世界可以由音乐的音符组成，也可以由数学公式组成." 我国古代教育家孔子说的六艺"礼、乐、射、御、书、数"，其中"乐"指音乐，"数"指数学. 孔子早已把音乐与数学并列在一起. 我国理想的弦乐器——七弦琴（即古琴），利用数学取弦长得到所谓的 13 个徽位（见图 8-1），含纯率的 1 度至 22 度. 可见，要弹好古琴，有一定的数学知识是必不可少的. 其实，不仅仅是古琴，其他乐器也是如此.

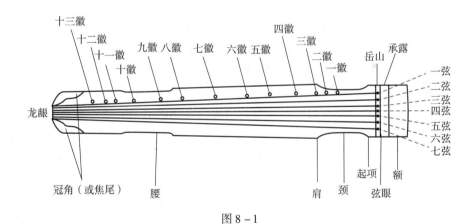

图 8-1

二、音乐中蕴含的数学原理

（一）钢琴与数学

音乐在生活中有着很重要的作用，它是人们之间交流的另一种语言. 众所周知，音乐与数学密切相关，数学促进了音乐的发展，音乐拥有了矫健的数学翅膀. 音高、音量和音质都可以用数学方法表示出来.

就拿乐器钢琴来说，钢琴是一个特别的乐器，用钢琴弹奏出来的乐声非常美妙与优雅. 而钢琴的音阶、乐曲与乐声与数学分不开. 简而言之，钢琴的本质是数学. 钢琴的长度与高度与数学文化中的黄金分割分不开. 钢琴的琴键也有很多关于数学的小知识，比如，钢琴上的每一个键就是一个以 2 为底的对数，钢琴上的每一个键的振动频率都是钢琴右边第 12 个键振动频率的一半．著名学家毕达哥拉斯学派提出的"协和音由长度与原弦长的比为整数比的绷紧的弦给出"，事实上被拨动弦的每一种和谐的结合，都能表示为整数比．由增大成整数比的弦的长度，都能够产生全部的音阶．钢琴的形状与结构还跟不同的数学知识有着紧密联系（见图 8–2）．钢琴的音调与曲线的频率有关，音量与曲线的振幅有关，而音色则与周期函数的形状有关．钢琴曲中的高潮部分，随着调式、调性的转换，高潮部分与黄金分割区基本吻合．

在当今知识发展的时代里，音乐和数学的联系更加密切，在音乐理论、音乐作曲、音乐合成、电子音乐制作等方面，都离不开数学，在音乐事业里，数学将会起着越来越重要的作用．

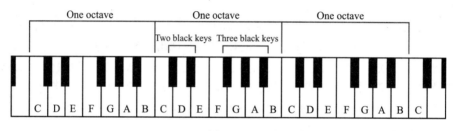

图 8–2

（二）乐谱与数学

如果说乐器是把声音演绎出来的产物，那么乐谱则是赋予声音生命的重要部分。乐谱的灵感来源也正是与我们生活息息相关的数学，最简单的数字变成一种信号，这种信号会变成一个个音符，不同数字的排列变成一段段的信号，这些信号让不同的乐器发出不同的音调．

简谱是乐谱中的一种，顾名思义是一种相对简单易懂的谱子，适用于大多数的乐器，把一首曲子分成若干个任意数量的"小节"，每一节中又通过数字的排列来组成，用分隔线进行分隔（见图 8–3）．"拍"是音符历时长短的单位．一拍的时间由乐曲要求规定，如果要求一分钟 60 拍，那么一拍就是一秒．每一小节都是有固定"拍数"的，在简谱最上角描述每小节的拍数．如 4/4 拍，含义是"四分音符为一拍，每小节四拍"．假定我们规定一拍是一秒，那么一个四分音符的持续时间就是一秒，一小节就有四秒，这就是简谱与数学的关系．

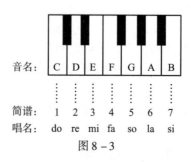

图 8–3

和简谱为对照关系的五线谱也蕴含着数学．这五线并非纯粹的五条线，它还蕴含四个间隔，从下向上依次为第一线、第一间、第二线、第二间、…、第四间、第五线共九个部分．其中每个线和间之间相差一个"全音"，比如 4 比 3 高一个全音，高音 1 比 7 高一个全音，低音 7 比标准音 1 低一个全音等．因此，线和间是用位置来记录音符的高低的（见图 8－4）．通过位置来记录一个音符的高低，就像古代数学中用绳子的结点，记录时间、事件等事物．

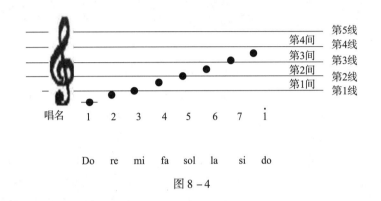

图 8－4

从"五线谱"的数学原理运用到纯数字化的"数字简谱"，乐谱的发展始终在走一条数量化"描述和记录"的路．如果没有数学，复杂的音乐作品就失去了其赖以生存的筋骨，既无法创作也难以表现．如果说数学是所有科学中最为抽象的科学，那么音乐则是所有艺术中最为抽象的艺术，它们有相同的筋骨，因而显得异曲同工，它们都可以被简单的符号体系加以"描述和记录"．

（三）黄金分割点与音乐

黄金分割率是由古希腊哲学家、数学家毕达哥拉斯于 2 500 多年前发现的．黄金分割律翻译成数字则为"0.618"，而"黄金分割"是由古希腊哲学家柏拉图命名的，因为他认为"0.618"这个数字很神奇，所以又把它称之为"神圣分割"．从古至今，这个数字一直被人们视为美学的标准，而音乐是个美好的事物，而美好的事物是相通的，因此黄金分割点必然与音乐也有亲密的联系．

乐音体系中每个音的准确高度及其相互关系叫音律，制定乐音高度的定律法中有五度相生律、纯律和十二平均律（见图 8－5）．毕达哥拉斯为此做过一个实验，他用一根弦，三分弦长取其二，得五度音，再三分五度音弦长取其二弦，得五度音之高五度的音，如此运作 12 次，就得出 12 个音，也就是"五度相生律"．其中的弦原口与截后之间的比例为 1：2/3，这与 0.618 非常相近．而在春秋战国时期，管仲与吕不韦也发现了五度相生律，对于一根八寸一的口管，将口管全长分成三份，减去一份，取其二份之长约五寸四，另截一根竹管，可吹出比第一根竹管高五度的音称为"林钟"，这叫"三分损一法"．再将五寸四的管，分成三份，加上一份，取其四份之长约七二另截一根竹管，则能吹出比"林钟"低四度的音，称为"太簇"，这叫"三分益口法"．这样"三减口""三加口"的五度、四度反复 12 次，出现 12 个，叫"三分损益法"，也叫五度相生律．两种不同式得出的五度相生律，都与黄金分割律有着极其的相似．

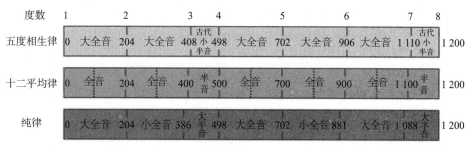

图 8-5

上面，我们提供了一些数学与音乐联系的素材，通过以上分析可知，一首乐曲就有可能是对一些基本曲段进行各种数学变换的结果．因而我们说，音乐中出现数学、数学中存在音乐并不是一种偶然，而是数学和音乐融会贯通于一体的一种体现，我们知道音乐通过演奏出一串串音符而把人的喜怒哀乐或对大自然、人生的态度等表现出来，即音乐抒发人们的情感，是对人们自己内心世界的反映和对客观世界的感触，因而它是用来描述客观世界的，只不过是以一种感性的或者说是更具有个人主体色彩的方式来进行的．而数学以一种理性的、抽象的方式来描述世界，既然数学与音乐有如此美妙的联系，就让我们沉浸在优美动听的旋律中或置身于昆虫啁啾鸣叫的田野里静下心来思考数学与音乐的内在联系，让我们在铮铮琵琶声中或令人激动的交响曲中充满信心地对它们的内在联系继续探索．

§8.4 数学作文与民族文化

数学作文的自由拓展，必然要广泛涉及数学文化．数学是研究现实世界的量的关系与空间形式的科学，是一种会不断进化的文化．从文化视域审视数学，为我们开启了数学文化这扇新的大门，突显了数学具有的文化价值，从更多的视角认识了数学与文化，改变了数学在人们心目中的冰冷形象，将整数维的数学观变革为分数维的数学观，形成了丰富多彩的数学观．例如，关于"数学是什么"的问题，就有数学的符号说、哲学说、科学说、逻辑说、结构说、模型说、工具说、集合说、活动说、直觉说、精神说、审美说、艺术说、万物皆数说等；以及数学文化的哲学观、社会观、美学观、创新观和方法论等，数学文化还有宽泛的外延，如数学与生活、文学、艺术、音乐、爱情、经济、教育、高科技、人的发展和社会的可持续发展等．民族文化是某一民族在长期共同生产生活实践中产生和创造出来的能够体现本民族特点的物质和精神财富总和．通过数学作文推进民族文化的数学审美体验，能使我们各族学子深切感受到中华民族数学文化的魅力，从而增强对中华民族和中华文化的认同感和自豪感．

一、民族与数学文化

民族是在一定的历史发展阶段形成的稳定的人们共同体．一般来说，在历史渊源、生产方式、语言、文化、风俗习惯以及心理认同等方面具有共同的特征．这个概念可以用在中华民族的一体层面，又可以用在 56 个民族的多元层面．有民族的地方就会有民族文化，而文化一旦转化成为民族特征，就能够长期稳定地体现民族的统一性和继承性．

在漫长的历史长河中，我国各民族都创造了各具特色、绚丽多彩的民族文化．各民族文化相互影响、相互交融，不断丰富和发展着中华文化的内涵，增强了中华文化的生命力和创造力，提高了中华文化的认同感和向心力．少数民族文化是中华文化不可或缺的重要组成部分．上下五千年，中华文化经历无数磨难仍绵延不绝、生生不息，充分证明了自身顽强的生命力．中华民族以其对人类文明的非凡贡献，充分证明了中华文化非凡的创造力．

习近平总书记指出："弘扬和保护各民族传统文化，不是原封不动，更不是连同糟粕全盘保留，而是要去粗取精、推陈出新，努力实现创造性转化和创新性发展."习近平总书记的重要论述，精辟阐明了民族文化保护与传承、创新与发展的辩证关系，我们要努力通过"双创"，在增强对中华文化认同的基础上，推进少数民族文化的创造性转化和创新性发展，在挖掘保护中丰富内涵，在创新发展中彰显价值，就可以带来各民族文化的繁荣．在传承各民族优秀文化基因的同时，要着力推动各民族互学互鉴、交融创新，增强各民族文化的时代性、包容性和共同性．

中华民族就像一个大家庭，内部的 56 个民族都是大家庭中的成员．相关民族在生产生活实践中产生和创造出来的能够体现本民族特点的数学行为、数学观念和数学态度等，是在社会文化群落里存在的数学活动的结晶，属于民族文化中的特殊组成部分．民族数学文化随着各民族的产生和发展，在历史的长河中由于相互影响而不断吸纳相关民族的有益文化因素，使各民族的数学文化在传承中得以创新发展，成为多样一致的中华民族数学文化．广西有 12 个世居民族，就像构成钟表的 12 个数字，一个也不能少：壮族、仡佬族、仫佬族、汉族、苗族、水族、毛南族、彝族、回族、京族、瑶族、侗族．在我们的日常生活中，在各族同胞的服饰、建筑、绘画、手工艺品，甚至共有家园的自然景观里，中华民族的数学文化无处不在、魅力无穷．

二、民族数学文化作文举例

广西民族大学预科教育学院每年集中培养广西 11 个世居少数民族学子近三千人，在第二个学期开设数学文化课程，作业就是开展民族数学文化调研、写作、演示和分享．通过民族数学文化调研活动与实践，从数学的视角学习鉴赏、传承中华民族的数学文化，对比分析这些丰富多彩的民族数学文化的相互影响，让不同民族数学文化通过交流而相互借鉴，从而加深各民族的交往、交流、交融．

习作举例之一

壮族工艺品中的数学文化

我国是一个统一的多民族国家，少数民族文化中蕴藏着丰富的数学文化，它们主要体现在建筑、服饰、民族工艺品、民歌、民族舞蹈等方面．不同的民族因其独特的地理环境和不同的发展环境而具有不同的数学文化特征．壮族历史悠久，作为我国人口数量最多的少数民族，在数千年的历史发展进程中，壮族人民创造出了独具特色的文化，其民族舞蹈、民歌、民间传说神话等艺术都具有丰富的民族特色，而且影响很大．壮族数学文化是壮族文化的组成部分，在壮族人民的工艺品中也能得到具体的表现．本文通过对铜鼓以及壮锦的研究，发现壮族工艺品中所蕴含的数学元素，体现了壮族工艺品以及壮族文化中的数学之美．

1. 壮族铜鼓中的数学元素

铜鼓是我国南方具有代表性的民族文物，铜鼓文化是我国宝贵的民族文化遗产．最近开始，广西许多城市都在举办铜鼓艺术节，铜鼓文化正备受广大人民群众青睐；与此同时，许多绘画、雕塑、建筑中蕴含的元素也是从铜鼓中汲取的，这些都表现出了铜鼓艺术的吸引力．古代铜鼓的装饰艺术包括平面饰纹和立体装饰这两个部分，内容丰富，结构精巧，风格独特而多变．其中，平面饰纹有的施以写实画像，有的施以几何花纹，有些花纹则是由写实画像演变而成的抽象图案．

几何纹样饰以点、线以及圆形、方形、三角形等基本要素，按照美的法则构成图案．铜鼓上的几何纹样，有的充当主体纹饰，表现一定的主体思想；有的组成几何纹带，作为边饰，起到陪衬烘托、美化主体的作用；有的遍布铜鼓全身，给人以繁缛瑰丽的美感．铜鼓上的画像主要包括自然物体、动物形象、人体动作等现实生活的描绘．立体装饰则以青蛙塑像最为常见，另外还有其他动物或各种物体的塑像．

从外观上可以看出，铜鼓的纹路（见图 8 - 6）由很多个同心圆组成，其中含有多个圆环，这表明铜鼓与数学中的"圆"息息相关．每个圆环都是由不同的纹饰经过走势转换、轴对称、平移转换等构图方式而产生的．

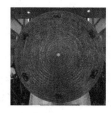

图 8 - 6

1）冷水冲型铜鼓及其装饰

冷水冲型铜鼓主要的纹饰如图 8 - 7 所示：眼纹通过对眼睛的变形，使图案蕴含着几何元素，菱形中还包含着菱形（见图 8 - 8），中心还有三个同心圆，圆与菱形通过共点缩小，形成一个形象的、具有对称性的眼纹；细方格纹所蕴含的数学元素主要是点，由菱形组成的一个个点，通过对方形的变换，转换成菱形，然后经共点平移构成二方连续图案，或斜式平移构成四方连续图案．冷水冲型铜鼓的太阳纹主要形状如图 8 - 7 所示，太阳纹是先民对太阳的形象刻画，图中的太阳与光芒融为一体，无分界线，光芒大体为十二道，为中心对称图形即轴对称图形，芒间夹有垂叶纹．

图 8 - 7

图 8 - 8

2）北流型铜鼓及其装饰

广西北流县（今为北流市）出土的铜鼓是最典型的代表，形状厚重庞大，是北流型铜鼓的代表，最大的北流型铜鼓鼓面直径达 1 米开外，小的也超过 50 厘米，普遍还是 70 厘米左右．北流型铜鼓鼓面向外延伸，比鼓胸大，部分鼓面会向下曲折形成"垂檐"．鼓胸稍稍凸，半径最大的地方略微向下，从侧面看略显斜直．反弧形也是北流型铜鼓的鼓腰的特征之一，鼓腰和鼓胸之间有一条凹槽作为分界线，还有两对耳环，主要流行于西汉至唐代，主要在桂东南和粤西南地区可以看到踪迹，以广西北流、信宜附近为中心.

铜鼓上的云、雷纹，是北流型铜鼓的主体纹饰，云纹是指螺旋式的单线旋出图案，再经共线平移，得到的极具动感的云纹图案；雷纹是由一个菱形经小菱形的镶嵌，经倾斜的平移得到的四方连续图案.（见图 8 - 9、图 8 - 10）

图 8 - 9

图 8 - 10

北流型铜鼓的太阳纹如图 8 - 11 所示，光芒普遍为 8 道，《中国壮族》的笔者曾对《古铜鼓图录》的一面西汉北流型铜鼓鼓面拓片进行测量，发现中间的太阳纹，其中心点正好是鼓面的圆心，8 个光芒中的任何两芒之间均为 45°角，即 8 个光芒把鼓面均等分成了 8 等分. 这是壮族铜鼓与数学相互融合的最好体现，也显示出了壮族先祖对割圆术的精湛掌握.

图 8 - 11

3）灵山型铜鼓及其装饰

灵山型铜鼓是以广西灵山县出土的铜鼓作为代表的一类铜鼓，发展于东汉末年到晚唐时期. 在两广地区流行. 灵山型铜鼓与北流型铜鼓比较接近，鼓面比鼓胸大，鼓胸较平、较直，鼓面的纹饰很精细，主要为云雷纹、连线纹和鸟形纹等纹饰. 鼓面没有立体蛙饰，但三脚蟾蜍六只鼓背也有花纹以装饰，这是灵山型铜鼓的主要特征.（见图 8 - 12）

图 8 - 12

纹饰如图 8 - 13 所示，细纹是由三条竖直平行线段、三条平行线段，经水平等距平移、竖直等距平移得到四方连续图案；连线纹中含有椭圆、线段等数学元素，椭圆中包含有若干平行线段，椭圆经竖直与水平的共线平移，横竖交替的空隙用同心圆做填补，使整个图案丰满联动.

图 8－13

壮族的铜鼓主要分为北流型、冷水冲型、灵山型等类型，从这些铜鼓中蕴含的数学元素可以看出壮族祖先已经对几何图案有了部分认识，这些铜鼓含有许多优美的纹饰，这些纹饰又包含了几何纹饰、写实花纹等，几何花纹中运用了点、线、圆形、方形等应用全等变换等数学原理构成的优美图案.

2. 壮锦中的数学元素

《广西通志》载"壮锦，各州县出. 壮人爱彩，凡衣裙中披之属莫不取无色绒，杂以织布为花鸟状. 远观颇工巧炫丽，近视则粗，壮人贵之."壮锦是用丝绒和棉线交织而成的，以棉线或麻线做经，以彩色丝绒做纬，经线为原色，纬线用五彩丝绒织入起花，正面和背面纹样对称，结构严谨，式样多变. 结构上以几何纹和自然纹连接结合，主要有四方连续纹、二方连续纹和平纹；纹饰主要有万字纹、回纹、水波纹，图案有梅花、蝴蝶、花篮等. 壮锦质感厚重柔软，宜做被面、围裙、台布、壁挂、背包、背带等.

1）壮锦中的几何纹：

如图 8－14 所示，这幅壮锦蕴含的几何元素有点、平行线、菱形、矩形等. 如图 8－14 所示，壮锦图案主要的几何元素为正方形、矩形，在图两旁的正方形由一个个小正方形与"s"形图案组合而成，再经共线平移构成二方连续图案，中央的菱形图案是由菊花纹抽象变换而形成的图案，再与四个角的正方形组合而成，较为中间的锯齿状曲线，是由许多三角形与矩形组合而成的，有疏有密，并与曲线两边的正方形相契合，更具美感.

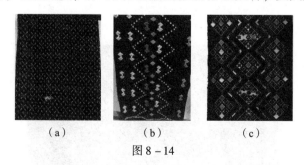

（a）　　　　　（b）　　　　　（c）

图 8－14

如图 8－15 所示，这幅壮锦上的图案，就是二方连续纹. 以方形回纹作为底纹，方形回纹不断地向外延伸，营造出空间流动感. 最中间的每个菱形向内由相似变换得到一个小菱形，镶嵌在里面，构成镶嵌菱形纹样，并以两个镶嵌菱形纹样为组合，通过上下共点平移，得到二方连续图案. 在两旁的类似"3"字的回纹，是以中间的菱形为轴，通过轴反射变换得到的；并用小点排列起来，形成锯齿状，向两方延伸.

　　图 8 - 16 的这幅壮锦图案体现了点、线、面的关系，通过线段形成井字纹，并以小点在"井"字周围点缀，通过共点平移，形成红绿相间，富有层次感的图案．以菊花纹连接而成的矩形曲线也是通过共点平移，形成有扩张之势的矩形曲线．中央通过线段构成的"＋""－"以及"3"、小菱形，组合成散而不松的图案，整体上从中间到两旁由疏到密，更具美感．

图 8 - 15　　　　　　　　　　　　　　　图 8 - 16

　　如这两幅壮锦图案所示，这些精致的壮锦图案，是由绣工们利用几何原理，线与线加以一定的角度，编织构成．图 8 - 16 中，图案由正六边形与平行四边形组合而成，其中正六边形是用多条织线以 60°斜线交织而成的，平行四边形是用多条织线以一定的角度交织而成的．

　　图 8 - 17 含有的几何元素主要有正方形、小长方形、三角形，正方形与长方形是用 90°的织线交织而成的，三角形是用 45°的织线相错交织而成的．这两幅图可看成由多种几何图形组合而成．

3. 结语

图 8 - 17

　　壮族是个具有优秀文化的民族，通过对将壮族文化融入到壮族工艺品中的铜鼓以及壮锦所涉及的数学元素进行梳理和展示，我们看到了壮族工艺品中所蕴含的数学文化．铜鼓中的几何纹样、写实图案等运用了形象思维与抽象思维，通过许多的数学原理进行构造，形成了富有数学韵味的装饰．壮锦也通过运用点、线、面、几何图形等，构成整齐优美的图案，许多图案的构成会应用轴对称、共线平移、等距平移、全等变换等数学原理．这些都证明了壮族先民早已经把数学思想融入到壮族工艺品中，这些工艺品完美地向我们展现出了其蕴含的数学之美！

本文参考文献

　　[1] 张维忠，陆吉健．基于认知水平分析的民族数学导学模式——基于壮族数学文化的讨论 [J]．中学数学月刊，2015，(12)：1.

　　[2] 古代八大铜鼓类型．[DB/OL]．http://www.amgx.org/news - 3453.html. 2013 - 8 - 17/2017 - 4 - 20.

习作举例之二

侗族建筑中蕴含的数学美

1. 侗族鼓楼

(1) 侗族建筑的典型代表——鼓楼（见图 8 - 18）．

鼓楼是侗族建筑的典型代表，它吸收各民族优秀文化的同时，又具有鲜明的侗民族建筑特色. 通过对鼓楼外观及其内部结构的探究, 发现其中渗透着丰富的数学知识, 这是人类的文明成果. 作为具有丰富文化象征意义的鼓楼建筑, 几乎涵盖了侗族文化的全部, 是侗族文化的象征. 鼓楼在侗族人民的生活中起着重要的作用, 是侗族聚居地的明显特征, 它既是侗家集会议事的地方, 又是人们祭拜、休息和接待宾客的重要场所; 既是寨老处理纠纷、明断是非的公堂, 又是进行娱乐活动的场地. 鼓楼雄伟壮观, 占地面积百余平方米, 高数

图 8 – 18

十米不等. 如此高大的建筑, 其整体以杉木为柱, 枋凿、衔接, 横穿斜套, 纵横交错, 上下吻合. 采用杠杆原理, 层层支撑而上, 其结构严谨牢固, 却不用一钉一铆, 形态多姿多样, 设计科学合理.

(2) 侗族鼓楼中的数学知识.

鼓楼主体结构对称和谐, 其平面图通常是正方形、正六边形和正八边形. 鼓楼建筑师在鼓楼的兼职过程中, 经常用到等差数列知识去计算相关的问题使做工达到分毫不差的程度.

图 8 – 19 共有 4 个侧面, 每个侧面的装饰图案自上而下, 从左到右按一定的规律排列, 图中每 3 个直角扇形为一组, 每相邻的两个侧面的两组共由 5 个直角扇形构成, 有 18, 21, 24, 27, 30 个直角扇形, 而 4 个侧面的每一层的直角扇形依次是 68, 80, 92, 104, 116 个, 4 个侧面总共需要 460 个直角扇形. 对如此繁杂的数据, 鼓楼建筑师能在施工前准确无误地计算出来, 是运用了等差数列及其求和公式实现的, 尽管他们因没有文字而无法表达其计算公式. 对称在鼓楼中有着完美的展现, 相似与对称让鼓楼拥有了整齐与和谐的旋律. 美的建筑一般都有黄金分配比例, 鼓楼也不例外, 其中内部结构的主承柱、檐柱、瓜柱、分柱枋的分点也都十分接近黄金分割点.

图 8 – 19

例如, 从江县增冲鼓楼高 25 m, 内有四根主承柱, 高 15 m, 该鼓楼由楼体、楼颈和楼冠三部分构成. 从远处眺望似人体一般形状, 以楼颈为分点, 其楼体高 (即为主承柱高度) 15 m 与楼高 25 m 之比是 0.60, 十分接近黄金分割比例. 这恰似咽喉是人体结构中的一个黄金分割点一样, 鼓楼楼颈是其黄金分割点. 再如图 8 – 20 所示是从江县增冲鼓楼平面图,

A 和 D 为檐柱，B 和 C 为主承柱，其中 $AB = CD = 265$ cm，$BC = 410$ cm，由此 $BC : AC \approx 0.607\ 4$，$BC : BD \approx 0.607\ 4$，即点 B（或点 C），接近线段 AC（或线段 BD）的黄金分割点。黄金分割比例的应用，不仅仅是鼓楼造型美的需要，它还包括蕴涵着丰富的力学原理。面对着这些百年以上的鼓楼，我们发现这些人类早期文明的数学文化以鼓楼为载体，通过侗族建筑师心口传承至今。

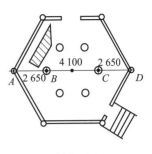

图 8 - 20

2. 侗族风雨桥

（1）侗族建筑"三宝"之一——风雨桥。

风雨桥是侗族建筑"三宝"之一，是侗族人民引以为豪的又一民族建筑物（见图 8 - 21）。它集桥、廊亭、阁、栏于一体，桥墩厚实、凝重，桥面质朴、简约，廊、亭、栏、阁雅致而飘逸，相辅相成，既有灵动变化之势，又有协调一致、珠联璧合之美。整体造型美观而端庄。优美灵巧的民族建筑风格在建筑史上别具一格。风雨桥除了在外观上别具一格，在建筑技术上也不同凡响，工艺之精湛，可谓巧夺天工。风雨桥桥墩外壳用青石砌成，内用料石填充，墩形通常为六棱柱橄榄形，上下游均为锐角，以减少洪水的冲击力。桥面结构为密布式悬臂梁支撑，逐层向上承托，从而减小桥面梁的跨度和大桥的挠度。为了减少桥梁的跨度，聪明的侗族工匠利用力学原理和杠杆原理，在石墩上采用层层向外悬挂挑密布梁，每层悬出 18 m 左右，大大增加了桥面梁的抗弯强度。楼亭一般设在桥墩之上的位置，在桥台上修廊，亭廊相接，受力合理，传力直接，起到平衡重力、加固桥身的作用。力学原理的巧妙运用，使桥体看起来轻巧秀丽，而又沉稳坚固，充分显示了侗族人民的聪明才智和精湛技艺。风雨桥不仅蕴藏着侗族人民的建筑智慧，还包涵他们对文化艺术更高的要求。桥壁上或雕琢或画有蝙蝠、麒麟、凤凰、雄狮、腾龙以及民间事迹，民族传说等一系列图案，形象生动，古色古香，栩栩如生。传说风雨桥不仅为人们的交通提供便利，为行人休息提供场所，而且有镇邪和保财的寓意。所以当地的居民都很爱惜它。对侗族独特的风雨桥的数学元素的研究，是对侗族人民数学文化的发掘，是对原生态民族资源文化的开发，这不仅有助于中国传统数学的开发，而且为地方数学课程提供资源。风雨桥中蕴含着许多数学知识，有对称、平行、垂直等几何变换和正八边形、直四面体、正六边形等几何图形，以及解析几何、数列、三角函数等数学知识。

图 8 - 21

（2）侗族风雨桥中的数学知识。

风雨桥是木质长廊亭阁混合式结构，亭阁按冠的不同可以分为四面屋檐式，八面鼓楼式，但是亭阁均为 3 或 5 层，外形多为偶数面且多为 4 面或 8 面．这些结构奇偶交错并非偶然，而是来自侗族人民对数字的阐述．他们认为奇数代表阳性，偶数代表阴性．在风雨桥建造中数字的使用上奇偶搭配，取阴阳合一、阴阳平衡之意，这意味着天地、阴阳、男女的组合，象征子孙兴旺，吉祥如意．在桥上镶嵌不同数量的花纹会有不同的美观效果．于是他们大多根据桥的规模装饰不同数量和种类的纹饰图案，既有 3、4、5 排列，也有 6、7、8 排列，甚至更多，但在数量上很注重排列和对称．花纹自下而上分别是 4，5，6 个和 6，7，8 个，成等差数列．在正面也有 16，17，18 个排列的形状，犹如埃及倒形的金字塔状，极其漂亮．

风雨桥中解析几何和立体几何的运用：

通过观察发现，风雨桥桥冠外形的正射影与悬链线和内摆线十分接近，如图 8 - 22 所示．

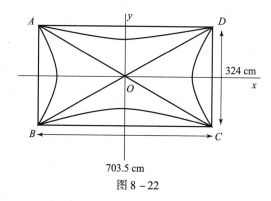

图 8 - 22

在图 8 - 22 中，AD 悬链线方程为 $y = 1.345\,9e^{-0.74}(e^x + e^{-x})$，同时可以用弧长公式 $S = 2\int_0^a \sqrt{1 + y'^2}\,dx$（其中 $2a = 703.5$）算出 AD 弧长．研究还发现，楼冠外形的正射影十分接近内摆线方程 $X = 7r\cos x + r\cos 7x$，$y = 7r\sin x - r\sin 7x$．这与侗族鼓楼楼冠的结构十分相似．看来侗族人们也喜欢将自己经典风格应用到不同的建筑上去．通过观察和测量还发现，桥上还有许多实心的多面体结构．工匠们先划定一个正方体，然后将正方体的 9 个顶角各去掉大小一致的直四面体，便得到一个规则的多面体结构．如图 8 - 23、图 8 - 24 所示．

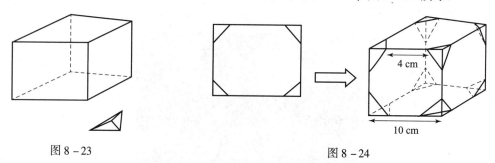

图 8 - 23   图 8 - 24

正方形的体积 $V = 1\,000$ cm^3，直四面体体积 $V = 1/3 \times (1/2 \times 3 \times 3) \times 3 = 9/2$ cm^3，侧多面体体积 $V = $ 正方体体积 $- 8 \times$ 直四面体体积 $= 1\,000$ cm$^3 - 9/2$ cm$^3 \times 8 = 964$ cm^3．首先可以近距离认识正方形和多边形、直四面体；其次还可以认识直四面体结合及其相关体积和表面积

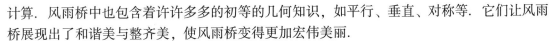

计算. 风雨桥中也包含着许许多多的初等的几何知识, 如平行、垂直、对称等. 它们让风雨桥展现出了和谐美与整齐美, 使风雨桥变得更加宏伟美丽.

3. 结语

每个民族都有各自的民族文化, 因此也会有相应的民族数学文化, 数学文化无处不在, 它影响着人们生活的方方面面, 侗族建筑中所蕴含的数学文化靠的是心传口授, 没有文字记载, 它们的科研价值、文化价值及审美价值有待进一步研究, 以上仅从鼓楼和风雨桥的构造探讨相关的数学知识, 侗族鼓楼和风雨桥, 在建筑文化史上占有不可估量的地位, 是人类建筑长廊里的瑰宝, 它们同时也是一个巨大的民族文化符号, 其中隐含了多层的文化沉淀, 是人类文化宝库中的璀璨明珠.

习作举例之三

桂林龙胜龙脊梯田的数学调研报告

梯田——山坡上的土地, 大多被修成一阶一阶的, 像楼梯一样, 这就叫梯田 (见图 8 – 25、图 8 – 26).

图 8 – 25

图 8 – 26

修梯田是为了使庄稼长得更好. 因为落在山上的雨水, 沿着山坡很快地向下流动, 所以山上的泥土沙石也会被流水冲走, 这样坡田上肥沃的表层土壤就会慢慢流失, 植物在贫瘠的土地上自然是长不好的. 如果不修梯田, 即使下雨, 雨水也会顺着山坡流下去. 坡田里不能很好地蓄水, 土壤非常干燥, 庄稼也不能很好地生长. 梯田能有效地防止水土流失, 因为泥沙每经过一级梯田都有浸淀, 因此最后流到底层的水基本上已经很少有泥沙了. 龙脊开山造田的祖先们当初没有想到, 他们用血汗和生命开出来的龙脊梯田, 竟变成了如此妩媚的曲线. 在漫长的岁月中, 人们在大自然中求生存的坚强意志, 在认识自然和建设家园中所表现的智慧和力量, 在这里被充分地体现出来. 许多看到了龙脊梯田的游客都说有一种说不出的自由和轻松, 感受到的是大自然的和谐美和简单美.

然而, 有谁在欣赏大自然的美感之时, 会想到我们所学的数学也有着同样的美呢?

或许有人会说, 数学是一门学习的学科, 怎么能跟大自然艺术相提并论呢? 这只是认为数学枯燥乏味的人的看法, 他只是看到了数学的严谨性, 而没有体会出数学的内在美. 其实, 数学也是一门艺术, 也有它独特的美. 美国数学家、控制论的创始人维纳说: 数学实质上是艺术的一种. 数学, 本来就是用来解决实际问题的, 所以运用数学思维去思考和研究像梯田这样的自然模型，我们也可以收获到意想不到的东西！

1. 调查目的

寻找龙脊梯田的特点和结构性质，了解地方民族特色，并结合数学美，让人们对数学有更深的认识.

2. 调查对象和方法

通过网上咨询和查阅资料，询问比较了解梯田的同学，并结合各地梯田的特点来了解我们广西桂林旅游胜地龙脊梯田.

3. 调查内容

1）龙脊梯田的特点

（1）龙脊梯田历史悠久.

龙脊梯田始建于元朝，完工于清初，距今已有650多年历史，是广西二十个一级景点之一. 数百年来，历尽沧桑. 居住在这里的壮族、瑶族人民，祖祖辈辈，筑埂开田，向高山要粮. 从水流湍急的溪谷到云雾缭绕的峰峦，从森林边缘到悬崖峭壁，凡是能开垦的地方，都开凿了梯田. 这样，经历了几百年、多少代人的努力，使龙脊梯田日臻完美，形成了从山脚一直盘绕到山顶，"小山如螺，大山成塔"的壮丽景观.

（2）规模大.

由于梯田是依山而建、因地制宜的，因此这些梯田大者不过一亩，小者仅能插下两三行禾苗. 但是，我们广西桂林的龙脊梯田，是中国最美梯田之首，景区面积达66平方公里，梯田分布在海拔300~1 100 m，坡度大多在26°~35°，最大坡度达50°.

（3）线条优美.

从高处向下看，梯田的优美曲线一条条、一根根，却几乎是等高平行的，动人心魄，且其规模磅礴壮观，气势恢宏. 从网上搜索的图片来看，梯田如链如带，从山脚盘绕到山顶，层层叠叠，高低错落. 与其他有名的梯田相比，它最大的特点就是"线条整齐"，即使是著名的元阳梯田和哈尼梯田都比不上它的整齐有序. 显示出无限的和谐感！

（4）四季景色宜人.

春天，水田里灌满了准备插秧的水，大山之上水的波纹晶莹闪亮，辛勤的农民们弯腰劳作；夏天，错落的绿浪如丝绸般涌动，远处眺望着田间似条完美的弧线绕着山间；秋天，如黄金熔岩在山体上流动、堆叠、闪烁；冬天，清晰壮丽的轮廓展现在眼前.

（5）原始保留.

当然，龙脊梯田之所以让人赞叹，不止是因为它的美，还有当地人民祖祖辈辈的艰苦开拓，并坚持至今的强大精神力量，给后人留下了宝贵而庞大的财产！如今很多梯田修建都依靠现代的机械工具完成，省时省力，所以现代人是很难想象当初祖先们是如何一耕一铲建起这座梯田的！一切都保持着原始的气息. 这也是龙脊梯田与其他大部分梯田不同的地方！

2）龙脊梯田的结构性质

正如前面提到的龙脊梯田坡度大多在26°~35°，最大坡度达50°. 通过调查，我们发现龙脊梯田在缓坡地段的断面高几乎在1.5~2.5 m. 所谓断面，就是相邻的上下两块梯田有高度差的连接面. 但为什么是这样的高度呢？为什么不将断面挖得深一点来增加种田的面积呢？这就需要用稳定性来解释：不妨把梯田想象成斜面为阶梯状（见图8-27）.

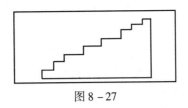

图 8 - 27

如果断面过高，那么该断面所承受的上一层的土壤压力过大，若加上下大雨等天气，断面就很容易发生滑坡（见图 8 - 28）.

另外，我们还发现梯田的断面并不是垂直田面的，而是与田面呈 60° ~ 80° 夹角的斜面. 这样的结构也是考虑到梯田的稳定性，运用了三角形的稳定性原理：水平线、垂直线以及梯田断面（斜面）形成的三角形，而且根据坡面的角度不同，斜面的角度也跟着变化. 断面越陡，断面与田面的夹角越小（见图 8 - 29）. 这样就有利于梯田的持久稳定，也正因为如此，龙脊梯田才能完整地从元代保留至今，因此我们不得不承认先人的勤劳和智慧. 而从现代已有的技术经验来看，我们了解到，土坎的材料、坡度、高度、施工技术、利用方式等是影响梯田土坎稳定性的主要因素. 研究表明，黏粒含量少的土壤不宜作土坎. 梯田土坎设计高度宜为 2 m 左右，边坡采用 66° ~ 80° 即可达到稳定安全坡角. 而龙脊梯田的土质正是黏粒比较高的黏土，道路与灌溉系统规划合理，梯田总体坡度不高，可以说是一块种田的圣地！

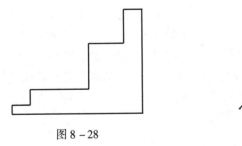

图 8 - 28   图 8 - 29

3）梯田美与数学美

每当看到美丽的龙脊梯田，又有谁能够联想到我们学过的数学呢？或者说正在学数学的时候又有谁会想到美丽的梯田呢？

我们都知道龙脊梯田的艺术性主要表现在它行云流水的线条叠加的美感，简简单单的线条经过整齐有序的重重组合，这就是简单性与和谐性的完美结合！而对数学来说，其艺术性也表现在简单性与和谐性这方面.

首先，数学具有奇异性（也称突变性）之美. 突变是一种突发性变化，是事物从一种质态向另一种质态的飞跃. 变之突然，出人意料，因而能给人一新颖奇特之感. 在数学世界中，突变现象是很多的. 诸如连续曲线的中断、数的极值点、曲线的尖点等，都给人以突变之感. 法国数学家托姆创立的突变论，就是研究自然界和社会某些突变现象的一门数学学科. 他运用拓扑学、奇点理论和结构稳定性等数学工具，研究自然界和社会一些事物的性态、结构突然变化的规律，所给出的拓扑模型既形象又精确，给人一种特有的美感. 龙脊梯田看起来由很多线条构成，但并非直线而是弯曲的，数学上称为曲线. 各种曲线的交接，才能表现出艺术性的美感，正如世界上几乎没有一件艺术品是只由直线构成的.

试想，若800 m高的梯田全被规划成了长方形，岂不是呆板无趣！另外，田埂弯曲的程度都不同，忽而平缓，忽而来个急转弯，用数学来解释，就是斜率忽大忽小. 这正是对应了数学中的突变性美感！在垂直方向上，梯田每一层的高度都不一样，就像高低不一的阶梯，假如在梯田上由上往下走，每走一步，你一定不会预料到下一步究竟有多高. 一下需要轻松一踩就到，一下子又要半蹲才能踩到下一阶，这也一样体现了突变性. 如此，梯田中的美感也就在不知不觉中与数学的美学不谋而合！弗兰西斯·培根曾说："没有一个极美的东西不是在常规中有着某种奇异." 这句话的意思是：奇异存在于美的事物之中，奇异是相对于我们所熟悉的事物而言. 十分工整、十分简洁或高度统一，都给人一种奇异感，而龙脊梯田正是具备了这种特点！

其次，数学具有和谐美. 美就应该是和谐的. 和谐性也是数学美的特征之一. 和谐即雅致、严谨或形式结构的无矛盾性. 没有哪门学科能比数学更为清晰地阐明自然界的和谐性. ——Carus, Paul. 的确，梯田上每条田埂所形成的线条虽多种多样、无一雷同，但却是井然有序，不像迷宫那样很难走得出来. 在这里，人们世世代代耕田，田地又养活世世代代人，人与自然和谐相处着，一切都是显得那么和谐. 和谐性和突变性作为数学美的两个基本特征，是对数学美的两个侧面的摹写和反映，它们既相互区别，又相互依存、相互补充，数学对象就是在两者的对立统一中显现出美的光辉的.

此外，还有简单性，简单、明快才能给人以和谐之感，繁杂晦涩就谈不上和谐一致. 因此，简单性既是和谐性的一种表现，又是和谐性的基础. 爱因斯坦说过："美，本质上终究是简单性." 他还认为，只有借助数学，才能达到简单性的美学准则. 朴素、简单，是其外在形式. 只有既朴实清秀，又底蕴深厚，才称得上至美. 的确，龙脊梯田的结构是极为简单的，仅由线条构成，而线条与线条之间又能协调有序地组合在一起，最后仅由大的规模来实现宏伟的艺术感. 这是多么完美的结合啊！

4. 调查总结

梯田是一幅世代的勤劳的农民绘就的艺术画，带着秀美流畅的线条，如诗如画般的意境，与数学相结合，整齐合理地规划并建设，体现出无限的和谐美！它是民族文化的结晶，人类的无价瑰宝.

习题

1. 谈谈你对数学的认识.
2. 结合预科数学，选择下列某种思想写一篇数学作文，自拟题目，文体不限.
（1）数形结合思想；
（2）极限思想；
（3）导数思想；
（4）化归思想；

（5）恒等变换思想；

（6）变量代换思想.

3. 结合微积分课程的学习，自拟题目，写一篇自由数学作文.

4. 谈谈你对民族数学文化的认识.

5. 写一篇关于民族数学文化的报告，题目自拟.

附录

常用的初等数学基本知识

一、基本公式

（一）初等代数的一些公式

1. 一元二次方程

$$ax^2 + bx + c = 0$$

（1）求根公式：

$$x_1 = \frac{-b + \sqrt{b^2 - 4ac}}{2a}, \quad x_2 = \frac{-b - \sqrt{b^2 - 4ac}}{2a}$$

（2）根的性质：

当 $\Delta = b^2 - 4ac$ $\begin{cases} >0, & \text{两个根是实数且不相等} \\ =0, & \text{两个根是实数且相等} \\ <0, & \text{两个根是虚数} \end{cases}$

2. 平方立方公式

$(a+b)^2 = a^2 + 2ab + b^2$；$(a-b)^2 = a^2 - 2ab + b^2$；

$(a+b)^3 = a^3 + 3a^2b + 3ab^2 + b^3$；$(a-b)^3 = a^3 - 3a^2b + 3ab^2 - b^3$；

$a^2 - b^2 = (a+b)(a-b)$；$a^3 - b^3 = (a-b)(a^2 + ab + b^2)$；

$a^3 + b^3 = (a+b)(a^2 - ab + b^2)$.

3. 有理指数幂

（1）$a^0 = 1 \ (a \neq 0)$；

（2）$a^{-n} = \dfrac{1}{a^n} \ (a \neq 0, \ n \in \mathbf{N})$；

（3）$a^{\frac{m}{n}} = \sqrt[n]{a^m} \ (a \neq 0, \ n, \ m \in \mathbf{N})$；

（4）$a^{-\frac{m}{n}} = \dfrac{1}{\sqrt[n]{a^m}} \ (a \neq 0, \ n, \ m \in \mathbf{N})$；

（5）$a^{\alpha} \cdot a^{\beta} = a^{\alpha + \beta}$；

（6）$\dfrac{a^{\alpha}}{a^{\beta}} = a^{\alpha-\beta}$；

（7）$(a^{\alpha})^{\beta} = a^{\alpha\beta}$；

（8）$(ab)^{\alpha} = a^{\alpha}b^{\alpha}$；

（9）$\left(\dfrac{a}{b}\right)^{\alpha} = \dfrac{a^{\alpha}}{b^{\alpha}}$.

4. 对数 （$a > 0$ 且 $a \neq 1$，$M > 0$，$N > 0$）

（1）$a^{\log_a x} = x (x > 0)$；

（2）$\log_a(MN) = \log_a M + \log_a N$；

（3）$\log_a \dfrac{M}{N} = \log_a M - \log_a N$；

（4）$\log_a M^n = n\log_a M$；

（5）$\log_a \sqrt[n]{M^{\beta}} = \dfrac{\beta}{n}\log_a M$；

（6）$\log_a M = \dfrac{\log_b M}{\log_b a}$.

常用对数　$\lg N = \log_{10} N$；

自然对数　$\ln N = \log_e N (\mathrm{e} = 2.718\,28\cdots)$.

（二）三角学的一些公式

1. 弧与度

$$180° = \pi \text{ 弧}$$

即

$$1° = \dfrac{\pi}{180}\text{弧} = 0.017\,4\cdots\text{弧}$$

$$1 \text{ 弧} = \dfrac{180}{\pi}\text{度} = 57°17'45'' = 57.29\cdots\text{度}$$

2. 三角函数

角 α 的终边上任意一点 $P(x, y)$，且该点到原点距离为 r（$r = \sqrt{x^2 + y^2} > 0$），那么

$$\sin\alpha = \dfrac{y}{r}, \quad \cos\alpha = \dfrac{x}{r}, \quad \tan\alpha = \dfrac{y}{x}$$

$$\cot\alpha = \dfrac{x}{y}, \quad \sec\alpha = \dfrac{r}{x}, \quad \csc\alpha = \dfrac{r}{y}$$

3. 特殊角的三角函数值

α	0°	30°	45°	60°	90°	180°	270°	360°
$\sin\alpha$	0	$\dfrac{1}{2}$	$\dfrac{\sqrt{2}}{2}$	$\dfrac{\sqrt{3}}{2}$	1	0	-1	0
$\cos\alpha$	1	$\dfrac{\sqrt{3}}{2}$	$\dfrac{\sqrt{2}}{2}$	$\dfrac{1}{2}$	0	-1	0	1

α	0°	30°	45°	60°	90°	180°	270°	360°
$\tan\alpha$	0	$\dfrac{\sqrt{3}}{3}$	1	$\sqrt{3}$	不存在	0	不存在	0
$\cot\alpha$	不存在	$\sqrt{3}$	1	$\dfrac{\sqrt{3}}{3}$	0	不存在	0	不存在

4. 同角的三角函数关系

平方关系：$\sin^2\alpha + \cos^2\alpha = 1$，$\tan^2\alpha + 1 = \sec^2\alpha$，$\cot^2\alpha + 1 = \csc^2\alpha$.

倒数关系：$\sin\alpha \cdot \csc\alpha = 1$，$\cos\alpha \cdot \sec\alpha = 1$，$\tan\alpha \cdot \cot\alpha = 1$.

商数关系：$\tan\alpha = \dfrac{\sin\alpha}{\cos\alpha}$，$\cot\alpha = \dfrac{\cos\alpha}{\sin\alpha}$.

5. 诱导公式（$k \in \mathbf{Z}$）

$\sin(\alpha + 2k\pi) = \sin\alpha$, $\qquad\qquad\quad$ $\cos(\alpha + 2k\pi) = \cos\alpha$,

$\sin[\alpha + (2k+1)\pi] = -\sin\alpha$, $\qquad$ $\cos[\alpha + (2k+1)\pi] = -\cos\alpha$,

$\tan(\alpha + k\pi) = \tan\alpha$, $\qquad\qquad\quad$ $\cot(\alpha + k\pi) = \cot\alpha$,

$\sin(-\alpha) = -\sin\alpha$, $\qquad\qquad\qquad$ $\cos(-\alpha) = \cos\alpha$,

$\tan(-\alpha) = -\tan\alpha$, $\qquad\qquad\quad$ $\cot(-\alpha) = -\cot\alpha$,

$\sin\left(\alpha + \dfrac{\pi}{2}\right) = \cos\alpha$, $\qquad\qquad$ $\cos\left(\alpha + \dfrac{\pi}{2}\right) = -\sin\alpha$,

$\tan\left(\alpha + \dfrac{\pi}{2}\right) = -\cot\alpha$, $\qquad\quad$ $\cot\left(\alpha + \dfrac{\pi}{2}\right) = -\tan\alpha$.

6. 三角函数公式

（1）倍角公式.

$$\sin 2\alpha = 2\sin\alpha\cos\alpha, \qquad\qquad \tan 2\alpha = \frac{2\tan\alpha}{1 - \tan^2\alpha}$$

$$\cos 2\alpha = \cos^2\alpha - \sin^2\alpha = 2\cos^2\alpha - 1 = 1 - 2\sin^2\alpha$$

（2）半角公式.

$$\sin^2\frac{\alpha}{2} = \frac{1 - \cos\alpha}{2}, \quad \cos^2\frac{\alpha}{2} = \frac{1 + \cos\alpha}{2}$$

$$\tan\frac{\alpha}{2} = \frac{1 - \cos\alpha}{\sin\alpha} = \frac{\sin\alpha}{1 + \cos\alpha}$$

（3）两角和差公式.

$$\sin(\alpha \pm \beta) = \sin\alpha\cos\beta \pm \cos\alpha\sin\beta$$

$$\cos(\alpha \pm \beta) = \cos\alpha\cos\beta \mp \sin\alpha\sin\beta$$

$$\tan(\alpha \pm \beta) = \frac{\tan\alpha \pm \tan\beta}{1 \mp \tan\alpha\tan\beta}$$

（4）和差化积公式.

$$\sin\alpha + \sin\beta = 2\sin\frac{\alpha+\beta}{2}\cos\frac{\alpha-\beta}{2}$$

$$\sin\alpha - \sin\beta = 2\cos\frac{\alpha+\beta}{2}\sin\frac{\alpha-\beta}{2}$$

$$\cos\alpha + \cos\beta = 2\cos\frac{\alpha+\beta}{2}\cos\frac{\alpha-\beta}{2}$$

$$\cos\alpha - \cos\beta = -2\sin\frac{\alpha+\beta}{2}\sin\frac{\alpha-\beta}{2}$$

（5）积化和差公式.

$$\sin\alpha\cos\beta = \frac{1}{2}\big[\sin(\alpha+\beta) + \sin(\alpha-\beta)\big]$$

$$\cos\alpha\sin\beta = \frac{1}{2}\big[\sin(\alpha+\beta) - \sin(\alpha-\beta)\big]$$

$$\cos\alpha\cos\beta = \frac{1}{2}\big[\cos(\alpha+\beta) + \cos(\alpha-\beta)\big]$$

$$\sin\alpha\sin\beta = -\frac{1}{2}\big[\cos(\alpha+\beta) - \cos(\alpha-\beta)\big]$$

（三）初等几何的一些公式

以字母 r 或 R 表示半径, h 表示高, S 表示底面积, l 表示母线长.

（1）圆周长 $= 2\pi r$；面积 $= \pi r^2$.

（2）圆扇形面积 $= \frac{1}{2}r^2 a$（a 为扇形的圆心角）.

（3）正圆柱体体积 $= \pi r^2 h$；侧面积 $= 2\pi rh$；表（全）面积 $= 2\pi(r+h)$.

（4）正圆锥体积 $= \frac{1}{3}\pi r^2 h$；侧面积 $= \pi rh$；表（全）面积 $= \pi r(r+l)$.

（5）球体积 $= \frac{4}{3}\pi r^3$；表面积 $= 4\pi r^2$.

（6）正截锥体体积 $= \frac{1}{3}\pi h(R^2 + r^2 + Rr)$；侧面积 $= \pi l(R+r)$.

（四）平面解析几何的一些公式

设平面上有两点 $M_1(x_1, y_1)$ 和 $M_2(x_2, y_2)$,

1. 两点间的距离

$$d = \sqrt{(x_2 - x_1)^2 + (y_2 - y_1)^2}$$

2. 线段 M_1M_2 的斜率

$$k = \frac{y_2 - y_1}{x_2 - x_1} = \tan\varphi \quad (\varphi \text{ 为线段 } M_1M_2 \text{ 与 } x \text{ 轴正向夹角})$$

3. 通过两点 M_1 与 M_2 的直线方程

$$y - y_1 = \frac{y_2 - y_1}{x_2 - x_1}(x - x_1)$$

4. 直角坐标与极坐标的关系式

$$\begin{cases} x = p\cos\varphi, & p = \sqrt{x^2 + y^2} \\ y = p\sin\varphi, & \varphi = \arctan\dfrac{y}{x} \end{cases}$$

5. 以点 (a, b) 为圆心，以 r 为半径的圆的方程

$$(x - a)^2 + (y - b)^2 = r^2$$

或 $$\begin{cases} x = a + r\cos\varphi, \\ y = b + r\sin\varphi, \end{cases} \quad 0 \leqslant \varphi \leqslant 2\pi$$

6. 以原点为中心，分别以 a 与 b 为半长轴、短轴的椭圆方程

$$\frac{x^2}{a^2} + \frac{y^2}{b^2} = 1$$

二、希腊字母

字　　母		字母汉语拼音	中文汉语拼音
A	α	alfa	阿尔法
B	β	beta	贝塔
Γ	γ	gama	伽马
Δ	δ	delta	得尔塔
E	ε	epsilon	伊普西龙
Z	ζ	zheita	泽塔
H	η	eta	伊塔
Θ	θ	sita	西塔
I	ι	yota	约塔
K	κ	kapa	卡帕
Λ	λ	lamda	拉姆达
M	μ	miu	缪
N	ν	niu	纽
Ξ	ξ	ksi	克西
O	o	omiklon	奥米克戎
Π	π	pai	派
P	ρ	lo	柔
Σ	σ	sigma	西格马
T	τ	tao	陶
Υ	υ	ipsilon	宇普西龙
Φ	φ	fai	斐
X	χ	qi	希
Ψ	ψ	psi	普西

| Ω | ω | | omiga | | 欧米伽 |

三、几个常用符号

1. 阶乘符号

设 n 是自然数, 符号 " $n!$ " 读作 " n 的阶乘", 表示不超过 n 的所有自然数的连乘积, 即

$$n! = n(n-1)\cdots 2 \cdot 1$$

例如　$4! = 4 \times 3 \times 2 \times 1$

$\qquad 9! = 9 \times 8 \times 7 \times 6 \times 5 \times 4 \times 3 \times 2 \times 1$

为了运算上的方便, 规定 $0! = 1$.

2. 双阶乘符号

设 n 是自然数, 符号 " $n!!$ " 读作 " n 的双阶乘", 表示不超过 n 并与 n 有相同奇偶性的自然数的连乘积.

例如 $\qquad 10!! = 10 \times 8 \times 6 \times 4 \times 2$

$\qquad 13!! = 13 \times 11 \times 9 \times 7 \times 5 \times 3 \times 1$

注: $n!!$ 不是 $(n!)!$.

3. 组合数符号

设 n 与 m 是自然数, 且 $m \leqslant n$. 符号 " C_n^m " 表示 "从 n 个不同元素中取 m 个元素的组合数".

已知 $C_n^m = \dfrac{n(n-1)(n-2)\cdots(n-m+1)}{m!} = \dfrac{n!}{m!\ (n-m)!}$,

有公式 $C_n^m = C_n^{n-m}$ 和 $C_{n+1}^m = C_n^m + C_n^{m-1}$.

为了运算上的方便, 规定 $C_n^0 = 1$.

4. 最大（小）数的符号

符号 "max" 读作 "最大", "max" 是 maximun（最大）的缩写.

符号 "min" 读作 "最小", "min" 是 minimun（最小）的缩写.

$\max\{a_1,\ a_2,\ \cdots,\ a_n\}$ 表示 $a_1,\ a_2,\ \cdots,\ a_n$ 这 n 个数中的最大者.

$\min\{a_1,\ a_2,\ \cdots,\ a_n\}$ 表示 $a_1,\ a_2,\ \cdots,\ a_n$ 这 n 个数中的最小者.

例如 $\qquad\qquad \max\{7, 5, 4, 8, 2\} = 8$

$\qquad\qquad\qquad \min\{7, 5, 4, 8, 2\} = 2$

习题参考答案

第1章　参考答案

习题1.1

1. （1）$[-2, 3]$；　　（2）$[-2, 3)$；　　（3）$(-3, 5)$；　　（4）$(-3, +\infty)$；

（5）$(-\infty, 3)$；　　（6）$(-\infty, -a) \cup (a, +\infty)$.

2. （1）$\left(-\dfrac{7}{2}, -\dfrac{5}{2}\right)$；　　（2）$\left(-\dfrac{7}{2}, -3\right) \cup \left(-3, -\dfrac{5}{2}\right)$.

习题1.2

1. （1）＞；　　（2）＜.
2. （1）＞；　　（2）＜；　　（3）＞；　　（4）≠；　　（5）＜；　　（6）＜.
3. 略.

4. （1）$(-\infty, 4]$；　　（2）$\left(-\infty, \dfrac{3}{5}\right)$；　　（3）$(-\infty, 1)$；

（4）$\left(-\dfrac{95}{6}, +\infty\right)$；　　（5）$(-\infty, +\infty)$；　　（6）$\varnothing$；　　（7）$[-2, 3]$；

（8）$\left(-\infty, \dfrac{1}{2}\right) \cup \left(\dfrac{1}{2}, +\infty\right)$；　　（9）$(-3, 7]$；

（10）$(-\infty, -1) \cup (1, 2) \cup (4, +\infty)$；　　（11）$\left(-4, \dfrac{2}{5}\right)$；　　（12）$(-\infty, 2)$.

习题1.3

1. （1）$\{x \mid x \neq 1$ 且 $x \neq 2\}$；　　（2）$\{x \mid x \in \mathbf{R}\}$；　　（3）$[-2, -1) \cup (1, 2)$；

（4）$(-\infty, 0)$；　　（5）$\left(-\infty, -\dfrac{1}{2}\right) \cup \left(-\dfrac{1}{2}, 0\right]$；　　（6）$[-2, -1) \cup (-1, 2]$.

2. （1）不同；　　（2）不同；　　（3）不同；　　（4）同；　　（5）不同. 原因略.
3. $[-1, 2)$；函数图像略.

4. $f(-2) = 1; f\left(\dfrac{1}{2}\right) = \dfrac{\sqrt{3}}{2}; f(3) = 2$；图像略.

5. $f(x) = \begin{cases} -x - 5, & x < -1 \\ 3x - 1, & -1 \leqslant x \leqslant 3 \\ x + 5, & x > 3 \end{cases}$.

6. $f(-x) = \dfrac{1+x}{1-x};$ $\quad f(x+1) = \dfrac{-x}{2+x};$ $\quad f\left(\dfrac{1}{x}\right) = \dfrac{x-1}{x+1}.$

7. $f(x) = x^2 + x + 3;$ $\quad f(x-1) = x^2 - x + 3.$

8. （1）单调增； （2）单调减； （3）单调增； （4）单调增.

9. （1）有界； （2）无界； （3）有界； （4）有界.

10. （1）偶函数； （2）非奇非偶； （3）奇函数； （4）偶函数；

（5）奇函数； （6）奇函数； （7）偶函数； （8）奇函数.

习题 1.4

1. D.

2. $y = \sqrt{x+1} - 1, x \in [-1, +\infty).$

3. （1）$y = \dfrac{x-2}{3};$ （2）$y = -\dfrac{3}{x};$ （3）$y = -\sqrt{x};$ （4）$y = (x-1)^2, x \geqslant 1.$

4. $f^{-1}(x) = \dfrac{2x+1}{3-x}.$

5. $f^{-1}(x) = \begin{cases} x, & x < 1 \\ \sqrt{x}, & 1 \leqslant x \leqslant 16. \\ \log_2 x, & x > 16 \end{cases}$

习题 1.5

1. （1）$\{x \mid x \neq 4\};$ （2）$(-\infty, 1];$ （3）$(1, +\infty);$

（4）$[4, 10) \cup (10, +\infty);$ （5）$\left[\dfrac{1}{3}, 1\right];$ （6）$(-\infty, +\infty).$

2. （1）0； （2）20； （3）$\dfrac{1}{2};$ （4）4；

（5）0； （6）0； （7）$\dfrac{13}{12}\pi;$ （8）$\dfrac{3}{4}\pi$

3. （1）奇函数； （2）略.

4. $0 < a < 1.$

5. （1）$\dfrac{\pi}{6};$ （2）$\dfrac{\pi}{4};$ （3）$\dfrac{\pi}{4};$ （4）$\dfrac{5\pi}{6};$ （5）$\dfrac{\pi}{2}.$

6. $x \in [2, 3], y \in [-\pi, \pi].$

习题 1.6

1. （1）$y = \sin^2 x;$ （2）$y = \sqrt{1+x^2};$ （3）$y = e^{x^2+1};$ （4）$y = e^{2\sin x}.$

2. （1）$y = \cos u, u = 2x+1;$ （2）$y = e^u, u = -x^2;$ （3）$y = e^u, u = v^3, v = \sin x;$

（4）$y = u^5, u = 1 + \ln x;$ （5）$y = \sqrt{u}, u = \ln v, v = \sqrt{x};$

（6）$y = \arcsin u, u = \lg v, v = 2x+1.$

3. $\pi + 1$.

4. $f[\varphi(x)] = \sin^3 2x - \sin 2x$; $\varphi[f(x)] = \sin[2(x^3 - x)]$.

5. $f(x) = x^2 - 5x + 6$.

6. $f(x) = x^2 - 2$.

7. $[-1, 1]$.

8. $[-3, 9]$.

9. $(-\infty, -1)$ 单调递减；$(3, +\infty)$ 单调递增.

10. （1）初等函数；（2）是初等函数；（3）是非初等函数；（4）是非初等函数；（5）非初等函数.

综合练习1

一、1~5 BCCDC；6~10 ACACD.

二、1. 0. 2. $[-4, 4]$. 3. $\dfrac{2\pi}{3}$. 4. $(0, 1]$. 5. $x^2 - 6x + 9$.

6. $y = 3^u$, $u = v^2$, $v = \cos z$, $z = -x$. 7. $y = \log_3 x - 1$. 8. 2.

9. $y = x$. 10. 3^{3x}.

三、1. $[-1, 1]$. 2. $y = e^{x-1}$. 3. $[2, 5]$. 4. 2. 5. $\dfrac{x}{x-1}$. 6. $x^2 + 2$. 7. 奇.

第2章　参考答案

习题2.1

1. （1）6, 12；　（2）1, 36

2. $S_n = 16 - \dfrac{16}{2n}$.

3. （1）$a \neq 1$ 时，$S_n = \dfrac{a(1 - a^n)}{1 - a} - \dfrac{n(n+1)}{2}$.

$a = 1$ 时，$S_n = \dfrac{-n^2 + 2n - 1}{2}$.

（2）$S_n = \dfrac{n}{2n+1}$.

习题2.2

1. （1）发散，1, -4, 9, -16, 25, -36, …；

（2）收敛，$\lim\limits_{n \to \infty} \dfrac{1}{n+3} = 0$；

（3）收敛，$\lim\limits_{n \to \infty} (-1)^{n+1} \left(\dfrac{1}{3}\right)^{n-1} = 0$；

（4）收敛，$\lim\limits_{n \to \infty} a_n = \pi$；

（5）收敛，$\lim\limits_{n\to\infty}\dfrac{1}{2n+1}=0$；

（6）收敛，$\lim\limits_{n\to\infty}\dfrac{3n}{n+2}=3$.

2.（1）存在，$\lim\limits_{x\to-\infty}f(x)=2$；

（2）存在，$\lim\limits_{x\to+\infty}f(x)=-1$；

（3）当 $x\to\infty$ 时，$y=f(x)$ 的极限不存在.

3.（1）$\lim\limits_{x\to+\infty}-\dfrac{x+1}{x}=-1$；

（2）$\lim\limits_{x\to+\infty}\dfrac{x}{x+1}=1$；

（3）$x\to+\infty$ 时，$y=\cos x$ 沿 x 轴正向无限延伸时，在 1 和 -1 之间振荡，不存在极限.

（4）$x\to+\infty$ 时，$y=-x^2+1$ 无限趋向于负无穷大.

4.（1）$\lim\limits_{x\to-\infty}-\dfrac{x+1}{x}=-1$；

（2）$\lim\limits_{x\to-\infty}\dfrac{x}{x+1}=1$；

（3）$x\to-\infty$ 时，$y=\sin x$ 沿 x 轴负向无限延伸时，在 1 和 -1 之间振荡，不存在极限；

（4）$x\to-\infty$ 时，$y=x^2+1$ 无限趋向于正无穷大，不存在极限.

5. $\lim\limits_{x\to1}g(x)=0$，$\lim\limits_{x\to0}g(x)$ 不存在，$\lim\limits_{x\to2}g(x)=1$，

$\lim\limits_{x\to-2}g(x)=0$，$\lim\limits_{x\to-1^-}g(x)=1$，$\lim\limits_{x\to-1}g(x)=0$，

6. $f(3)=1$，$\lim\limits_{x\to3^-}f(x)=2$，$\lim\limits_{x\to3^+}f(x)=-2$，

$\lim\limits_{x\to3}f(x)$ 不存在，$f(-2)=-3$，$\lim\limits_{x\to-2^+}f(x)=-1$，

$\lim\limits_{x\to-2^-}f(x)=-1$，$\lim\limits_{x\to-2}f(x)=-1$.

7. $\lim\limits_{x\to3}f(x)=+\infty$，$\lim\limits_{x\to9}f(x)=-\infty$，$\lim\limits_{x\to-3}f(x)=-\infty$，

$\lim\limits_{x\to-9^-}f(x)=+\infty$，$\lim\limits_{x\to-9^+}f(x)=-\infty$.

8.（1）$\lim\limits_{x\to\infty}\dfrac{1}{x\sqrt{x}}=0$；　　（2）$\lim\limits_{x\to-\infty}\sqrt[3]{x}=-\infty$；

（3）$\lim\limits_{x\to2}x^2=4$；　　（4）$\lim\limits_{x\to0^-}\sqrt{-x}=0$.

9.（1）$\lim\limits_{x\to0}f(x)=0$；　　（2）$\lim\limits_{x\to0}f(x)$ 不存在；

（3）$\lim\limits_{x\to0}f(x)=0$，$\lim\limits_{x\to1}f(x)=1$.

10.（1）错误；（2）错误；（3）正确；

11.（1）无穷小量；（2）无穷大量；（3）无穷小量；

（4）无穷大量；（5）无穷大量；（6）无穷小量.

12. $x\to1$ 时，$\dfrac{\sin x}{(x-1)^2}$ 是无穷大量；$x\to0$ 时，$\dfrac{\sin x}{(x-1)^2}$ 是无穷小量.

13. 提示：求 $f(x)$ 的倒数的极限.

习题 2.3

1. 反之不一定成立.
2. 正确.
3. (1) 0; (2) 0.

习题 2.4

1. (1) 1; (2) -1; (3) $\dfrac{1}{2}$; (4) $-\dfrac{1}{2}$; (5) 2; (6) $\dfrac{2}{3}$; (7) 2; (8) 0; (9) $\dfrac{3}{4}$.

2. (1) 8; (2) $\dfrac{2}{5}$; (3) 6; (4) 0; (5) $\dfrac{2}{3}$; (6) $\dfrac{1}{5}$; (7) -2;

(8) ∞; (9) $\dfrac{7}{2}$; (10) $\dfrac{1}{6}$; (11) $2x$; (12) ∞; (13) ∞; (14) ∞;

(15) $-\dfrac{1}{2}$; (16) $\dfrac{1}{4}$; (17) 0; (18) $\dfrac{1}{2}$.

3. (1) 0; (2) 0; (3) 0; (4) 1.

4. (1) $\sin a^2$; (2) 1; (3) $\dfrac{\pi}{2}$; (4) 0; (5) 0; (6) 1.

5. (1) $\lim\limits_{x \to 1^-} f(x) = -1$, $\lim\limits_{x \to 1^+} f(x) = 1$, $\lim\limits_{x \to 1} f(x)$ 不存在.

(2) $\lim\limits_{x \to 0^-} f(x) = 0$, $\lim\limits_{x \to 0^+} f(x) = +\infty$, $\lim\limits_{x \to 0} f(x)$ 不存在.

(3) $\lim\limits_{x \to 0^-} f(x) = 1$, $\lim\limits_{x \to 0^+} f(x) = 1$, $\lim\limits_{x \to 1} f(x) = 1$.

(4) $\lim\limits_{x \to 0^-} f(x) = -1$, $\lim\limits_{x \to 0^+} f(x) = 0$, $\lim\limits_{x \to 0} f(x)$ 不存在;

$\lim\limits_{x \to 1^-} f(x) = 1$, $\lim\limits_{x \to 1^+} f(x) = 1$, $\lim\limits_{x \to 1} f(x) = 1$.

(5) $\lim\limits_{x \to -3} f(x) = 7$.

习题 2.5

1. (1) $\dfrac{2\sqrt{2}}{3\pi}$; (2) $\dfrac{1}{3}$; (3) 5; (4) $\dfrac{9}{8}$; (5) $\dfrac{1}{4}$; (6) 10; (7) $\dfrac{2}{3}$; (8) 9;

(9) 2; (10) $\dfrac{1}{2}$; (11) 1; (12) 2; (13) 3; (14) 1.

2. (1) e; (2) $4e^6$; (3) $\sqrt[6]{e}$; (4) e^{-3}; (5) e^2;

(6) $\dfrac{1}{e^2}$; (7) $\dfrac{1}{e^3}$; (8) $\dfrac{1}{e^4}$.

习题 2.6

1. (1) 0; (2) -1; (3) 0; (4) 6; (5) -1; (6) $-\dfrac{1}{2}$; (7) 2; (8) $-\dfrac{1}{2}$.

综合练习2

一、1~5 BCBAD；6~10 CCDDA.

二、1. 收敛. 2. ∞. 3. 2. 4. 0. 5. 3. 6. e^6. 7. 2.

三、1. 1. 2. $\lim\limits_{x\to 4^-}f(x)=\lim\limits_{x\to 4^+}f(x)=\lim\limits_{x\to 4}f(x)=6$.

3. $\dfrac{1}{2}$. 4. 2. 5. $\dfrac{1}{2}$. 6. e^3. 7. $a=3$，$b=\dfrac{1}{6}$.

第3章　参考答案

习题3.1

1. （1）在 $(-\infty,\ +\infty)$ 内连续；（2）在 $(0,\ 2)$ 内连续. 图形略

2. （1）$x=0$ 为第一类间断点（可去间断点），连续延拓函数

$$f(x)=\begin{cases}\dfrac{\sin 5x}{x}, & x\neq 0\\ 5, & x=0\end{cases}$$

（2）$x=-2$，$x=1$ 为第二类间断点；

（3）$x=1$ 为第一类间断点；

（4）$x=0$ 为第一类间断点（可去间断点），连续延拓函数

$$f(x)=\begin{cases}\sin x\sin\dfrac{1}{x}, & x\neq 0\\ 0, & x=0\end{cases}$$

（5）$x=0$ 为第一类间断点.

3. $a=1$.

习题3.2

1. （1）0；（2）6；（3）$a-b$；（4）e^β；（5）e^{2a}；（6）e；

（7）$\dfrac{1}{2}$；（8）$\dfrac{1}{a}$；（9）0；（10）1.

2. 连续区间 $(-\infty,\ 2)$，$\lim\limits_{x\to -8}f(x)=1$.

3. $k=1$.

4. $a=8$.

5. $[-1,\ 0)\cup(0,\ +\infty)$.

习题3.3

1. 3个.

2. （1）略；（2）略；

（3）提示：令 $F(x)=xe^{2x}-1$.

（4）提示：令 $F(x) = x - a\sin x - b$，在 $[0, a+b]$ 上用根存在定理讨论得出．要注意到 $F(a+b)$ 等于 0 的情况．

综合练习 3

一、1 ~ 5 BDBDA；6 ~ 10 BABBC．

二、1. $a = b$．

2. 1.

3. $f(a-0) = f(a+0) = f(a)$．

4. 一．

5. 2.

6. $x = 0$，二．

7. 0，e^2；$f(x) = \begin{cases} (1+2x)^{\frac{1}{x}}, & x \neq 0 \\ e^2, & x = 0 \end{cases}$．

三、1. $\dfrac{1}{a}$．

2. $x \neq \pm 1$ 为 $f(x)$ 的第一类间断点．

3. 1.

4. 2.

5. 提示：令 $F(x) = f(x) + 2x - 1$．用根存在定理．

第 4 章　参考答案

习题 4.1

1.（1）$f'(1) = 1$；（2）$f'(1) = -1$．

2. 切线方程：$y - 3x + 1 = 0$；法线方程：$3y + x - 7 = 0$．

3. 1.

4. $\dfrac{1}{2}$．

5. 可导．

6. 连续不可导．

习题 4.2

1.（1）$f'(x) = 15x^2 - 2^x \ln 2$；

（2）$f'(x) = \dfrac{1}{2\sqrt{x}} - \dfrac{1}{x^2} - \dfrac{1}{2\sqrt{x^3}}$；

（3）$f'(x) = e^x(\cos x - \sin x)$；

（4）$f'(x) = 2x\ln x + x$；

（5）$f'(x) = \dfrac{\ln x - 1}{(\ln x)^2}$；

（6）$f'(x) = \dfrac{1}{x^2}$．

2. (1) $f'(1) = -1$；   (2) $f'(\pi) = 6\pi - 1$，$f'\left(\dfrac{\pi}{2}\right) = \dfrac{5\pi}{2}$.

习题 4.3

1. (1) $f'(x) = 30(3x+1)^9$；   (2) $f'(x) = 3\sin(4-3x)$；

(3) $f'(x) = 3^{\tan x}\sec^2 x \ln 3$；   (4) $f'(x) = \dfrac{1}{x\ln x}$；

(5) $f'(x) = \dfrac{3x^2}{1+x^6}$；   (6) $f'(x) = \dfrac{2\arcsin x}{\sqrt{1-x^2}}$；

(7) $f'(x) = 6\sin^2 2x\cos 2x$ 或 $3\sin 4x\sin 2x$；   (8) $f'(x) = e^x\cot e^x$.

2. (1) $f'(x) = e^{5x}(5\cos 3x - 3\sin 3x)$；

(2) $f'(x) = 3(x+\ln 2x)^2 \cdot \left(1+\dfrac{1}{x}\right)$；

(3) $f'(x) = \dfrac{2x-\cos x}{x^2-\sin x}$；

(4) $f'(x) = (3x^2 - 2\sin 2x)\cos(\cos 2x + x^3)$.

习题 4.4

1. $y - x + 4 = 0$.

2. (1) $y'_x = \dfrac{y}{x(y-1)}$；   (2) $y'_x = \dfrac{y}{e^y - x}$；

(3) $y'_x = \dfrac{2}{2-\cos y}$；   (4) $y'_x = \dfrac{e^x}{e^y + 2y}$.

3. (1) $y'_x = -\dfrac{y+\sin(x+y)}{x+\sin(x+y)}$，$x'_y = -\dfrac{x+\sin(x+y)}{y+\sin(x+y)}$；

(2) $y'_x = \dfrac{2xy - e^x}{\cos y - x^2}$，$x'_y = \dfrac{\cos y - x^2}{2xy - e^x}$.

4. (1) $y' = x^x(1+\ln x)$；   (2) $y' = x^{\cos}\left(\dfrac{\cos x}{x} - \sin x\ln x\right)$；

(3) $y' = (1+x^2)^x \cdot \left[\ln(1+x^2) + \dfrac{2x^2}{1+x^2}\right]$；   (4) $y' = (\ln x)^x \cdot \left[\ln(\ln x) + \dfrac{1}{\ln x}\right]$；

(5) $y' = \dfrac{1}{2}\sqrt{\dfrac{x+1}{x-1}}\left(\dfrac{1}{x+1} - \dfrac{1}{x-1}\right)$；

(6) $y' = \dfrac{\sqrt{x+1}}{(x-4)^2 \cdot e^x} \cdot \left[\dfrac{1}{2(x+1)} - \dfrac{2}{x-4} - 1\right]$；

5. (1) $y'' = -4\cos 2x$；(2) $y'' = -\sec^2 x$.

习题 4.5

1. (1) $2x$；(2) $\dfrac{3}{2}x^2$；(3) $\ln x$；(4) $-\cos x$；

(5) $-\dfrac{1}{x}$；(6) $\sqrt{x}$；(7) $-\mathrm{e}^{-x}$；(8) $\dfrac{1}{2}\sin 2x$.

2. (1) $\mathrm{d}y = \ln x\,\mathrm{d}x$；
(2) $\mathrm{d}y = \dfrac{1-x^2}{(1+x^2)^2}\,\mathrm{d}x$；

(3) $\mathrm{d}y = 4x\cos(1+2x^2)\,\mathrm{d}x$；
(4) $\mathrm{d}y = 2x\mathrm{e}^{2x}(1+x)\,\mathrm{d}x$；

(5) $\mathrm{d}y = \dfrac{-2x}{1-x^2}\,\mathrm{d}x$；
(6) $\mathrm{d}y = 2x\sec^2 x^2\,\mathrm{d}x$.

3. (1) $\mathrm{d}y = \dfrac{\mathrm{d}x}{3y^2+2}$；
(2) $\mathrm{d}y = \dfrac{-\mathrm{e}^y}{x\mathrm{e}^y+1}\,\mathrm{d}x$.

综合练习4

一、1~5 BCBDD；6~10 BADDA.

二、1. $y' = 6x + \dfrac{4}{x^3}$.
2. $y' = \dfrac{2x\cos 2x - \sin 2x}{x^2}$.

3. $\mathrm{e}^x\cos(\mathrm{e}^x+1)\,\mathrm{d}x$.
4. $y - 2x - 1 = 0$.

5. $-\mathrm{e}^{\cos^2 x}\sin 2x\,\mathrm{d}x$.
6. 0.

7. 0.
8. $x^x(1+\ln x)\,\mathrm{d}x$.

三、1. $y' = \mathrm{e}^x(x^2 - x - 2)$.
2. $y' = \dfrac{-2x}{1-x^2}$.

3. $\dfrac{\mathrm{d}y}{\mathrm{d}x} = \dfrac{y}{y-x}$.
4. $\mathrm{d}y = \dfrac{\mathrm{e}^x - y}{1+x}\,\mathrm{d}x$.

5. $y' = -3\sin 6x$.
6. $y' = \dfrac{\sqrt{x+1}}{(x-1)^2}\cdot\left(\dfrac{1}{2(x+1)} - \dfrac{2}{x-1}\right)$.

7. $a = 2$, $b = -1$.

第5章　参考答案

习题 5.1

1. (1) 满足，$\xi = \dfrac{5}{2}$；(2) 满足，$\xi = \dfrac{\pi}{2}$；(3) 满足，$\xi = 0$；(4) 不满足.

2. (1) 满足，$\xi = \dfrac{1}{2}$；(2) 满足，$\xi = \ln\left(\dfrac{1}{\ln 2}\right)$；(3) 满足，$\xi = \dfrac{9}{\ln 10}$.

3. 略. 4. 略. 5. 满足，$\xi = \dfrac{2}{3}$.

习题 5.2

1. (1) $\dfrac{1}{6}$；(2) 2；(3) 1；(4) a；(5) $\dfrac{3}{5}$；(6) $\dfrac{1}{3}$；

(7) 0；(8) 2；(9) 0.

2. (1) $+\infty$; (2) 0; (3) ∞; (4) 0; (5) $\dfrac{1}{2}$; (6) e^{-1};

(7) 1; (8) 1; (9) 1.

3. 略.

习题 5.3

1. (1) 函数在 $(-\infty, -1]$, $[3, +\infty)$ 内单调递增;

(2) 函数在 $(-\infty, 0)$ 内单调递增, 在 $[0, +\infty)$ 内单调递减;

(3) 函数在 $(-\infty, +\infty)$ 内单调递增;

(4) 函数在 $[1, +\infty)$ 内单调递增, 在 $(0, 1]$ 上单调递减;

(5) 函数在 $(-\infty, 3)$ 和 $(0, 3)$ 内单调递减, 在 $[3, +\infty)$ 内单调递增;

(6) 函数在 $[-1, 0)$ 和 $[1, +\infty)$ 内单调递减, 在 $(-\infty, -1]$ 和 $(0, 1]$ 上单调递增.

2. (1) $a < 0$; (2) $a < 0$; (3) $a > 0$.

3. (1) $f(1) = 2$ 为极小值, $f(-1) = -2$ 为极大值;

(2) $f(1) = -2$ 为极小值, $f(-1) = 2$ 为极大值;

(3) $f\left(e^{\frac{1}{2}}\right) = -\dfrac{1}{2e}$ 为极小值;

(4) 函数无极值点;

(5) $f(2) = -14$ 为极小值, $f(0) = 2$ 为极大值.

4. (1) 最大值为 $f(\pm\sqrt{2}) = f(0) = 5$, 最小值为 $f(\pm 1) = 4$;

(2) 最大值为 $f(-1) = 3$, 最小值为 $f(1) = 1$;

(3) 最大值为 $f(2) = \dfrac{5}{2}$, 最小值为 $f(1) = 2$;

(4) 最大值为 $f\left(-\dfrac{\pi}{2}\right) = \pi - 1$, 最小值为 $f\left(\dfrac{\pi}{2}\right) = 1 - \pi$.

5. 当直角三角形一直角边为 $\dfrac{\sqrt{3}}{3}a$, 斜边为 $a - \dfrac{\sqrt{3}}{3}a$ 时, 面积最大.

综合练习 5

一、1~5 BCCDA; 6~10 ADBBC.

二、1. 0. 2. 0. 3. 1. 4. a. 5. 0.

6. 1/2. 7. 2. 8. 1/2. 9. 增加. 10. 1, -1.

三、1. 2.　　2. $\dfrac{1}{2}$.　　3. $\dfrac{3}{4}$.　　4. $\dfrac{1}{2}$.　　5. 2.

6. $f'(x) = 0$ 有 3 个实根, 分别在 $\xi_1 \in (1, 2)$, $\xi_2 \in (2, 3)$, $\xi_3 \in (3, 4)$.

7.

x	$(0, 1)$	1	$(1, e^2)$	e^2	$(e^2, +\infty)$
y'	$-$		$+$		$-$
y	↘	极小值0	↗	极大值$\dfrac{4}{e^2}$	↘

第6章　参考答案

习题6.1

1. $\dfrac{1}{2}x^2 + 1$.

2. （1）$\dfrac{2}{3}x^{\frac{3}{2}} + 2\sqrt{x} + C$；　（2）$\dfrac{2^x}{\ln 2} + \dfrac{1}{3}x^3 + C$；

（3）$\dfrac{(3e)^x}{\ln 3 + 1} + C$；　（4）$-\dfrac{1}{2x^2} + C$；

（5）$\dfrac{x}{2} - \dfrac{\sin x}{2} + C$；　（6）$2\arcsin x - 3\arctan x + C$；

（7）$\arcsin x + C$；　（8）$\dfrac{1}{2}\tan x + C$.

习题6.2

（1）$\dfrac{1}{2}e^{2x} + C$；（2）$\dfrac{1}{24}(3x+2)^8 + C$；

（3）$-\dfrac{1}{2}\ln|1-2x| + C$；（4）$\ln|\ln x| + C$；（5）$2\sin\sqrt{x} + C$；

（6）$e^{\sin x} + C$；（7）$\dfrac{1}{2}x + \dfrac{1}{4}\sin 2x + C$；

（8）$-\dfrac{1}{\arcsin x} + C$；（9）$2\left(\sqrt{x-1} - \arctan\sqrt{x-1}\right) + C$；

（10）$\dfrac{1}{2}e^{x^2} + C$.

习题6.3

1. （1）$x\ln x - x + C$；　（2）$e^x(x-1) + C$；

（3）$\dfrac{1}{3}x^3\ln x - \dfrac{1}{9}x^3 + C$；　（4）$-x^2\cos x + 2x\sin x + 2\cos x + C$；

（5）$\dfrac{1}{2}(x^2\text{arccot}x + x - \arctan x) + C$；　（6）$x\arcsin x + \sqrt{1-x^2} + C$.

综合练习 6

一、1 ~ 5 BADAB；6 ~ 10 BACDA.

二、1. $\sin e^x dx$. 2. $\dfrac{1}{3}$. 3. $-\cos(\ln x) + C$. 4. $2x$. 5. $\arctan \varphi(x) + C$.

三、1. $\arctan x$. 2. $y = \dfrac{1}{4}x^4$.

3. (1) $-\dfrac{1}{2}\cos x^2 + C$. (2) $-e^{\frac{1}{x}} + C$. (3) $\arctan e^x + C$.

(4) $2e^{\sqrt{x}}(\sqrt{x} - 1) + C$. (5) $x\ln(1 + x) - x + \ln|1 + x| + C$.

(6) $\dfrac{1}{4}\sin(2t + 3) - \dfrac{1}{2}t\cos(2t + 3) + C$.

第 7 章 参考答案

习题 7.1

1. (1) 假；(2) 假.

2. (1) 9；(2) $\dfrac{\pi a^2}{2}$；(3) 6；(4) 0.

3. (1) $\displaystyle\int_{-1}^{2} e^x dx$； (2) $\displaystyle\int_{1}^{3} \sqrt{y}\, dy$； (3) 0.

习题 7.2

1. 0.

2. (1) $2A - 3B$；(2) $3A + 5B$.

3. (1) $\dfrac{13}{6}$；(2) $-\dfrac{1}{2}$.

4. (1) $\displaystyle\int_{0}^{1} x dx > \int_{0}^{1} x^2 dx$； (2) $\displaystyle\int_{0}^{\frac{\pi}{2}} x dx > \int_{0}^{\frac{\pi}{2}} \sin x dx$；

(3) $\displaystyle\int_{0}^{1} e^x dx > \int_{0}^{1} \ln(1 + x) dx$.

5. $\displaystyle\int_{a}^{b} f(x) \cdot g(x) dx \neq \left[\int_{a}^{b} f(x) dx\right] \cdot \left[\int_{a}^{b} g(x) dx\right]$.

习题 7.3

1. (1) $F'(x) = x\, e^x$； (2) $F'(x) = \ln x$；

(3) $\varphi'(x) = -\dfrac{1}{1 + x^2}$； (4) $\varphi'(x) = 2x e^{x^2} - e^x$.

2. $F'(x) = (1 - x^2)\sin x$，$F'(1) = 0$.

3. (1) 2； (2) $c^2 - 3$； (3) -2； (4) 4；

(5) $\dfrac{\pi}{4}$;　　(6) $1-\dfrac{\pi}{4}$;　　(7) $\ln\dfrac{3}{2}$;　　(8) $\dfrac{\pi}{3}$.

习题 7.4

1. (1) $\ln(1+c)-\ln2=\ln\dfrac{1+c}{2}$;　　(2) $\dfrac{1}{5}$;　　(3) $2+2\ln2-2\ln3$;　　(4) $2-\dfrac{\pi}{2}$;

(5) $\dfrac{a^4\pi}{16}$;　　(6) $\dfrac{1}{6}$;　　(7) $\ln3$;　　(8) $\arctan e-\dfrac{\pi}{4}$.

2. (1) $\dfrac{3e^4}{4}+\dfrac{1}{4}$;　　(2) $1-\dfrac{2}{e}$;　　(3) 1;　　(4) $\dfrac{\pi}{4}-\dfrac{1}{2}$;

(5) $\dfrac{\sqrt{2}}{8}\pi+\dfrac{\sqrt{2}}{2}-1$;　　(6) $\dfrac{1}{2}e^{\frac{x}{2}}-\dfrac{1}{2}$;　　(7) 0;　　(8) $2e-2$.

习题 7.5

(1) $\dfrac{1}{2}$;　　(2) 4;　　(3) 6;　　(4) $\dfrac{1}{12}$;　　(5) $\dfrac{9}{2}$.

综合练习 7

一、1~5 DCADB;　　6~10 CDCDB.

二、1. 0. 2. 不能确定. 3. $\dfrac{1}{3}+\sqrt{e}$. 4. $f(2x+1)$. 5. 偶. 6. 奇.

7. -2. 8. 0. 9. -2. 10. $-\dfrac{\sin x}{1+x}$.

三、1. 0. 　　2. $-\dfrac{\pi}{6}$. 　　3. $\dfrac{1}{15}$. 　　4. $\dfrac{2}{3}\left(1-\dfrac{1}{e}\right)^{\frac{3}{2}}$. 　　5. $\dfrac{\pi}{8}$. 　　6. $8\dfrac{2}{3}$.

四、1. $\dfrac{e^2}{4}+\dfrac{1}{4}$. 　　2. $\dfrac{\sqrt{3}}{16}-\dfrac{\pi}{18}$. 　　3. $\pi-2$. 　　4. $1-\dfrac{1}{2}(\ln2)^2-\ln2$.

五、1. $\dfrac{1}{3}$. 　　2. $12+\dfrac{25}{2}\left(\arcsin\dfrac{4}{5}+\arcsin\dfrac{3}{5}\right)=12+\dfrac{25\pi}{4}$.

参 考 文 献

[1] 谢寿才，唐孝，等. 高等数学（上册）[M]. 北京：科学出版社，2017.

[2] 林锰，于涛. 微积分教程 [M]. 哈尔滨：哈尔滨工程大学出版社，2017.

[3] 刘金舜，羿旭明. 高等数学（上册）[M]. 北京：科学出版社，2017.

[4] 刘太琳，孟宪萌，黄秋灵. 微积分（第三版）[M]. 北京：经济科学出版社，2017.

[5] 刘建亚，吴臻. 微积分1（第三版）[M]. 北京：高等教育出版社，2018.

[6] 黄永彪，杨社平. 微积分基础 [M]. 北京：北京理工大学出版社，2012.

[7] 李群高. 高等数学辅导与练习 [M]. 北京：机械工业出版社，2006.

[8] 梅红. 微积分（第二版）[M]. 北京：中国电力出版社，2014.

[9] 杨社平，黄永彪. 微积分导学与能力训练 [M]. 北京：北京理工大学出版社，2016.

[10] 施吉林. 实验微积分 [M]. 北京：高等教育出版社，施普林格出版社，2001.

[11] 同济大学西北工业大学. 高等数学 [M]. 北京：高等教育出版社，1998.

[12] 全国职业高级中学数学教材编写组. 数学 [M]. 北京：人民教育出版社，1997.

[13] 吴赣昌，陈怡. 高等数学讲义 [M]. 湖南：海南出版社，2005.

[14] 刘书田，刘志实. 高等数学 [M]. 北京：北京理工大学出版社. 1997.

[15] [美] 詹姆斯·斯图尔特. 微积分 [M]. 加利福尼亚州（美国）：Brooks/Cole 出版社，1996.

[16] 张奠宙. 数学作文序 [A]. 相思湖文龙·预科分册·数学作文实验 [C]. 北京：中央民族大学出版社，2001.

[17] 顾沛. 数学文化 [M]. 北京：高等教育出版社，2008.

[18] 方延明. 数学文化 [M]. 北京：清华大学出版社，2009.

[19] 张楚廷. 数学文化 [M]. 北京：高等教育出版社，2000.

[20] 罗永超，吕传汉. 民族数学文化引入高校数学课堂的实践与探索——以苗族侗族数学文化为例 [J]. 数学教育学报，2014，23 (1)：70 – 74.

[21] 杨社平. 相思湖文龙·预科分册·数学作文实验 [C]. 北京：中央民族大学出版社，2001.

[22] 龚永辉. 课改撷英录 [M]. 桂林：广西师范大学出版社，2013.

[23] 龚永辉. 民族理论政策讲习教程 [M]. 北京：高等教育出版社，2017.